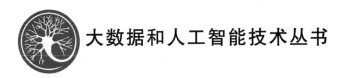

大数据和人工智能技术丛书

增强现实：技术原理与应用实践

方　维　著

U0291033

北京邮电大学出版社
www.buptpress.com

内 容 简 介

　　本书围绕增强现实的技术原理和典型应用进行介绍，以帮助读者了解增强现实的理论方法，践行相关行业应用。本书以增强现实的关键技术为主线，对其涉及的计算机视觉、跟踪注册、3D建模、显示和自然交互等技术原理进行了介绍，并展示了增强现实在典型行业中的实际应用案例，最后对增强现实的发展趋势进行了展望。

　　本书适合对增强现实技术感兴趣的学生或技术开发人员阅读，可作为他们入门增强现实领域的指引之书，也适合在增强现实领域已有一定实践经验的从业者阅读，可帮助他们梳理知识体系和开拓创新思路。

图书在版编目（CIP）数据

增强现实：技术原理与应用实践／方维著． -- 北京：北京邮电大学出版社，2022.4
ISBN 978-7-5635-6608-2

Ⅰ．①增…　Ⅱ．①方…　Ⅲ．①虚拟现实　Ⅳ．①TP391.98

中国版本图书馆 CIP 数据核字（2022）第 038255 号

策划编辑：姚　顺　刘纳新　　**责任编辑**：王小莹　　**封面设计**：七星博纳

出版发行：北京邮电大学出版社
社　　　址：北京市海淀区西土城路 10 号
邮政编码：100876
发 行 部：电话：010-62282185　传真：010-62283578
E-mail：publish@bupt.edu.cn
经　　　销：各地新华书店
印　　　刷：保定市中画美凯印刷有限公司
开　　　本：787 mm×1 092 mm　1/16
印　　　张：13.5
字　　　数：336 千字
版　　　次：2022 年 4 月第 1 版
印　　　次：2022 年 4 月第 1 次印刷

ISBN 978-7-5635-6608-2　　　　　　　　　　　　　　　　　　定　价：42.00 元

前　　言

信息技术已从固定的桌面计算转变到以手机、平板电脑为代表的移动计算，这将传统在办公室或书房进行的计算工作转变为能随时随地进行的活动，因此将不同情景体验融入我们的真实世界中变得越来越重要。

增强现实（Augmented Reality，AR）技术的出现为上述情景计算提供了可能，其可将真实世界和与之相关的虚拟信息直接关联，通过模拟的视觉、听觉、触觉等感受，给人提供超越真实世界认知的体验。增强现实技术有望改变人们的生活和生产方式，提供实时且无限的信息来源，构建彼此相互交流、沟通和理解的新范式。

增强现实技术是一门涉及多门学科的技术，其知识体系仍在不断完善中，很难用逻辑概括的方式来说明它包含的所有内容。本书旨在描述增强现实的技术原理与应用实践。作者的目标是让这本书既能服务于科学研究人员，又能服务于对增强现实应用感兴趣的从业者，特别是工程师。读者提前了解计算机视觉以及计算机图形学领域的相关知识，会对理解本书内容有所帮助。由于篇幅的限制，作者无法进一步提供背景技术的特定细节，读者可参考书中文献。

全书分为 4 部分。

第 1 部分由第 1 章组成，介绍了增强现实相关的基本概念，如增强现实技术的特点，其与虚拟现实的区别，以及增强现实的发展历程和增强现实系统的构成，使得读者对增强现实技术有更全面的认识。

第 2 部分由第 2～6 章组成，共 5 章，主要围绕增强现实的技术原理进行了介绍。其中：第 2 章简要介绍增强现实中的计算机视觉基础，如相机成像模型、相机标定、图像特征检测算子、空间位姿解算等；第 3 章介绍了增强现实中的跟踪注册技术，主要围绕基于传感器、基于视觉和基于视觉-惯性传感器融合的跟踪注册技术进行描述；第 4 章介绍了基于双目结构光的 3D 建模和基于多视图的 3D 场景重建；第 5 章介绍了现有增强现实中不同显示装置的原理和技术特点；第 6 章介绍了增强现实的自然交互技术。

第 3 部分由第 7～9 章组成，共 3 章，结合现有的典型软/硬件系统，对增强现实的应用实践部分进行了介绍。其中：第 7 章介绍了增强现实在工业制造中的典型应用，如在航空航天、汽车和智慧物流等工程领域的应用；第 8 章介绍了增强现实在国防军事、医疗健康和教育等行业的应用实践；第 9 章对现有的典型增强现实的软/硬件系统进行了介绍，并给出了简要的开发实践案例，但由于篇幅有限，本书不能一一描述所有优秀的增强现实软/硬件系统。

第 4 部分由第 10 章组成，展望了增强现实技术的未来发展趋势。该部分主要结合当前信息科技的发展，对增强现实与 AI、5G、空间计算和数字孪生等技术的融合前景进行了展望，其将有助于进一步推进增强现实的普适性应用。

当前，虽然距离制造出一款可被不同行业广泛接受并认可的增强现实设备，我们还需要时间来应对并解决所面临的问题，如移动 AR 应用中跟踪注册技术的完善、即时交互稳定性的保障和 5G 基础设施的建设等，但这条道路是清晰且明确的。可以预见，在不远的将来，增强现实将会融入人们工作和生活的方方面面，并促使人们变换新的方式来思考问题，丢弃那些自认为宝贵的想法。

作者多年来一直从事于视觉感知、增强现实技术及其相关应用的研究。本书是作者在多年研究的基础上，结合当前增强现实技术的行业发展而写成的。本书获得了国家自然科学基金（编号：52105505）和北京市自然科学基金（编号：3204050）的资助，在此表示感谢。

本书的出版得益于许多友人的支持与鼓励，在此感谢以下各位为本书提供的见解和建议：杨奎、李根、安泽武、陈黎茜、胥小宇、王泽瑜、李张文驰。

感谢北京邮电大学出版社为本书提供了很多修改和建议。

最后，感谢我的家人在书稿撰写过程中给予的巨大支持和耐心。

由于作者水平有限，书中难免有疏漏，恳请广大读者批评指正，如蒙读者不吝告知（作者邮箱：fangweichn@163.com）将不胜感激。

方　维

目　　录

第 1 章

增强现实概论

增强现实（Augmented Reality，AR）是一项革命性的信息技术，常与虚拟现实（Virtual Reality，VR）相提并论，但二者却有显著区别。前者可将计算机渲染生成的虚拟场景与真实物理世界进行无缝融合，通过显示设备将虚实融合的场景呈现给用户，而后者要截断人类感知真实物理世界的信息，将其替换为计算机生成的数字信息，是一个纯虚拟的世界。在本章中，我们将探索增强现实和虚拟现实的区别，分析增强现实系统的关键技术，并由远及近地梳理增强现实的发展历程，为后续增强现实技术原理的学习和应用实践打下基础。

1.1 增强现实技术概述

1.1.1 增强现实的定义

增强现实是一种可以把计算机生成的信息（如三维模型、图片、音乐等）叠加到真实环境中，以增强人们对真实场景感官和认知的技术，该技术是在虚拟现实基础上发展而来的。虽然增强现实是近年来才"火"起来的一个名词，但早在 1992 年，波音公司的科学家 Caudell 和 Mizell 就首次提出这一概念[1]，并尝试在飞机装配布线过程中引入这一技术。1994 年多伦多大学的 Milgram 等人首次提出了"现实-虚拟连续体"的概念[2]，认为从虚拟世界到真实环境是一个连续渐变的过程，如图 1-1 所示。在虚拟环境和真实环境的交界部分存在着一种"混合现实"的可能，在交界地带里，相对靠近真实环境的部分为增强现实。其可利用计算机技术生成虚拟对象来"增强"用户的真实体验。

图 1-1　虚拟现实连续体

与上述定义类似，1997 年 Azuma 对增强现实技术提出了一个更为广泛的定义[3]，认为增强现实技术是指将虚拟环境准确注册到物理世界，使虚拟与现实相融合，并实现实时交互的一种技术。增强现实技术能有效突破现实场景中时间和空间等因素的限制，使得传统上难以直接被用户体验到的实体信息通过增强现实技术与现实场景叠加并被人感知到，从而加强用户的操作体验，在工业制造、军事、医疗和教育等诸多方面有了越来越广泛的应用。

1.1.2　增强现实技术的特点

根据 Azuma 对增强现实的定义，增强现实是一个具有虚实融合、实时交互和三维沉浸特征的系统，具体表现在以下方面。

（1）虚实融合

虚实融合可将虚拟的物体信息叠加或合成到真实世界中，是增强现实的具体表现形式。它允许观测者看见虚拟和现实融合的世界，并强化真实物理场景（并不是直接替换），因此通过虚拟信息与真实环境的融合，用户可以“身临其境”地对虚拟内容进行观测和理解。

（2）实时交互

在增强现实为用户提供场景虚实融合的基础上，为使融合的视觉效果变得更为逼真，需要突破增强现实虚实物理的界限，构建虚拟物体与用户和真实环境间的互动方式。通过利用语音、手势等实现实时多模态信息的操作交互，提升增强现实过程中用户认知体验和知识互动的能力，从而使用户获取更多的认知体验。

（3）三维沉浸

三维沉浸是根据用户在三维空间的运动，实时调整计算机产生的增强信息，为用户构建出具有“身临其境”效果的体验环境，保证用户沉浸在其中的认知体验与真实物理世界的认知体验相似或者相同。这种“身临其境”的体验为用户构建了三维沉浸式环境，可让用户更容易融入增强现实构建的虚实一体化系统中。

1.1.3　增强现实与虚拟现实的区别

虽然增强现实技术是在虚拟现实技术的基础上发展起来的，两者有一些共同点，但是随着增强现实技术探索的深入，研究者发现两者有着明显的区别。增强现实技术更侧重于将虚拟物体叠加到真实的物理场景，在用户接触真实环境的基础上融合一些虚拟场景，构建一个虚实结合、三维沉浸的新环境，使得用户仍然保持对真实场景的感知和交互能力〔如图 1-2（a）所示〕。而对于虚拟现实技术，在用户与虚拟物体交互时，所有的交互场景都是计算机通过特定的程序仿真生成的，用户的感觉完全是基于虚拟场景产生的〔如图 1-2（b）所示〕。

(a) 增强现实示意图　　　　　　　　　　　　(b) 虚拟现实示意图

图 1-2　增强现实与虚拟现实的区别

1.2　增强现实的发展历程

1.2.1　起源阶段

利用计算机生成的信息在物理世界中进行注释首次出现在 20 世纪 60 年代。计算机图形学和增强现实之父 Sutherland 于 1965 年在"The Ultimate Display"(终极显示)[4]一文中给出了关于 VR 和 AR 的著名论断:"终极显示应该是有这么一个房间,在这个房间中计算机可以控制物体的存在,显示的椅子可以坐下,显示的手铐可以将你束缚,显示的子弹是可致命的,通过适当的编程,这样的显示可以真正地被称为爱丽丝梦游的仙境。"

此后不久,Sutherland 于 1968 年开发出了第一套增强现实系统[5],它被命名为"达摩克利斯之剑"(sword of damocles)(如图 1-3 所示)。这套系统使用一个光学透视头戴式显示器,同时配有两个 6DoF(degree of freedom)追踪仪(一个是机械式,另一个是超声波式),头戴式显示器由其中之一进行追踪。受制于当时计算机的处理能力,这套系统较重。其显示设备悬吊在用户头顶的天花板上,并通过连接杆和头戴式显示器相连,它能够将简单线框图转换为 3D 效果的图像。

图 1-3　"达摩克利斯之剑"的头戴式显示器系统

虽然这套系统被业界认为是虚拟现实和增强现实发展历程中里程碑式的作品，不过在当时除了得到大量科幻迷的热捧外，并没有引起很大轰动，笨重的外表和粗糙的图像系统都大大限制了产品在普通消费者群体里的应用。

1.2.2　初步发展阶段

20 世纪八九十年代计算机性能的提高促使增强现实发展成为一个独立的研究领域。1992 年波音公司 Caudell 和 Mizell 在辅助布线系统中最早提出增强现实的概念[1]，他们通过开发头戴式透视显示系统，使工程师能够使用叠加在电路板上的数字化增强现实图解来组装这个电路板上的复杂电线束。该增强现实系统虚拟化了布线图，可指导工程师们完成布线操作，有效提高了工作效率。

1993 年，哥伦比亚大学的 Feiner 等人提出了基于知识的 AR 系统 KARMA[6]，其全称为基于知识的增强现实维修助手（knowledge-based augmented reality for maintenance assistance）。通过在头戴式显示设备中叠加虚拟的作业辅助信息，指导人们如何安装和维护打印机。这或许是增强现实技术最早在消费者端的应用产品。该 AR 系统也可应用于激光打印机维修和汽车门锁的安装，能够指导缺乏维修经验的人员高效完成维修任务，如图 1-4 所示。

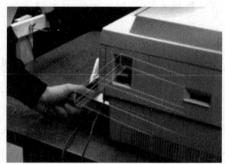

图 1-4　KARMA 增强现实系统

1997 年，在前人研究的基础上，哥伦比亚大学的 Feiner 等人又开发了第一个户外 AR 游览系统（touring machine）[7]。这套系统使用带有 GPS 和姿态跟踪的透视式头戴显示器，为了在移动过程中输出三维图形，系统包括一个内装计算机和传感器的背包，并配有光笔和触控界面的手持平板电脑。

1999 年，Kato 和 Billinghurst 共同开发了第一个增强现实开源框架 ARToolKit[8]。ARToolkit 基于 GPL 开源协议发布，是一个 6DoF 姿势追踪库，其使用直角基准和基于模板的方法来进行识别。ARToolKit 的出现使得增强现实技术不仅仅局限在专业的研究机构中，许多普通程序员也都可以利用 ARToolKit 开发自己的增强现实应用。早期的 ARToolKit 可以识别和追踪一个黑白人工标识（marker），并在黑白的标识上显示 3D 模型（如图 1-5 所示）。这个巧妙的软件设计与容易获取的网络摄像头相结合，使 ARToolKit 得到了广泛的应用。

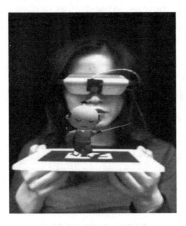

图 1-5　基于 ARToolKit 的增强现实应用

与此同时,德国联邦教育和研究部于 1999 年启动了一项 2 100 万欧元的 AR 项目——ARVIKA(augmented reality for development,production and servicing)[9],以将 AR 应用在产品开发、生产和服务领域。来自工业界和学术界的 20 多人组成一个研究小组,针对工业应用,特别是德国汽车工业应用的增强现实系统开展研究工作,该计划有效推进了全球对 AR 在专业领域应用的认识。

2000 年,来自南澳大利亚大学的 Bruce Thomas 等人开发了一个项目 ARQuake[10],将 AR 带到了室外的真实场景。ARQuake 是一个基于 6DoF 追踪系统的第一人称应用。这个追踪系统使用了 GPS、数字罗盘和基于标记的视觉追踪系统。使用者背着一个可穿戴式计算机的背包、一台头戴式显示器和一个只有两个按钮的输入器(如图 1-6 所示)。这款游戏在室内或室外都能进行,一般游戏中的鼠标和键盘操作由使用者在实际环境中的活动和简单输入界面代替。

图 1-6　ARQuake 项目

2003 年,Kooper 和 MacIntyre 开发出第一个基于移动增强现实的浏览器(Real-World Wide Web,RWWW)[11],其可基于万维网(World Wide Web,WWW)实现三维空间信息与物理世界的交互融合。这套系统受限于当时笨重的增强现实硬件设备,需要一个头戴式显示器和一套复杂的跟踪定位设备。

此外,增强现实技术所需要的设备比较昂贵,对应的软件算法对 CPU 和 GPU 性能的要求高，受到早期计算能力的限制，其在实时性、交互性、跟踪定位精度等方面都难以得到有效保证。信息技术的发展，尤其是移动平台的计算能力和传感器性能的快速提升，为更具舒适性的移动增强现实应用提供了基础。

2005 年，Henrysson 等人将 ARToolKit 与软件开发工具包（Software Development Kit，SDK）相结合，可为早期的塞班智能手机提供服务[12]。开发者通过 SDK 启用 ARToolKit 的视频跟踪功能，实时计算出手机摄像头与真实环境中特定标志之间的相对方位，基于该技术框架，实现了第一个移动手机端的多人协同的 AR 应用——AR 网球游戏，如图 1-7 所示。直到今天，ARToolKit 依然是最流行的增强现实开源框架之一，支持几乎所有的主流平台，并且已经实现自然特征追踪（Nature Feature Traking，NFT）等更高级的功能。

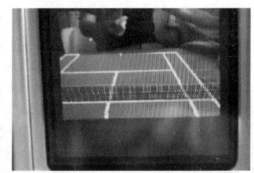

图 1-7　AR 网球游戏

在 2007 年，Klein 和 Murray 提出了一种实时的同步定位和建图（Parallel Tracking and Mapping，PTAM）方法[13]，该方法将 SLAM（Simultaneous Localization and Mapping）中的定位和建图分别在两个独立的线程中运行，通过对场景中自然纹理特征的提取，在进行三维稀疏场景重建的同时解算相机的空间位置和朝向，无须依赖于场景中先验的人工标识，即可为未知场景下增强现实应用提供实时位姿估计，如图 1-8 所示。

图 1-8　基于 PTAM 方法跟踪定位的增强现实

在此基础上，为拓展增强现实的应用场景，Wagner 等人在 2008 年首次提出一种能在手机上进行平面自然特征跟踪的方法[14]。其对特征描述算子 SIFT（Scale Invariant Feature Transform）进行修改，以适应于手机有限的计算和存储能力，实验结果表明，其能在当时的主流手机上为移动增强现实应用提供 20 Hz 的 6DoF 位姿信息,如图 1-9(a)所示。此外,基于自然特征跟踪方法,Metaio 于 2008 年推出了一款商用的移动 AR 博物馆向导系统[15],可在游览过程中为观众提供详细的向导和指引,如图 1-9(b)所示。

(a) 基于自然特征跟踪的手机AR　　　　(b) Metaio的移动AR博物馆向导系统

图 1-9　基于自然特征跟踪的移动 AR

2008 年在第一款谷歌 Android 手机 G1 诞生之初,Wikitude 公司便在该款手机平台上通过一款旅游辅助手机软件 Wikitude AR Travel Guide,将增强现实应用体验带给消费者,AR 技术也正式进入民用的移动领域[16]。此外,Wikitude 公司基于其在不同平台(iOS、Andorid 等)下开发的 AR 浏览器应用,让用户在访问移动互联网网页时体验到增强现实技术,用户在本地浏览器访问移动互联网网站时就能够看到相应的手机相机视角,从而能够获得带有增强现实内容的视频流(如图 1-10 所示)。

图 1-10　移动端 Wikitude AR 游览

1.2.3　快速发展阶段

在 2010 年以前,增强现实技术的发展主要以高校和科研院所的研究和探索为主,其相关研发成果推动了一些高科技公司对 AR 行业的预期和关注。例如,微软、苹果、谷歌、高通等科技企业开始纷纷布局 AR 相关产业,极大地推动了 AR 软/硬件技术的快速发展[17]。

在这个阶段,手机厂商的格局发生了翻天覆地的变化,移动设备功能的进步极大提高了移动端的计算能力,云计算的可用性也进一步推动了移动增强现实的发展,自此,可穿戴式增强现实产品开始快速出现。其中还有一个需要注意的是,自 2003 年 Davison[18] 和 2007

年 Klein 等人[13]提出实时 SLAM 以来，增强现实的应用中已大量使用 SLAM 技术，截至 2021 年，它仍然是现有移动增强现实系统研究中的关键部分，下面将就增强现实技术的快速发展阶段进行介绍。

2010 年，微软公司宣布与一家从事基于结构光 3D 传感器技术的以色列公司 PrimeSense 合作，以支持其"Project Natal"（Xbox 360 动作感应控制器）计划，同年 11 月 Kinect V1 上市（如图 1-11 所示）。2014 年和 2019 年，微软公司又依次推出了 Kinect V2 和 Azure Kinect[19]。作为一个标志性的消费级 RGB-D 传感器，Kinect 系列的出现为后续增强现实应用中的三维场景感知以及 Hololens 系列产品的研发提供了参考。2013 年 11 月，苹果公司收购了该 3D 传感器技术公司 PrimeSense，并将其应用场景聚焦于移动平台上。2017 年，苹果公司推出 iPhone X 手机，其上的 FaceID 登录解锁功能[20]就是 3D 传感器在生活中的典型应用。

2011 年，高通宣布开放其 AR SDK 开发平台 QCAR，其后续更名为 Vuforia。此后于 2015 年，物联网软件开发商 PTC 与高通达成协议，收购了后者的 Vuforia 业务。至今为止，Vuforia 一直是开发者青睐的 AR SDK[21]，众多的功能、高质量的识别技术以及良好的跨平台性和兼容性（兼容 Window，Android 和 iOS 平台），使得 Vuforia 在 AR 领域仍然被广泛应用（如图 1-12 所示）。

图 1-11　微软 Kinect V1　　　　　图 1-12　Vuforia 在 AR 领域的应用

2012 年，发生了增强现实发展史上具有标志性的事件，谷歌公司在当年发布了一款基于 AR 应用的智能眼镜 Google Glass[22]〔如图 1-13(a)所示〕，这款眼镜集智能手机、GPS、相机于一身。用户不仅可以通过谷歌眼镜浏览网页、拍照、导航，还可以基于它开发自己的 AR 应用。其后，谷歌公司于 2014 年发布了 Project Tango 产品〔如图 1-13(b)所示〕，其具有 3D 传感器、广角相机和惯性测量单元（Inertial Measurement Unit，IMU）等，可实现运动跟踪、区域学习和深度感知等功能模块，配合其独特的移动设备和 SDK，可为 AR 项目的应用开发提供友好条件。

同在 2014 年，Facebook 公司以 20 亿美元收购虚拟现实公司 Oculus 公司，尽管当时 Oculus 公司还不生产任何消费产品。这一事件极大地推动了社会对 VR 和 AR 领域的关注，也在一定程度上推动了增强现实技术的发展。2015 年，由任天堂公司、Pokémon 公司授权，Niantic 负责开发和运营的一款 AR 手游《Pokémon Go》出现了[23]。在这款 AR 对战游戏中，玩家捕捉现实世界中出现的宠物小精灵，对其进行培养，然后进行交换以及战斗（如图

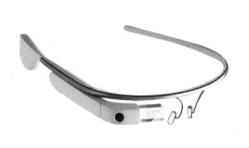

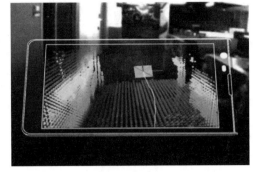

(a) Google Glass   (b) Project Tango

图 1-13　谷歌公司的 AR 产品

1-14 所示)。由市场研究公司 App Annie 发布的数据显示,增强现实游戏《Pokémon Go》只用了 63 天就通过 iOS 和 Google Play 应用商店就在全球就赚了 5 亿美元。如果说 Google Glass 和 Project Tango 还属专业型的 AR 设备,那么在 2014 年之后,增强现实以更大众化的方式进入人们视野。

图 1-14　Pokémon Go 游戏示意图

2015 年,微软公司发布了 Hololens 1,其具有更强的计算和环境感知能力,可将计算机生成的效果叠加于物理世界中,并可让人看到虚实融合的全息景象,成为当时 AR 眼镜领域的行业标杆[24]。2019 年,微软公司又进一步更新发布了 Hololens 2,与第一代产品相比,其在视场角、人机交互功能等方面都有了进一步提升。其后,国内外又陆续出现了一些优秀的增强现实眼镜产品,如 Magic Leap One、晨星 AR、Nreal Light 和影创 Hong Hu 等产品。在第 9 章会对其中部分典型产品的性能参数进行介绍。

值得一提的是,针对移动端手机计算平台,苹果公司和谷歌公司分别于 2017 年先后推出基于 iOS 和 Android 系统的移动增强现实开发平台 ARKit[25] 和 ARCore[26](如图 1-15 所示),开发者可将手机作为硬件平台,使用该软件工具开发不同的增强现实应用。上述平台为增强现实技术从工业端到消费者端的推广渗透起到了巨大推动作用。此外,目前国内外还有 Snapchat、Kudan、EasyAR、百度 AR 和网易洞见 AR 等 SDK,本书将在第 9 章对部分典型的增强现实 SDK 进行介绍。

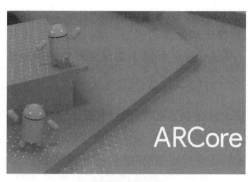

（a）苹果公司的ARKit　　　　　　　　（b）谷歌公司的ARCore

图 1-15　典型的移动增强现实开发平台

1.3　增强现实系统的构成

1.3.1　增强现实系统的基本组成

从上述增强现实的发展历程可知，一个典型的增强现实系统至少应包含以下 3 个部分（如图 1-16 所示）：跟踪注册组件、显示组件和交互组件。此外，它还需要有待增强的虚拟 3D 模型等信息，以基于跟踪注册组件的计算结果，将虚拟 3D 模型等按合适的位置和朝向叠加在现实场景中，实现有效的虚实融合。在此基础上，结合交互组件可实现虚实模型间信息的交流与共享。上述各组件的具体功能如下。

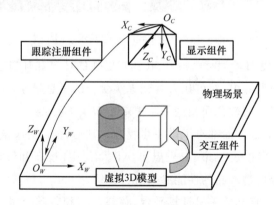

图 1-16　增强现实原理示意图

（1）跟踪注册组件

跟踪注册组件是实现移动增强现实应用的基础，也是决定移动增强现实应用系统性能的关键，因此三维跟踪注册技术一直是移动增强现实系统研究的重点和难点。其主要任务是实时检测出相机相对于真实场景的位姿，确定需要叠加的虚拟信息在投影平面中的位置，并将这些虚拟信息实时显示在屏幕上的正确位置，完成三维注册。其性能判断标准主要有实时性、稳定性和鲁棒性等。

（2）显示组件

显示组件是增强现实系统中实现虚实融合显示的主要设备，一般分为头戴式显示、手持式显示以及投影式显示等。其可将虚实融合效果显示在观测者视场中。

（3）交互组件

交互组件是指将用户的交互操作输入到计算机后，经过处理将交互的结果通过显示设备显示输出，从而实现某些特定特定功能的组件。目前增强现实系统中的交互方式主要有三大类：外接设备、特定标识以及徒手交互。

此外，对于需要构建的待增强虚拟物体的 3D 模型，若已有设计尺寸信息，则可用 OpenGL 等进行直接绘制或用 3D Max 等软件事先准备好，相关软件使用教程已有大量图书介绍，本书不再赘述。但对于真实世界中已存在的物体和场景，如何利用视觉测量等技术重构其 3D 模型，也是增强现实领域的一类重要研究问题，在本书中将会对其进行论述。

1.3.2 增强现实系统的关键技术

从视觉显示角度来说，高真实感的虚实融合是增强现实系统的核心，其需要将虚拟模型与现实世界进行逼真融合，保证二者在几何、遮挡、光照等方面的一致性，具体表现在以下 3 个方面。

1. 几何一致性

几何一致性意味着虚拟物体和物理世界看起来处于同一现实空间，在位置关系、透视关系等几何因素上保持一致。例如，将一个虚拟的杯子放在真实的桌面上，从不同视角方向进行观察，都要求能正常地确定杯子在桌面上的位姿，仿佛该虚拟杯子已与真实场景融为一体。保持几何一致性是增强现实的关键技术之一，从增强现实发展早期开始就是该领域的热点问题，相关研究到目前为止依然相当活跃。

几何一致性一般是通过实时跟踪三维物体或者相机的位姿来实现的，可通过计算机视觉方法，根据物体场景中的特征点来解算出相机在场景中的位姿，进而根据该位姿将虚拟物体叠加在真实场景，让虚拟物体在几何空间上与真实场景保持方向和位置的一致，呈现虚实融合的效果。例如，现有保持几何一致性的常用方法是 SLAM，其可从场景图像中提取相应视觉特征，在恢复场景三维结构信息的同时，跟踪相机的位姿。SLAM 除了应用于增强/虚拟现实领域外，也广泛应用于机器人和无人驾驶等领域。

2. 遮挡一致性

遮挡一致性问题主要涉及虚拟物体和真实场景的正确遮挡关系。它要求在虚实融合场景中，虚拟物体能够遮挡背景，同时也能够被前景物体遮挡。正确的遮挡关系能够产生令人信服的虚实融合效果，并能够使用户在合成场景中获得合乎自然的空间感知。例如，用真实的手握住一个虚拟的杯子，此时拇指可能在虚拟杯子的前面，部分遮挡虚拟杯子的图形，而虚拟杯子则可能会遮挡其他手指。能够实现增强现实中遮挡判断的方法目前主要有基于深度估计的遮挡处理方法、基于模型重建的遮挡处理方法和基于前后关系不变的遮挡处理方法。

（1）基于深度估计的遮挡处理方法。该方法主要基于深度学习和立体视差等方式，实时估计真实场景的深度信息，然后根据视点位置、虚拟物体的叠加位置以及计算所得的场景深度值，判断虚拟物体与真实场景的空间位置关系，进行相应的遮挡渲染，从而实现虚实遮挡效果。

（2）基于模型重建的遮挡方法。基于模型重建的遮挡方法需要预先对会与虚拟物体发生遮挡关系的真实物体进行三维建模，用三维模型覆盖真实物体，然后比较虚实物体模型的深度值。根据比较结果，只渲染虚拟物体未被真实物体遮挡的部分，不渲染虚拟物体被遮挡的部分。对这类方法而言，由于预先得到了会与虚拟物体发生遮挡关系的真实物体的三维模型，因此后续的虚实遮挡处理的计算量小，并且当观察视角变化时，也能够正确判断虚实遮挡关系。

（3）基于前后关系不变的遮挡方法。该方法既不需要实时计算场景深度值，也不需要预先重建全部或局部真实场景的三维模型。在这类方法中，虚拟物体与真实场景的遮挡关系是固定不变的，即虚拟物体总是位于真实物体前方或者总是位于其后方。

3. 光照一致性

光照一致性是指在虚实融合过程中虚拟物体表面的光照效果的真实感，必须配合真实光源的情况，在虚拟物体上制作出明暗、阴影等光照效果，使其能和真实环境很好的融合。其目标是使虚拟物体的光照情况与真实场景中的光照情况相一致，并使虚拟物体与真实物体有着一致的明暗、阴影效果，提高对真实场景的增强效果，使用户觉察不到虚实的不一致。

真实场景的光照条件计算一般比较复杂，在实际增强现实的虚实融合中，一般可对待增强场景的光照情况进行简化，只考虑较远光源产生的局部光照效果，而不考虑场景物体之间反射光线相互作用下的全局光照效果。

为了估算出光照参数，可以在场景中放置光照探测器。光照探测器可以是被动探测物，如一个反光球，可以通过相机拍摄反光球的图像来得到环境光参数。光照探测器也可以是主动探测物，如一个鱼眼摄像机，可以直接通过一个鱼眼相机来拍摄得到环境光照数据。光照探测器采集到的环境光数据可以作为环境贴图应用在虚拟物体的光照计算中，从而获得与真实场景接近的明暗度和阴影效果。

在增强现实应用中放置光照探测器比较麻烦，可以通过单张图片和视频来大致恢复出场景光照信息，利用对场景光照、几何和材质方面的一些假设条件来简化计算。例如，假设场景材质具有镜面反射条件或漫反射条件，分别推算出光源的方向和强度，或通过检测真实场景中的阴影来推算光照条件。

本 章 小 结

本章主要概述了增强现实的基本概念、发展历程和关键技术，并明确了虚拟现实与增强现实的区别。对于增强现实的发展历程，我们以近半个世纪的时间为轴，选取了部分典型事件进行介绍，从中我们可以清晰地发现增强现实技术的发展史，在某种程度上来说它也是信息技术和移动计算的发展史。此外，从笨重的"达摩克利斯之剑"到便携可穿戴式 AR 眼镜，我们也能发现增强现实作为一个信息接口，在未来的空间计算中具有无限潜能。

此外，本章对典型增强现实系统的组成进行了介绍，其主要依赖于 3 个关键组件：跟踪注册组件、显示组件、交互组件。本书的后续章节将围绕上述 3 个关键组件对增强现实的技术原理进行介绍。

本章参考文献

[1] Caudell T，Mizell D. Augmented reality：an application of heads-up display technology to manual manufacturing processes［C］// Proceedings of the Twenty-Fifth Hawaii International Conference on System Sciences. Kauai：IEEE，1992：659-669.

[2] Milgram P，Takemura H，Utsumi A，et al. Augmented reality：a class of displays on the reality-virtuality continuum［J］. Telemanipulator and Telepresence Technologies，SPIE，1994，2351：282-292.

[3] Azuma R. A survey of augmented reality[J]. Presence：Teleoperators and Virtual Environments，1997，6(4)：355-385.

[4] Sutherland I E. The ultimate display[C]// Proceedings of IFIP Congress. New York：[s. n.]1965：506-508.

[5] Sutherland I E. A head-mounted three dimensional display[C]//Proceedings of the AFIPS Fall Joint Computer Conference. San Francisco：[s. n.]，1968：757-764.

[6] Feiner S，Macintyre B，Seligmann D. Knowledge-based augmented reality[J]. Communications of ACM，1993，36(7)：53-62.

[7] Feiner S，Macintyre B，Hollerer T，Webster A. A touring machine：prototyping 3D mobile augmented reality systems for exploring the urban environment［C］// Proceedings of IEEE International Symposium on Wearable Computers. Cambridge：IEEE，1997：74-81.

[8] Kato H，Billinghurst M. Marker tracking and HMD calibration for a video-based augmented reality conferencing system［C］//Proceedings of IEEE and ACM International Workshop on Augmented Reality. San Francisco：IEEE，1999：85-94.

[9] Friedrich W. ARVIKA-augmented reality for development，production and service ［C］//Proceedings International Symposium on Mixed and Augmented Reality. Darmstadt：[s. n.]，2002：3-4.

[10] Thomas B，Close B，Donoghue J，et al. ARQuake：an outdoor/indoor augmented reality first person application［C］//Proceedings of the 4th International Symposium on Wearable Computers. Atlanta：[s. n.]，2000：139-146.

[11] Kooper R，MacIntyre B. Browsing the real-world wide web：Maintaining awareness of virtual information in an ar information space[J]. International Journal of Human-Computer Interaction，2003，16(3)：425-446.

[12] Henrysson A，Billinghurst M，Ollila M. Face to face collaborative ar on mobile phones［C］//Proceedings of IEEE International Symposium on Mixed and Augmented Reality. Vienna：IEEE，2005：80-89.

[13] Klein G，Murray D. Parallel tracking and mapping for small ar workspaces[C] // Proceedings of IEEE and ACM International Symposium on Mixed and Augmented Reality. Nara：[s. n.]，2007：225-234.

[14] Wagner D，Reitmayr G.，Mulloni A.，et al. Pose tracking from natural features on mobile phones[C] // Proceedings of IEEE International Symposium on Mixed and Augmented Reality. Cambridge：IEEE，2008：125-134.

[15] Miyashita T，Meier P，Tachikawa T，et al. An augmented reality museum guide ［C］ // Proceedings of IEEE International Symposium on Mixed and Augmented Reality. Cambridge：IEEE，2008：103-106.

[16] Wikitude AR ［EB/OL］. ［2021-08-12］. https://www. wikitude. com/.

[17] Arth C，Gruber L，Grasset R，et al. The history of mobile augmented reality：developments in mobile AR over the last almost 50 years[R]. Technical Report，ICG-TR-2015-001，2015.

[18] Davison A J. Real-time simultaneous localisation and mapping with a single camera ［C］ //Proceedings of IEEE International Conference on Computer Vision. Nice：IEEE，2003：1403-1410.

[19] Tlgyessy M，Dekan M，Chovanec U，et al. Evaluation of the Azure Kinect and its comparison to Kinect V1 and Kinect V2[J]. Sensors，2021，21：413.

[20] FaceID ［EB/OL］. ［2021-08-12］. https://support. apple. com/en-us/HT208108.

[21] Vuforia[EB/OL]. ［2021-08-08］. https://developer. vuforia. com/.

[22] Google Glass ［EB/OL］. ［2021-08-12］. https://www. google. com/glass.

[23] Pokémon Go ［EB/OL］. ［2021-08-12］. https://pokemongolive. com/zh_hant/.

[24] Hololens ［EB/OL］. ［2021-08-12］. https://www. microsoft. com/en-us/hololens.

[25] ARKit[EB/OL]. ［2021-08-07］. https://developer. apple. com/cn/augmented-reality/arkit/.

[26] ARCore[EB/OL]. ［2021-08-07］. https://developers. google. com/ar/.

第 2 章

增强现实中的计算机视觉基础

本章主要介绍增强现实中使用的计算机视觉技术,如相机成像模型、图像特征检测算子、空间位姿解算等,使增强现实技术能通过图像传感器获取并理解周围的环境信息,以为后续增强现实的跟踪注册以及基于视觉的三维建模等提供基础。该部分会涉及较多的数学公式,虽然我们试图介绍所有必要的数学概念,让读者能理解增强现实背后的计算机视觉算法及原理,但由于书的篇幅有限,不太可能细致深度地进行讲解。希望深入了解这些知识的读者可以参阅以下研究者的著作:Richard Hartley 和 Andrew Zisserman[1]、Richard Szeliski[2]。

2.1　相机成像模型

在移动增强现实中,相机主要实现两方面的功能:一方面,通过相机获取场景的图像信息,基于图像信息进行特征提取和特征匹配,进而解算相机在物理场景中的位姿,保证增强现实跟踪注册功能的实现;另一方面,在基于视频透视的增强现实应用中,相机可作为增强现实进行虚实融合的显示窗口,实时展现虚实融合结果。

为此,本节首先对相机成像模型进行介绍,以建立三维空间点与二维图像点间的对应关系,图 2-1 所示为典型的相机小孔成像模型。

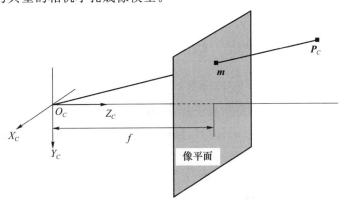

图 2-1　相机小孔成像投影模型

假设相机的焦距为 f，对于给定的相机坐标系下的空间点 $\boldsymbol{P}_C = (x_C, y_C, z_C)^{\mathrm{T}}$ 及其在二维图像上的投影点 $\boldsymbol{m} = (x, y)^{\mathrm{T}}$，其二者间的对应关系可表示为

$$\begin{pmatrix} x \\ y \\ 1 \end{pmatrix} = \frac{1}{z_C} \begin{pmatrix} f & 0 & 0 \\ 0 & f & 0 \\ 0 & 0 & 1 \end{pmatrix} \begin{pmatrix} x_C \\ y_C \\ 1 \end{pmatrix} \tag{2-1}$$

基于图像左上角构建像素坐标系，在不考虑倾斜因子的情况下，可根据相机焦距和像元尺寸 $(\mathrm{d}x, \mathrm{d}y)$ 间的关系，将上述式得到的图像点坐标 $(x, y)^{\mathrm{T}}$ 转化为对应的像素点坐标 $(u, v)^{\mathrm{T}}$，并得到相机的内参数变换矩阵：

$$\begin{pmatrix} u \\ v \\ 1 \end{pmatrix} = \frac{1}{z_C} \begin{bmatrix} \dfrac{1}{\mathrm{d}x} & 0 & u_0 \\ 0 & \dfrac{1}{\mathrm{d}y} & v_0 \\ 0 & 0 & 1 \end{bmatrix} \begin{pmatrix} f & 0 & 0 \\ 0 & f & 0 \\ 0 & 0 & 1 \end{pmatrix} \begin{pmatrix} x_C \\ y_C \\ 1 \end{pmatrix} = \frac{1}{z_C} \begin{pmatrix} f_x & 0 & u_0 \\ 0 & f_y & v_0 \\ 0 & 0 & 1 \end{pmatrix} \begin{pmatrix} x_C \\ y_C \\ 1 \end{pmatrix} \tag{2-2}$$

其中 (u_0, v_0) 是图像的主点坐标，$\begin{pmatrix} f_x & 0 & u_0 \\ 0 & f_y & v_0 \\ 0 & 0 & 1 \end{pmatrix}$ 是相机的内参数矩阵，通过式（2-2）的变换，可将相机坐标系下的三维场景点投影到图像平面，得到其在二维图像上的像素点坐标。

在实际的移动增强现实应用中，世界坐标系 $\{W\}$ 往往并不是建立在相机坐标系下的，因此，在实现三维空间点到二维图像点变换前，需要首先将世界坐标系下的齐次三维点 $\boldsymbol{P}_W = (x_W, y_W, z_W, 1)^{\mathrm{T}}$ 转换到相机坐标系下，然后再进行式（2-2）的投影变换，具体过程如图 2-2 所示。

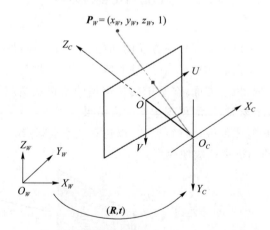

图 2-2　世界坐标系下三维场景点的成像模型

假设 $\boldsymbol{P}_W = (x_W, y_W, z_W, 1)^{\mathrm{T}}$ 是世界坐标系 $\{W\}$ 下三维空间点 $\boldsymbol{P}_W$ 的齐次坐标，其对应的二维图像点的齐次坐标为 $\boldsymbol{m} = (u, v, 1)^{\mathrm{T}}$，则相应的线性成像模型可以表示为

$$s \begin{pmatrix} u \\ v \\ 1 \end{pmatrix} = \boldsymbol{K} \begin{pmatrix} \boldsymbol{R} & \boldsymbol{t} \\ 0 & 1 \end{pmatrix} \begin{bmatrix} x_W \\ y_W \\ z_W \\ 1 \end{bmatrix} = \boldsymbol{K}\boldsymbol{M} \begin{bmatrix} x_W \\ y_W \\ z_W \\ 1 \end{bmatrix} \tag{2-3}$$

其中：s 为尺度因子；K 为相机的内参数矩阵；R 为旋转矩阵，表示相机坐标系 $\{C\}$ 和世界坐标系 $\{W\}$ 之间的旋转变换；t 为平移向量，表示相机坐标系 $\{C\}$ 到世界坐标系 $\{W\}$ 之间的平移变换；$M = \begin{pmatrix} R & t \\ 0 & 1 \end{pmatrix}$ 为相机的外参数矩阵。在增强现实的应用中，实时计算相机相对于世界坐标系的外参数矩阵 M 以实现稳定的相机跟踪注册，是增强现实中虚实融合的核心所在。

2.2　相　机　标　定

在 2.1 节的相机成像模型中，涉及一个重要的参数——相机的内参数矩阵 K，其可有效表征不同相机的成像属性。在增强现实领域，往往需要预先实现高精度的相机内参数标定，以保证后续增强现实系统在物理场景下的位姿估计精度。内参数主要包括有效焦距、主点坐标、镜头畸变参数等。现有相机标定方法主要有基于标定物的标定方法、基于主动视觉和相机自标定方法 3 种。

2.2.1　基于标定物的标定方法

基于标定物的标定方法广泛应用于现有相机标定中，其利用高精度的标准物作为基准，借助于标准物精确已知的几何信息以及其在图像上对应点之间的映射关系，实现相机内参数的标定求解。依据标准物体空间维度的不同，该方法又可进一步细分为基于三维标准物、基于二维标定物和基于一维标定杆的 3 种方法。

1. 基于三维标准物的标定方法

基于三维标准物的标定方法是早期相机标定过程中常用的方法，通过精确加工的三维标定物（如图 2-3 所示）的位置坐标信息（理论上仅用一幅图像）便可标定出相机的内、外参数。

该方法操作简单且标定精度较高，因而在早期相机标定中占有重要地位。1971 年 Abdel-Aziz 等提出了基于三维标准物的直接线性变换法（Direct Linear Transformation，DLT）[3]。该方法不考虑镜头畸变，采用理想的小孔成像模型描述相机，只需要标定物上的 6 个三维点及这 6 个三维点对应的图像点就可以建立并求解线性方程组，获得相机的内、外参数，通过线性求解得到相机的标定结果。该方法最大的优势是求解简单，但是没有考虑镜头畸变，精度较差。针对上述问题，Tsai 于 1987 年提出了基于径向排列约束的两步相机标定方法[4]。其第一步是通过求解线性方程组获得相机的外参数，第二步是仅考虑一阶径向畸变求解相机内参数，有效解决了由直接线性变换法求解导致的精度不足问题。但因为三维标定物的结构比较复杂，其价格往往比较高。

2. 基于二维标定物的标定方法

二维标定物也称为平面标定板，其特征点位于同一个平面。如图 2-4 所示，二维标定物上通常使用一些特定的图案作为定位的信息点，这些图案通常包括圆心点、直线交点或者黑

图 2-3　三维标定物

白相间方格的顶点等。通过二维标定物上的大量空间特征点与其在图像点间的对应关系建立约束方程，从而实现相机内、外参数的标定，且无须知道二维标定物的运动参数信息。

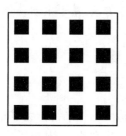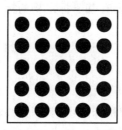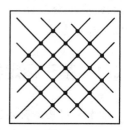

图 2-4　典型的二维标定物

　　因为二维标定物使用比较方便、精度较高，一般不会出现自遮挡，所以广泛应用于当前相机标定中。基于二维标定物的相机标定算法中，应用最广泛是张正友标定法[5]。张正友标定法的核心内容是先建立内参数矩阵、外参数矩阵和单应矩阵之间的关系，再利用旋转矩阵的性质求解出内参数矩阵和外参数矩阵，最后采用非线性优化方法优化相机的内、外参数矩阵。该方法精度较高、使用方便，现已集成到 OpenCV 和 MATLAB 等算法库或软件中，本节将对张正友标定法做简要介绍。张正友标定法通过对一个棋盘格标定板在不同方向进行 3 次以上的拍照（如图 2-5 所示），获得相机的内参数和畸变系数。

图 2-5　张正友标定法中的棋盘标定板

　　在张正友标定法的思想中，首先对相机的内、外参数进行一个初始的估计，然后通过一定的优化函数对估计得到的初始参数进行优化求精。该方法假定棋盘格标定板平面位于世界坐标系中 $Z_w = 0$ 的平面上，那么相机的成像模型可由式（2-4）表示：

$$\begin{pmatrix} u \\ v \\ 1 \end{pmatrix} = \lambda \boldsymbol{K}(\boldsymbol{r}_1,\boldsymbol{r}_2,\boldsymbol{r}_3,\boldsymbol{t}) \begin{pmatrix} X \\ Y \\ 0 \\ 1 \end{pmatrix} = \lambda \boldsymbol{K}(\boldsymbol{r}_1,\boldsymbol{r}_2,\boldsymbol{t}) \begin{pmatrix} X \\ Y \\ 1 \end{pmatrix} \tag{2-4}$$

令 $\boldsymbol{H}=(\boldsymbol{h}_1,\boldsymbol{h}_2,\boldsymbol{h}_3)=\lambda \boldsymbol{K}(\boldsymbol{r}_1,\boldsymbol{r}_2,\boldsymbol{t})$，那么 $\boldsymbol{r}_1=\dfrac{1}{\lambda}\boldsymbol{K}^{-1}\boldsymbol{h}_1$，$\boldsymbol{r}_2=\dfrac{1}{\lambda}\boldsymbol{K}^{-1}\boldsymbol{h}_2$。当已知世界坐标系下的空间点坐标和图像坐标系下的对应点坐标时，矩阵 $\boldsymbol{H}$ 可以通过最小二乘法求得。根据旋转矩阵的性质 $\boldsymbol{r}_1^{\mathrm{T}}\boldsymbol{r}_2=0$ 和 $\parallel \boldsymbol{r}_1 \parallel = \parallel \boldsymbol{r}_2 \parallel =1$，可以求得每幅图像内参数矩阵的约束方程：

$$\begin{cases} \boldsymbol{h}_1^{\mathrm{T}}\boldsymbol{K}^{-\mathrm{T}}\boldsymbol{K}^{-1}\boldsymbol{h}_2=0 \\ \boldsymbol{h}_1^{\mathrm{T}}\boldsymbol{K}^{-\mathrm{T}}\boldsymbol{K}^{-1}\boldsymbol{h}_1=\boldsymbol{h}_2^{\mathrm{T}}\boldsymbol{K}^{-\mathrm{T}}\boldsymbol{K}^{-1}\boldsymbol{h}_2 \end{cases} \tag{2-5}$$

当获得大于或等于 3 的图像数目时，就可以求解出唯一的相机内参数矩阵 $\boldsymbol{K}$。接下来的步骤是使用最大似然估计对得到的初始参数进行优化。在张正友标定法中使用的优化目标函数为

$$\sum_{i=1}^{n}\sum_{j=1}^{m} \parallel \boldsymbol{m}_{ij}-\hat{m}(\boldsymbol{K},\boldsymbol{R}_i,\boldsymbol{t}_i,\boldsymbol{M}_{ij}) \parallel^2 \tag{2-6}$$

其中 $\boldsymbol{M}_{ij}$ 表示第 i 幅图像上第 j 个像点对应目标定板上的三维点，$\hat{m}(\boldsymbol{K},\boldsymbol{R}_i,\boldsymbol{t}_i,\boldsymbol{M}_{ij})$ 是 $\boldsymbol{M}_{ij}$ 的像点，$\boldsymbol{R}_i$、$\boldsymbol{t}_i$ 分别表示第 i 幅图像对应相机的旋转和平移矩阵。

通过构建上述目标优化函数，可实现相机内、外参数的迭代求精。

3. 基于一维标定杆的标定方法

在用一维标定杆进行相机标定的过程中，标定杆需要至少 3 个位于一条直线上的特征点作为已知信息，其优点是构造简单，成本低廉，且不存在自遮挡问题。该方法是由张正友于 2004 年提出的[6]，如图 2-6 所示，利用靶点之间共线约束的思想完成单目相机的标定工作。标定杆的几何信息比较少，无法提供足够多的约束求解标定方程。为了解决这个问题，学者们提出两类解决方案：第一类是使标定杆做特殊运动，以特殊运动的变换信息作为约束；第二类是同时标定多个相机，以相机之间的多视几何关系作为约束。

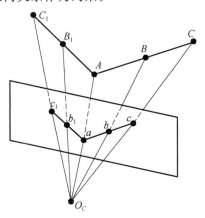

图 2-6 基于一维标定杆的标定方法

由于标定杆具有加工成本低而且使用方便等优点，因此其在大视场多相机的场景下得到了广泛的应用。但该方法也存在着一定的局限性，如标定结果精度不高，且一维标定杆需要在标定过程中绕着一个固定点进行多次旋转，这降低了标定方法的简易性。

2.2.2　基于主动视觉和自标定的标定方法

1. 基于主动视觉的标定方法

基于主动视觉的标定方法不需要使用标定物，可通过精确控制运动平台带动相机做某些特殊形式的运动，利用相机的运动参数以及图像点间的变化来标定相机的内参数。但是因为需要用到高精度的运动控制平台，所以造价成本高昂，实验条件苛刻，这些均制约着该方法的应用。

2. 基于自标定的标定方法

基于标准物的标定方法和基于主动视觉的标定方法需要使用高精度标定物或精密控制平台，通过建立三维空间点和二维图像点间的对应关系，来推算相机内参数。为避免对高精度标定设备的依赖，Faugeras 等人在 20 世纪 90 年代初首先提出了相机自标定的概念[7]，他们从射影几何理论的角度出发，证明了在多幅图像序列之间每两幅图像均存在着一定的约束关系，这种关系不与所拍摄到的场景内容和相机的运动有关，只取决于相机自身的内参数。这种在两幅图像之间存在的二次非线性约束关系称为 Kruppa 方程。

基于自标定的标定方法不需要标定块，只是通过相机在运动过程中建立多幅图像之间对应的关系，直接进行标定。它克服了传统标定方法的缺点，灵活性较强，缺点是标定过程复杂，标定结果的精度和稳定性不高。在增强现实领域，现有主要以基于二维标定物的方法完成相机标定，因此，本书中对基于主动视觉和基于自标定的标定方法没有展开介绍，感兴趣读者可进一步查阅相关文献。

2.2.3　相机畸变矫正

线性成像模型表示的是一种理想的相机成像情况，而在实际成像过程中，因为光学系统都不可避免地存在非线性失真，进而导致相机成像会有一定程度的畸变，而非理想的小孔直线成像。图 2-7 是典型的相机成像畸变示意图，其中图 2.7(a) 是无畸变的图像，图 2.7(b) 和图 2.7(c) 分别是出现桶形畸变和枕形畸变的图像。从图中可发现，相机成像畸变会导致图像变形失真，因此需要采用合适的畸变校正模型对畸变图像进行校正。

在现有的移动增强现实应用中，为保证跟踪注册的稳定性，常采用广角镜头以获得更大的视场范围。因此，为获得三维空间点与二维图像点间准确的对应关系，必须构建相机的非线性畸变模型，以便对相机成像畸变情况进行校正。典型的相机非线性畸变模型可以表示为

$$\begin{cases} \tilde{u} = u + \Delta_u(u,v) \\ \tilde{v} = v + \Delta_v(u,v) \end{cases} \tag{2-7}$$

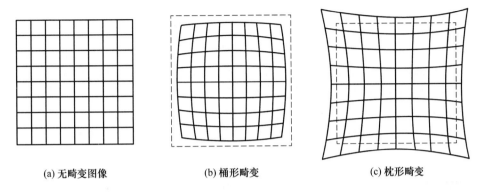

|(a) 无畸变图像|(b) 桶形畸变|(c) 枕形畸变|

图 2-7 相机成像畸变示意图

其中：(u,v)是小孔成像模型下得到的理想图像点坐标；$(\tilde{u},\tilde{v})$是实际图像点坐标；$\Delta_u(u,v)$和$\Delta_v(u,v)$是对应的畸变误差，其可进一步表示为

$$\begin{cases} \Delta_u(u,v) = k_1 u(u^2+v^2) + \left[p_1(3u^2+v^2)+2p_2 uv\right] + s_1(u^2+v^2) \\ \Delta_v(u,v) = k_2 v(u^2+v^2) + \left[p_2(3u^2+v^2)+2p_1 uv\right] + s_2(u^2+v^2) \end{cases} \tag{2-8}$$

其中，畸变误差可由等式右侧的三项构成，第一项为径向畸变模型，对应的径向畸变系数为k_1和k_2；第二项为切向畸变模型，对应的切向畸变系数为p_1和p_2；第三项为薄棱镜畸变模型，其对应的畸变系数为s_1和s_2。在一般情况下，在上述非线性畸变模型中，通过第一项和第二项已能描述相机非线性的畸变情况。针对畸变系数的选择问题，Tsai[8]在其研究成果中也指出，由于需要使用非线性优化算法来估计非线性的畸变情况，因此过多地引入待优化参数，这往往难以提高精度，甚至会导致非线性畸变参数估计的不稳定。在现有相机标定中，大部分应用场景主要考虑了非线性畸变的径向畸变和切向畸变的情况。

2.3 图像特征检测算子

当前，在增强现实跟踪注册的计算过程中，常常以图像作为输入，但图像本质上是由亮度和色彩组成的矩阵，难以将其作为一个整体参与计算。因此，常见的方法是从图像中选取一些具有代表性的点作为特征点，我们将图像中最明显的特征识别为特征点，并选取最具代表性的部分作为关键点。利用选取的离散关键点取代一幅图像，从而间接地表示出连续的图像信息。

2.3.1 图像特征点提取

为了使计算机能够识别图像，具有真正意义上的"视觉"，从图像中提取出能够代表图像的"非图像"信息这一过程就是特征提取，而对提取出来的信息进行表示或描述就是特征描述。有了这些特征及特征描述子，我们就可以让计算机具有识别图像的本领。目前常用的特征提取方法主要有 Harris 角点检测算法[9]、SIFT 特征点检测算法[10]及 FAST 特征点检测算法[11]等。

1. Harris 角点检测算法

Harris 角点检测算法是 Harris 和 Stephens 于 1988 年提出的[9]，其原理是判断一点向任意方向的小偏移是否会引起灰度值的较大变化。如图 2-8 所示，有一个很小的局部区域窗口，如果在图像上移动时，其灰度值没有变化，那么该窗口内不存在角点；如果在某一个方向上移动该窗口时，其一侧灰度值发生很大变化而另一侧灰度值没有变化，那么说明这个窗口位于对象的边缘区域；如果在不同方向移动该窗口时，其灰度值均发生较大变化，那么说明这个窗口内具有角点特征。

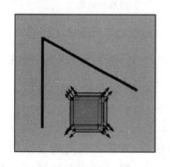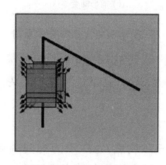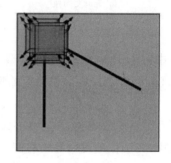

图 2-8 Harris 角点检测原理示意图

其算法思想是通过计算一个像素点周围邻域的自相关函数矩阵的特征值，并基于该特征值的分布来判断该点是不是角点，该局部自相关函数可定义为

$$E(u,v) = \sum_{x,y} w(x,y) \left[I(x+u, y+v) - I(x,y) \right]^2 \tag{2-9}$$

其中：$I(x,y)$ 表示图像上坐标为 (x,y) 处像素点的灰度值；$I(x+u,y+v)$ 是像素点 $I(x,y)$ 经过微小偏移 (u,v) 后的灰度值；$w(x,y)$ 是高斯滤波器。其泰勒展开式为

$$E(u,v) \approx (u,v) \boldsymbol{M} \begin{pmatrix} u \\ v \end{pmatrix} \tag{2-10}$$

其中 $\boldsymbol{M}$ 为 2×2 的对称矩阵。

$$\boldsymbol{M} = \sum_{x,y} w(x,y) \otimes \begin{pmatrix} I_x^2 & I_x I_y \\ I_x I_y & I_y^2 \end{pmatrix} \tag{2-11}$$

其中 I_x 和 I_y 分别代表图像点在 x 和 y 方向上的梯度。

λ_1 和 λ_2 是矩阵 $\boldsymbol{M}$ 的特征值，可分别表示局部自相关函数的曲率。具体在 Harris 角点特征检测过程中，该特征值组合 (λ_1, λ_2) 可总结为以下几种情况。

（1）当两个特征值 λ_1 和 λ_2 都偏小时，则说明规定窗口大小范围内的区域灰度值趋近为常量，该点处于图像的平坦区域，若沿任意方向移动窗口，则灰度变化会很细微。

（2）当两个特征值 λ_1 和 λ_2 中一个偏大而另一个偏小时，则说明该点处于对象的边缘区域。若沿着水平方向移动，则灰度变化会很细微；反之，若沿着垂直方向移动，则灰度变化会很明显。

（3）当两个特征值 λ_1 和 λ_2 都很大，且沿任意方向移动时灰度变化都比较明显时，则说明该点的位置就是图像角点的位置。

上述情况可以实现图像角点信息的检测，然而在实际应用中多利用响应函数 R 来判断所需角点：

$$R = \det(\boldsymbol{M}) - k \cdot \text{tr}(\boldsymbol{M}) \tag{2-12}$$

其中：$\det(\cdot)$为矩阵的行列式；$\text{tr}(\cdot)$为矩阵的迹；k为一个修正值，在一般情况下为 0.04～0.06。设置一个合理的阈值响应值 TH，当 R 值大于 TH 时，则认为该点是 Harris 角点，否则认为该点不是 Harris 角点。

2. SIFT 特征点检测算法

在大多数增强现实应用场景中，仅依赖图像灰度变化定义特征点的方式往往存在较大的局限。例如，当相机观测尺度发生变化时，从远处看是角点的地方，在近处看就不一定是角点了。同时，当相机观测视角发生变化时，角点的观测属性也会随之发生变化。为此，研究具有尺度和视角变化等变换一致性的局部特征表示方法，对增强现实跟踪定位等具有重要意义。其中，SIFT（Scale Invariant Feature Transform）[10] 作为一种典型的特征描述算法，对平移、旋转、缩放、仿射和视角变化都能保持很强的稳定性。

SIFT 算法首先要在空间上进行特征提取，并确定该特征点的位置和所在的尺度，然后使用特征点邻域中梯度的主方向作为该点的方向特征，其算法的具体步骤如下：

（1）在尺度空间上进行极值检测；

（2）确定特征点的位置和特征点所在的尺度；

（3）确定特征点的方向；

（4）根据确定的特征点计算特征矢量。

SIFT 算法引入尺度空间理论。对于数字图像，尺度空间是一系列离散的具有不同分辨率的图像。而高斯函数被证明是实现尺度变换的唯一线性核函数，因此在构建尺度空间时常采用高斯函数作为卷积模板，二维高斯核函数定义如下：

$$G(x,y,\sigma) = \frac{1}{2\pi\sigma^2} e^{-(x^2+y^2)/2\sigma^2} \tag{2-13}$$

其中：x 与 y 为像素点坐标；σ 表示高斯正态函数的标准差，其值决定了卷积模板对图像卷积的平滑程度，该值越大表示经过卷积后的图像越模糊。将原始图像 $I(x,y)$ 与高斯核函数 $G(x,y,\sigma)$ 进行卷积，得到了具有多尺度空间的图像 $L(x,y,\sigma)$：

$$L(x,y,\sigma) = G(x,y,\sigma) * I(x,y) \tag{2-14}$$

为保证特征点的独特性和稳定性，将图像 $I(x,y)$ 与不同尺度因子下的高斯核函数 $G(x,y,\sigma)$ 进行卷积，构成高斯金字塔，即相邻两尺度空间函数之差，用 $D(x,y,\sigma)$ 来表示：

$$D(x,y,\sigma) = (G(x,y,k\sigma) - G(x,y,\sigma)) * I(x,y)$$
$$= L(x,y,k\sigma) - L(x,y,\sigma) \tag{2-15}$$

其中 k 为常数。当使用不同的采样距离时，将相邻图像相减可构成图像的高斯差分金字塔分层结构，如图 2-9 所示。

在检测尺度空间极值时，需将上述金字塔分层结构中的样本像素与其相邻 26 个像素点进行比较，并将图像中提取的极值点作为候选特征点。在候选特征点处，拟合三维二次函数以精确确定关键点的位置和尺度，同时剔除对比度较低的特征点和不稳定边缘响应，增强所得特征点的稳定性。

通过上述尺度不变性获取的特征点具有缩放不变性，为进一步保证特征点对图像具有

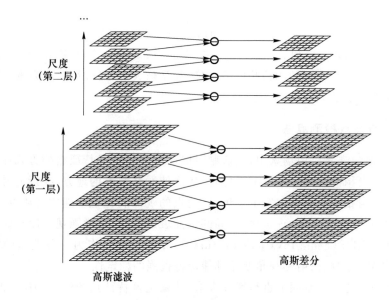

图 2-9　高斯差分金字塔分层结构

旋转不变性，需获取关键点邻域像素的梯度分布，其梯度幅值为

$$m(x,y)=\sqrt{(L(x+1,y)-L(x-1,y))^2+[L(x,y+1)-L(x,y-1)]^2} \quad (2\text{-}16)$$

梯度方向为

$$\theta(x,y)=\tan^{-1}\left(\frac{L(x,y+1)-L(x,y-1)}{L(x+1,y)-L(x-1,y)}\right) \quad (2\text{-}17)$$

统计梯度直方图将获取的关键点周围区域梯度直方图的主峰值作为该特征点主方向。若存在一个相当于主峰值 80% 能量的峰值，则将这个方向认为是关键点的辅方向。至此，图像的关键点已检测完毕，每个关键点有 3 个信息——位置、尺度和方向，这使得各关键点具有平移、缩放和旋转不变性。

3．FAST 特征点检测算法

SIFT 关键点检测器和描述符已在许多领域中被证明非常成功，在现有移动端增强现实应用中，如物体识别、图像拼接和视觉映射等领域。然而，其对计算资源要求比较高，特别是在现有移动端增强现实中，尚难以实现实时的特征检测。为此，在当前移动端等增强现实设备上，迫切需要计算成本较低的特征点检测器。

FAST(Feature from Accelerated Segment Test)是一种图像特征点检测算法[11]，主要检测图像中局部像素灰度变化明显的地方，以检测速度快著称。该算法的核心思想是比较待检测像素点和邻域内像素点的灰度差，当该差值较大（过亮或过暗）时，则认为该待检测像素点为特征点所在位置。与其他特征检测算法相比，FAST 只需要比较像素点亮度大小，故检测效率高，具体检测过程如下：

（1）从图片中选取一个像素点 p，假设其亮度值为 I_p；

（2）设置一个合适的阈值 T；

（3）考虑以该像素点 p 为中心，选取半径为 3 个像素进行画圆，该圆的边界上有 16 个像素点；

（4）如果这个大小为 16 个像素点的圆上有 n 个连续的像素点，且其亮度都大于 I_p+T 或都小于 I_p-T，那么该像素点 p 可以被认为是特征点（n 通常取 12，即该算法为 FAST-12，其他常用 n 的取值为 9 和 11，对应算法分别被称为 FAST-9 和 FAST-11）；

（5）对图像中的每个像素点循环执行上述步骤（1）～（4），可实现图像中 FAST 特征点的检测。

上述算法中，需要对图像中的每一个像素点都去遍历其邻域的 16 个像素点，因此在执行效率上还是受到了一定的限制。为进一步提高 FAST 特征点检测的速度，可以增加一种高效的测试来快速排除非特征点像素。如图 2-10 所示，该方法仅检测邻域圆上第 1、5、9 和 13 四个位置像素点的灰度值。首先检测位置 1 和位置 9 的像素点灰度值，如果它们都比阈值低或比阈值高，则再检测位置 5 和位置 13 的灰度值。只有当这 4 个像素总的灰度值中有 3 个同时大于 I_p+T 或同时小于 I_p-T 时，当前像素点 p 才可能是一个特征点，否则 p 不可能是一个特征点，通过该测试操作可大大加速特征点检测的效率。此外，原始 FAST 特征点经常出现"扎堆"的现象，所以在第一遍检测之后，还需要采用非极大值抑制操作，在一定区域内仅保留相应极大值的特征点，避免特征点集中的问题。

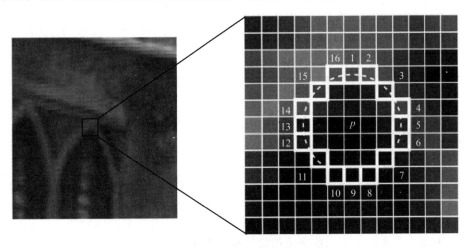

图 2-10　FAST 特征点示意图

FAST 特征点检测算法仅仅比较像素间亮度的差异，其计算量小，实时性较好，但存在特征点数量过大等问题。ORB(Oriented FAST and Rotated BRIEF)[12] 特征检测算法对原始的 FAST 特征点检测算法进行了改进，首先通过给定要提取的角点数量 N，对原始 FAST 角点分别计算 Harris 响应值，然后选取前 N 个具有最大响应值的角点作为最终角点集合。

同时，FAST 特征点检测算法在检测时每次选取的圆半径为定值，因此不具有尺度和旋转不变性。针对这一局限，ORB 特征检测算法添加了对尺度及旋转的描述。尺度不变性通过构建图像尺度金字塔，并在金字塔的每一层上分别提取 FAST 角点来实现。ORB 算法通过灰度质心法对特征的旋转进行描述，现假设 FAST 角点的灰度与质心之间存在一个偏移值，该向量可以用于表示一个方向。对于任意角点，其邻域像素的矩为

$$m_{pq} = \sum_{x,y} x^p y^q I(x,y) \tag{2-18}$$

其中 $I(x,y)$ 是特征点 (x,y) 处的灰度值，q 决定了灰度矩的阶数。令 $p=0,q=1$ 可得到该

区域在 x 和 y 方向上的质心 C：

$$C = \left(\frac{m_{10}}{m_{00}}, \frac{m_{01}}{m_{00}} \right) \tag{2-19}$$

连接图像块的几何中心 O 和质心 C，可得该特征点对应的方向：

$$\theta = \arctan \frac{m_{01}}{m_{10}} \tag{2-20}$$

通过上述变换，FAST 特征点检测算法便具有了对尺度和旋转不变性的描述，所以在 ORB 中，把这种改进后的 FAST 称为 Oriented FAST。如表 2-1 所示，Fraundorfer 等对现有部分典型特征点检测算法的性能进行了总结[13]。

表 2-1　典型特征点检测算法性能的比较

算法	角点检测	斑点检测	旋转不变性	尺度不变性	仿射不变性	重复性	定位精度	鲁棒性	效率
Harris	√		√			+++	+++	++	++
Shi-Tomasi	√		√			+++	+++	++	++
FAST	√		√	√		++	++	++	++++
SIFT		√	√	√	√	+++	++	+++	+
SURF		√	√	√		+++	++	++	++
CENSURE		√	√	√	√	+++	++	+++	+++

注：√表示具有该特征；+数量的多少表示性能的强弱。

2.3.2　图像特征描述

图像特征描述是数字图像处理领域中的一个基本研究问题，通常需要通过图像的局部特征描述子来判断两特征点之间的匹配关系。一个优秀的特征描述子应具有良好的不变性（稳定性）和可区分性。因此，在设计图像特征描述子时，不变性和可区分性是首先需要考虑的问题。下面简要介绍一下当前主流的特征描述方法。

1. SIFT 特征描述方法

在当前主流的图像特征描述子中，SIFT 是应用最广泛的特征描述方法之一。SIFT 特征描述方法采用梯度方向统计的方法生成特征描述子，其同时包含尺度信息和方向信息，因此 SIFT 特征描述子对尺度变化、旋转变化、视角变化和光照变化等具有不同程度的不变性，SIFT 特征描述方法提出之后，很快在高级的图像处理技术中得到了广泛应用。SIFT 特征描述方法主要有 3 个步骤。

（1）以特征点为中心，在由尺度大小确定的邻域范围内将坐标轴旋转 θ 角度，θ 为特征点的主方向，从而保证了特征描述子的旋转不变性。

（2）将旋转后的区域划分为 $d \times d$ 个子区域〔如图 2-11(a)所示〕，通常 $d = 4$，每个子区域将 0°～360°划分为 8 个方向区间，每个方向区间为 45°〔如图 2-11(b)所示〕，之后对子区域内每个像素的梯度大小采用高斯加权函数加权，统计获得 8 个方向的梯度直方图。由于存在 4×4 子区域，因此最终共有 $4 \times 4 \times 8 = 128$ 个数据，形成 128 维的 SIFT 特征描述子。

（3）特征描述子初步形成后，为了降低光照变化的影响，需进行归一化处理，得到最终的 SIFT 特征描述子。

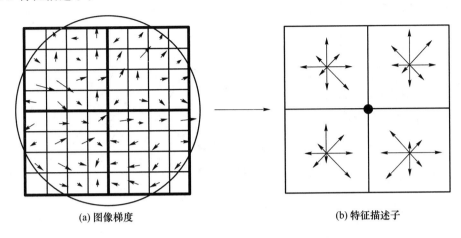

(a) 图像梯度　　　　　　　　　　　　　　(b) 特征描述子

图 2-11　SIFT 特征描述子示意图

2. SURF 特征描述方法

SURF(Speeded Up Robust Features)是在 SIFT 基础上提出的[14]，也是一种优秀的局部特征点检测和描述算法，最初由 Bay 等发表在 2006 年的欧洲计算机视觉会议上，其利用 Haar 小波来近似 SIFT 方法中的梯度操作。SURF 特征描述方法的速度是 SIFT 特征描述方法的 3～7 倍，因此在对时间效率要求较高的场合得到了广泛应用。

与 SIFT 特征描述方法思想类似，为了保持旋转不变性，SURF 特征描述方法要将关键点的方向旋转一致之后再进行特征统计，如图 2-12 所示。SURF 特征描述方法在统计特征时，首先在尺寸为 s 的关键点周围选取 $20s \times 20s$ 的正方形邻域，并将此区域划分成 16 个方形，每个方形的像素为 $5s \times 5s$。接着，使用一个 $2s \times 2s$ 的 Haar 小波模板分别对 16 个方形区域进行 x 轴方向和 y 轴方向的滤波处理，得到每个方形区域的 4 维特征向量 v：

$$v = \left(\sum \mathrm{d}x, \sum |\mathrm{d}x|, \sum \mathrm{d}y, \sum |\mathrm{d}y| \right) \tag{2-21}$$

最后将 16 个方形区域的特征向量连接到一起，便可得到此关键点 64 维的特征向量。

3. BRIEF 特征描述方法

BRIEF(Binary Robust Independent Element Feature)是一种二进制特征描述算法[15]，通过比较特征点邻域范围内随机点对的灰度大小关系来建立图像特征描述子（如图 2-13 所示）。二进制特征描述子匹配速度快，存储要求低，因此在对时效性要求较高的场合具有很好的应用前景。

该方法的思想为：首先，在特征点邻域内选取若干个随机特征点对；然后，比较特征点对的灰度值，从而获取检测特征点的二进制描述子。通过此方法产生的描述子对噪声十分敏感，BRIEF 特征描述方法处理该缺陷的策略为：在特征点周围的 31×31 像素区域内随机选取 5×5 的子窗口内像素灰度的平均值代替某点处的灰度值。在以 FAST 特征点为中心的邻域内，随机选取一对像素点，比较像素点大小并进行如下赋值：

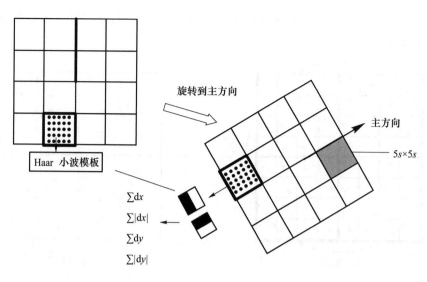

图 2-12　SURF 特征描述子形成原理图

$$\tau(I;x,y)=\begin{cases}1,I(x)<I(y)\\0,I(x)>I(y)\end{cases}\tag{2-22}$$

其中 $I(x)$ 和 $I(y)$ 分别为 x 和 y 的像素灰度值。将点集内所有 m 对像素点的灰度值进行对比后，定义一个长度为 n 的二进制字符串：

$$f_n(I)=\sum_{1\leqslant i\leqslant m}2^{i-1}\tau(I;x,y)\tag{2-23}$$

通过计算得到的二进制字符串，可表达图像局部区域的属性信息，其中 n 的取值可以是 64、256 或 512 等，具体与计算机的处理能力有关，一般选取 n 为 256。

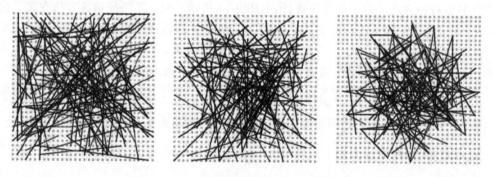

图 2-13　BRIEF 特征描述子的点对选择示意图

通过上述步骤可消除噪声的干扰，但 BRIEF 特征描述方法本身不具备旋转不变性，为了解决仿射和旋转变化导致的特征匹配失败问题，ORB 通过特征点主方向来指导 BRIEF 描述。具体操作如下。

设有 n 对位置坐标 (x_i,y_i)，构造 $2\times n$ 矩阵 $\boldsymbol{N}$：

$$\boldsymbol{N}=\begin{pmatrix}x_1&\cdots&x_n\\\vdots&&\vdots\\y_1&\cdots&y_n\end{pmatrix}\tag{2-24}$$

对于 $2\times n$ 的矩阵进行旋转变换，变换矩阵采用角点主方向为 θ 的旋转矩阵 $\boldsymbol{R}_\theta$：

$$\boldsymbol{R}_\theta = \begin{pmatrix} \cos\theta & \sin\theta \\ -\sin\theta & \cos\theta \end{pmatrix} \tag{2-25}$$

这使得 $\boldsymbol{N}$ 矩阵变成有向形式 $\boldsymbol{R}_\theta \boldsymbol{N}$，因此，得到了具有旋转不变性的 Rotated BRIEF 特征描述子。

2.3.3 线特征检测

虽然点特征检测方法在现有图像处理应用中较成熟，但点特征检测方法在处理弱纹理场景问题中存在不足。与点特征检测方法相比，线特征检测方法在不同光照和视角变化下的检测结果更为稳定，尤其在面对室内结构化场景时，该特征检测方法具有优势。在视觉 SLAM 中，点特征检测方法主要提取自图像中的角点、斑点，而线特征检测方法主要提取自图像中的边缘。线特征提取实际上就是检测图像中相邻且具有相似梯度方向的像素点集。本章主要对常用的直线特征提取（Line Segment Detector，LSD）[16]算法和直线特征描述子（Line Band Descriptor，LBD）[17]进行介绍。

1. LSD

线段能够提供图像重要的几何信息，线段检测一直是计算机视觉领域的一个重要问题。传统方法利用 Canny 边缘检测器和 Hough 变换提取边缘直线[18]，然后根据阈值将这些线切割成线段。但该方法实时性不高，容易导致许多错误检测，并且需要设定固定阈值，适应性较差。

LSD 算法是一种快速的线段特征检测算法，能在线性时间内检测到亚像素精度的直线段，其速度比 Hough 的要快。该算法通过控制错误检测的数量，可使线段提取更准确。LSD 算法不需要针对不同图像调节参数，可以根据实际需要设置采样率和方向差。

它的主要思想：首先，对图像进行降采样和高斯滤波，去除噪声干扰，计算检测图像中局部直线的梯度幅值和梯度方向，并将所有像素点的梯度构成梯度场；然后，合并梯度方向近似的像素点，在图像局部区域内建立线段支持域，其具体计算过程如下。

（1）对输入图像进行高斯降采样，减少图像中的锯齿效应，如缩小图像尺寸为原图的 80%。

（2）计算图像中每个像素点处的梯度值及梯度方向，公式如下：

$$\begin{cases} g_x(x,y) = \dfrac{I(x+1,y)+I(x+1,y+1)-I(x,y)-I(x,y+1)}{2} \\ g_y(x,y) = \dfrac{I(x,y+1)+I(x+1,y+1)-I(x,y)-I(x+1,y)}{2} \\ \qquad G(x,y) = \sqrt{g_x^2(x,y)+g_y^2(x,y)} \\ \qquad \theta(x,y) = \arctan\left(-\dfrac{g_x(x,y)}{g_y(x,y)}\right) \end{cases} \tag{2-26}$$

其中 $I(x,y)$ 为坐标 (x,y) 处像素点的灰度值，$g_x(x,y)$ 和 $g_y(x,y)$ 分别为该点水平和垂直方向的梯度，$G(x,y)$ 为该点的梯度值，$\theta(x,y)$ 为该点的梯度方向。

（3）将像素点根据梯度值进行排序，建立状态链表，将所有像素点标记为 0。

（4）选取梯度最大的点作为种子点，并将其梯度方向作为线段支持域的方向。

（5）将种子点邻域内像素梯度方向与线段支持域方向的差值小于一定阈值的像素点，加入线段支持域中并进行区域扩散，将扩散区域进行矩形拟合，相应标记为1。

（6）对所有种子点都循环执行上一步，直到检测出图像中全部的直线段。

2. LBD

2013年，Zhang等提出了LBD[17]，该描述子通过对像素梯度进行计算来得到梯度的平均向量与标准方差，所以LBD具有光照不变性、尺度不变性和旋转不变性等特点，其计算速度和优化效果优于MSLD（Mean-standard Deviation Line Descriptor）[19]的。LBD主要基于3个策略：一是在尺度空间提取线段，从而让线特征具有尺度不变性；二是使用的描述符有效描述了线段的局部外观；三是构建的线段匹配有效结合了线段的局部外观和几何约束两个特征。

LBD首先构建LSR（Line Support Region）线段支持域，这些条带是LSR支持区域的子区域，将其分割成m个条带且每个条带的像素宽度为w，同时LBD继承了MSLD的旋转不变性，通过定义直线和正交两个方向$\boldsymbol{d}_L$和$\boldsymbol{d}_\perp$，可以区分有相反梯度方向的平行线并使描述符具有旋转不变性，如图2-14所示。该线的中点被选为局部坐标系的原点，将LSR中的每个像素梯度投影到这个局部坐标系，可得$\boldsymbol{g}' = (\boldsymbol{g}^{\mathrm{T}}\boldsymbol{d}_\perp, \boldsymbol{g}^{\mathrm{T}}\boldsymbol{d}_L)^{\mathrm{T}} \triangleq (\boldsymbol{g}'_{d_\perp}, \boldsymbol{g}'_{d_L})$，其中$\boldsymbol{g}$和$\boldsymbol{g}'$分别为图像坐标系和局部坐标系下的像素梯度。

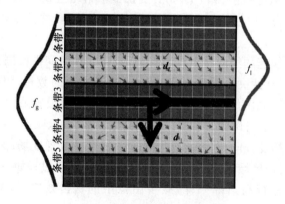

图2-14 线段支持域

受启发于SIFT和MLSD，LBD应用了两个高斯核函数f_g和f_l，其具体表示为

$$\begin{cases} f_\mathrm{g}(i) = \left(\dfrac{\sigma_\mathrm{g}}{\sqrt{2\pi}}\right)\mathrm{e}^{\frac{-d_i^2}{2\sigma_\mathrm{g}^2}} \\ f_\mathrm{l}(k) = \left(\dfrac{\sigma_\mathrm{l}}{\sqrt{2\pi}}\right)\mathrm{e}^{\frac{-d_k^2}{2\sigma_\mathrm{l}^2}} \end{cases} \tag{2-27}$$

其中$f_\mathrm{g}(i)$代表LSR的第i行的一个全局权重系数，而$f_\mathrm{l}(k)$代表第k行的局部权重系数，d_i代表LSR第i行到中心的距离，d_k代表LSR第k行的局部权重系数，而其余两个系数的表达式为$\sigma_\mathrm{g} = 0.5(mw-1)$，$\sigma_\mathrm{l} = w$。全局高斯权重系数是为了降低远离线段的梯度重要性，从而可以缓和垂直方向梯度变化的敏感性，而局部高斯权重系数是为了避免线段与线段之间描述符的突变。

所有条带的特征向量都可以合成 LBD,其具体表达形式为式(2-28),其中 BD_j 的计算需要统计其 4 个方向上像素的梯度,具体形式如下:

$$LBD = (BD_1^T, BD_2^T, \cdots, BD_m^T)^T \tag{2-28}$$

对于第 k 行条带,累计该行 B_j 与其相邻条带 B_{j-1} 和 B_{j+1} 在 4 个方向上($\boldsymbol{d}_\perp$ 方向、$\boldsymbol{d}_\perp$ 反方向、$\boldsymbol{d}_L$ 方向与 $\boldsymbol{d}_L$ 反方向)的局部梯度投影:

$$\begin{cases} v1_j^k = \lambda \sum_{g'_{d_\perp} > 0} \boldsymbol{g}'_{d_\perp} \\ v2_j^k = \lambda \sum_{g'_{d_\perp} < 0} (-\boldsymbol{g}'_{d_\perp}) \\ v3_j^k = \lambda \sum_{g'_{d_L} > 0} \boldsymbol{g}'_{d_L} \\ v4_j^k = \lambda \sum_{g'_{d_L} < 0} (-\boldsymbol{g}'_{d_L}) \end{cases} \tag{2-29}$$

其中,$\lambda = f_g(k)f_1(k)$ 是高斯系数。将每一行合并构成特征向量 BD_j 对应的特征描述矩阵 BDM_j:

$$BDM_j = \begin{pmatrix} v1_j^1 & v1_j^2 & \cdots & v1_j^n \\ v2_j^1 & v2_j^2 & \cdots & v2_j^n \\ v3_j^1 & v3_j^2 & \cdots & v3_j^n \\ v4_j^1 & v4_j^2 & \cdots & v4_j^n \end{pmatrix} \tag{2-30}$$

其中,$n = \begin{cases} 2w, j=1 \text{ 或 } m, \\ 3w, \text{其他} \end{cases}$ 为计算条描述子所需的行数,这是由于第一行和最后一行只有一个相邻条带,其余条带有两个相邻条带。然后根据特征描述矩阵 BDM_j 的均值向量 $\boldsymbol{M}_j$ 和标准方差向量 $\boldsymbol{S}_j$,计算得到特征向量 BD_j,最后得到线段的 LBD:

$$LBD = (\boldsymbol{M}_1^T, \boldsymbol{S}_1^T, \boldsymbol{M}_2^T, \boldsymbol{S}_2^T, \cdots, \boldsymbol{M}_m^T, \boldsymbol{S}_m^T)^T \tag{2-31}$$

2.3.4 特征匹配及外点剔除

在提取出图像的特征描述子后,常需进行特征描述子的匹配。特征描述子通常有两类:一类是实数型特征描述向量;另一类是二进制型特征描述向量。对于前者通常采用欧氏距离进行匹配,对于后者通常采用汉明距离进行匹配。

特征向量进行匹配之后不可避免会出现错配问题,而为了满足图像配准的实际需要,在有些情况下错配点对是必须被剔除的,其中最常用的方法有随机采样一致性算法 RANSAC(RANdom SAmple Consensus)算法[20] 和 GTM(Graph Transformation Matching)算法[21]。

1. RANSAC 算法

RANSAC 算法(如图 2-15 所示)是由 Fischer 和 Bolles 于 1981 年提出的,其基本思想是不断地尝试不同的目标函数参数,使得目标函数最大化。这个过程是随数据驱动的随机过程。首先通过迭代的方式随机选择数据集中的子集以产生一个模型估计,然后利用估计出来的模型,使用数据集中剩余的点进行测试评分,最后返回一个得分最高的模型估计作为整个数据集的模型,具体步骤如下。

(1) 从观测数据中随机选择一个子集,称之为预估内点。

(2) 用这个模型测试其他的数据,根据损失函数,得到符合这个模型的点,这些点称为一致性集合。

(3) 如果足够多(设定一个阈值)的数据都被归类于一致性集合,那么说明这个估计的模型是正确的;如果这个集合中的数据太少,那么说明模型不合适,转至步骤(1)。

(4) 根据一致性集合中的数据,用最小二乘的方法估计模型中的参数。

RANSAC 算法的使用是有条件的:首先,带污染的观测数据中可信数据要占大多数;其次,有一个可以解释的可信观测数据的参数化模型。并且 RANSAC 算法只是有一定的概率得到可信的模型,其概率与迭代次数成正比。

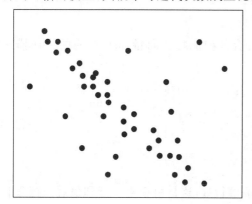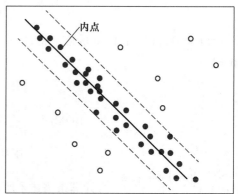

图 2-15　RANSAC 算法示意图

2. GTM 算法

Aguilar 等人于 2009 年提出了 GTM 算法,其通过比较两幅图像的特征点均值去除错配点,巧妙地解决了尺度的问题。GTM 算法获得的匹配结果有较高的准确率,并且有较高的时间效率。

GTM 算法的基本思想:分别获得参考图像和浮动图像中的邻接矩阵——$\boldsymbol{A}_p$ 和 $\boldsymbol{A}_p'$,令 $\boldsymbol{R}=|\boldsymbol{A}_p-\boldsymbol{A}_p'|$,从 $\boldsymbol{R}$ 中找到产生最多不同邻接边的点 j^{out},并将 j^{out} 对应的点从参考图像及浮动图像中删除,重新计算 $\boldsymbol{A}_p$ 和 $\boldsymbol{A}_p'$,并重复前面的步骤直到 $\boldsymbol{A}_p$ 和 $\boldsymbol{A}_p'$ 完全相同。j^{out} 的计算公式如下:

$$j^{out} = \operatorname*{argmax}_{j=1,\cdots,N} \sum_{i=1}^{N} \boldsymbol{R}(i,j) \tag{2-32}$$

虽然新的图像特征点提取和匹配算法不断涌现,但是图像匹配点过程中,各种不确定因素会对匹配结果造成不同程度的影响,所以很难找到或者提出一种可以适应所有情况变化的匹配算法,但图像特征点匹配算法的流程是相似的,主要包括特征点检测、特征点描述、特征点匹配、误匹配去除 4 个步骤。

2.4 空间位姿解算

在移动增强现实应用中,准确估计观测者在物理场景中的实时位姿是实现后续虚实融合的基础。目前基于视觉的物体姿态估计有两种思路:一种先建立图像几何模型,然后根据相机透视投影原理,估计目标姿态;另一种是使用机器学习算法,先获取目标物体姿态与观测样本,然后使用机器学习算法训练分类器,对目标物体进行姿态估计。当前,基于多视几何模型的位姿估计方法在精度和鲁棒性方面具有比较优势。为此,本书主要从多视几何角度出发,介绍常用的三维空间变换方法。

2.4.1 三维空间变换

1. 旋转矩阵

在增强现实和多视几何中计算机视觉,涉及大量姿态转换方面的描述,其中,欧拉角作为一种典型的旋转变换方法,可以表示刚体在三维欧几里得空间中的朝向。它可将旋转矩阵分解为绕 3 个互相垂直轴之间的旋转,因此,任何刚体旋转都可以表示为该刚体按照一定顺序绕坐标轴旋转的集合。其中,沿着 x 轴旋转 ψ 角度的旋转矩阵为

$$\boldsymbol{R}_x(\psi)=\begin{pmatrix} 1 & 0 & 0 \\ 0 & \cos\psi & -\sin\psi \\ 0 & \sin\psi & \cos\psi \end{pmatrix} \tag{2-33}$$

沿着 y 轴旋转 θ 角度的旋转矩阵为

$$\boldsymbol{R}_y(\theta)=\begin{pmatrix} \cos\theta & 0 & \sin\theta \\ 0 & 1 & 0 \\ -\sin\theta & 0 & \cos\theta \end{pmatrix} \tag{2-34}$$

沿着 z 轴旋转 φ 角度的旋转矩阵为

$$\boldsymbol{R}_z(\phi)=\begin{pmatrix} \cos\phi & -\sin\phi & 0 \\ \sin\phi & \cos\phi & 0 \\ 0 & 0 & 1 \end{pmatrix} \tag{2-35}$$

故由上述绕 3 个不同轴方向的旋转组合可得到任意三维空间的欧式变换。但由于旋转矩阵相乘不具有交换性,因此不同的旋转顺序会得到不同的旋转变换结果。常见的欧式旋转变换是先旋转 x 轴,再旋转 y 轴,最后旋转 z 轴,得到的最终旋转矩阵为

$$
\begin{aligned}
\boldsymbol{R} &= \boldsymbol{R}_z(\phi)\boldsymbol{R}_y(\theta)\boldsymbol{R}_x(\psi) \\
&= \begin{pmatrix} \cos\theta\cos\phi & \sin\psi\sin\theta\cos\phi-\cos\psi\sin\phi & \cos\psi\sin\theta\cos\phi+\sin\psi\sin\phi \\ \cos\theta\sin\phi & \sin\psi\sin\theta\sin\phi+\cos\psi\cos\phi & \cos\psi\sin\theta\sin\phi-\sin\psi\cos\phi \\ -\sin\theta & \sin\psi\cos\theta & \cos\psi\cos\theta \end{pmatrix}
\end{aligned} \tag{2-36}
$$

2. 欧拉角与四元数

四元数是一种常用的旋转表示方法，相较于传统欧拉角的旋转表示方法，它不会出现奇异值的情况。因此，在本书后续的移动增强现实跟踪注册技术的研究中，都是用四元数的形式作为姿态描述，其基本的定义是一个常数值和一个向量的集合[22]：

$$Q = q_w + \mathrm{i}q_x + \mathrm{j}q_y + \mathrm{k}q_z \tag{2-37}$$

其中 q_w 是四元数的实部，$\boldsymbol{q}_v = \mathrm{i}q_x + \mathrm{j}q_y + \mathrm{k}q_z = (q_x, q_y, q_z)$ 为四元数的虚部，且

$$\mathrm{i}^2 = \mathrm{j}^2 = \mathrm{k}^2 = \mathrm{ijk} = -1 \tag{2-38}$$

为了表示方便，通常将四元数 Q 定义为一个四维的向量 $\boldsymbol{q}$：

$$\boldsymbol{q} = \begin{pmatrix} q_w \\ \boldsymbol{q}_v \end{pmatrix} = \begin{bmatrix} q_w \\ q_x \\ q_y \\ q_z \end{bmatrix} \tag{2-39}$$

对于上述给定的四元数 $\boldsymbol{q}$，存在与之对应的旋转矩阵 $\boldsymbol{R}(\boldsymbol{q})$：

$$\boldsymbol{R}(\boldsymbol{q}) = \begin{pmatrix} q_w^2 + q_x^2 - q_y^2 - q_z^2 & 2(q_x q_y - q_w q_z) & 2(q_x q_z + q_w q_y) \\ 2(q_x q_y + q_w q_z) & q_w^2 - q_x^2 + q_y^2 - q_z^2 & 2(q_y q_z - q_w q_x) \\ 2(q_x q_z - q_w q_y) & 2(q_y q_z + q_w q_x) & q_w^2 - q_x^2 - q_y^2 + q_z^2 \end{pmatrix} \tag{2-40}$$

若给定一单位长度的旋转轴 $\boldsymbol{u}$ 与绕该轴的旋转角度 θ，其四元数可表示为

$$\boldsymbol{q} = \begin{pmatrix} \cos \dfrac{\theta}{2} \\ \boldsymbol{u}\sin \dfrac{\theta}{2} \end{pmatrix} \tag{2-41}$$

2.4.2　2D-2D 位姿估计

基于多视几何的空间位姿解算，主要是通过 2D-2D、3D-2D 及 3D-3D 的特征匹配方法实现增强现实系统在真实场景中的位姿估计。其中：2D-2D 位姿估计通过相同空间三维点在不同位姿相机下的投影点匹配进行求解；3D-2D 位姿估计主要是将空间 3D 点投影到对应的 2D 图像平面上，其核心是对空间点在 3D 相机坐标系下的 Z 轴深度压缩；3D-3D 位姿估计主要是基于空间三维点间的对应关系，对平移和旋转变换进行求解。

为帮助读者理解增强现实中的跟踪注册、3D 场景重建等技术中涉及的相机位姿估计方法，本章后续小节将会对基于多视图的空间位姿估计进行简要介绍。关于视觉多视几何变换的具体细节，Richard Hartley 和 Andrew Zisserman 在其经典著作[1]中已有介绍，感兴趣的读者可进一步阅读参考。

根据前述特征检测和描述方法，可以从不同图像中提取到相同的匹配点。假设两幅图像间有多对特征匹配点，则可以通过这些二维图像点的对应关系，恢复得到两帧之间相机的位姿参数和特征匹配点对应的三维场景结构，该约束关系称为对极几何约束。

对极几何（epipolar geometry）约束描述了同一场景下不同位置处获得的两幅图像之间存在的射影几何关系。它是在相机未标定的情况下，能够从图像中获取的唯一信息，仅仅只

与相机的内、外参数有关,而不受所拍摄的外部场景信息的影响。

如图 2-15 所示,O_{Cl}、O_{Cr}分别是左、右两台相机的光心,其连线称为基线;光心与空间三维点 P 形成的平面称之为极平面 π,m 和 m' 分别是点 P 投影在像平面 I 和 I' 上的像点;l_m 和 $l_{m'}$ 称为极线,它们是极平面与像平面的交线;e 和 e' 为极点。对极几何约束中存在着以下重要性质。

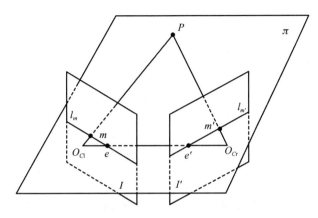

图 2-15　对极几何约束关系

(1) 同一像平面中的所有极线均相交于极点。

(2) 极线约束:描述了两幅图像之间点和线的关联关系,在像点匹配环节起着重要的约束作用。

但在实际情况中,由于成像噪声、遮挡等因素的影响,像点并不一定在极线上,而是与极线之间存在着一定的距离,因此学者一般以点到极线的距离来表示同名像点之间的匹配程度。但在某些情况下,如极线附近存在着大量待匹配点,误匹配点到极限的距离会较小,从而影响匹配点的正确率,因此需要引入新的约束条件以避免上述状况的发生。

在增强现实相机的连续位姿估计中,假设在初始图像中负坐标系下空间点 P 的坐标为

$$P=(x,y,z)^{\mathrm{T}} \tag{2-42}$$

由针孔相机成像模型,可得该空间点在连续两幅图像上的像素位置 P 和 P':

$$\begin{cases} s\boldsymbol{p}=\boldsymbol{K}\boldsymbol{P} \\ s'\boldsymbol{p}'=\boldsymbol{K}(\boldsymbol{R}\boldsymbol{P}+\boldsymbol{t}) \end{cases} \tag{2-43}$$

其中 $\boldsymbol{K}$ 为相机内参数,s 和 s' 为尺度因子,$\boldsymbol{R}$ 和 $\boldsymbol{t}$ 为两个坐标系的相机运动,取

$$\begin{cases} \boldsymbol{x}=\boldsymbol{K}^{-1}\boldsymbol{p} \\ \boldsymbol{x}'=\boldsymbol{K}^{-1}\boldsymbol{p}' \end{cases} \tag{2-44}$$

其中 $\boldsymbol{x}_1$ 和 $\boldsymbol{x}_1'$ 是两个像素点在图像平面上的归一化坐标。

1. 基础矩阵

基础矩阵(fundamental matrix)是一个 3×3 的矩阵,通常用 $\boldsymbol{F}$ 表示。假设 $\boldsymbol{x}=(x,y,1)^{\mathrm{T}}$ 和 $\boldsymbol{x}'=(x',y',1)^{\mathrm{T}}$ 是两幅图像之间的一对匹配点,则有如下约束:

$$\boldsymbol{x}'^{\mathrm{T}}\boldsymbol{F}\boldsymbol{x}=0 \tag{2-45}$$

式(2-45)的几何意义是 $\boldsymbol{F}$ 将第一幅图像上的一个点 $\boldsymbol{x}$ 映射到第二幅图像上过点 $\boldsymbol{x}'$ 的

一条直线上。给定一对匹配 (x',x)，由式(2-45)可得到如下式子：

$$(xx' \quad yx' \quad x' \quad xy' \quad yy' \quad y' \quad x \quad y \quad 1)v(\boldsymbol{F}) = 0 \tag{2-46}$$

其中，$v(\boldsymbol{F})$ 是将矩阵 $\boldsymbol{F}$ 进行向量化的操作。式(2-46)利用一对特征匹配给出了一个 7 自由度问题的一个约束，于是如果能保证有 7 对匹配点则可求得 $\boldsymbol{F}$ 的精确解。

2. 单应矩阵

单应矩阵(homography matrix)是一个 3×3 的满秩线性变换矩阵，通常用 $\boldsymbol{H}$ 表示。假设点 $\boldsymbol{x} = (x,y,1)^{\mathrm{T}}$ 是一幅图像上某个像素点坐标的齐次标识，那么 $\boldsymbol{x}$ 可经 $\boldsymbol{H}$ 映射到另一幅图像上的点 $\boldsymbol{x}' = (x',y',1)^{\mathrm{T}}$：

$$\boldsymbol{H}\boldsymbol{x}' = \lambda\boldsymbol{x}' \tag{2-47}$$

其中，$\lambda \in \mathbb{R}$ 是一个非零的尺度因子。

给定一对匹配 $(\boldsymbol{x},\boldsymbol{x}')$，由式(2-47)可进一步得到式(2-48)：

$$\begin{pmatrix} x & y & 1 & 0 & 0 & 0 & -x'x & -x'y & -x' \\ 0 & 0 & 0 & x' & y' & 1 & -y'x & -y'y & -y' \end{pmatrix} v(\boldsymbol{H}) = \begin{pmatrix} 0 \\ 0 \end{pmatrix} \tag{2-48}$$

其中，$v(\boldsymbol{H})$ 是将矩阵进行向量化的操作。式(2-53)利用一对特征匹配给出了一个 8 自由度问题的两个约束，于是如果保证有 4 对匹配点则可求得 $\boldsymbol{H}$ 的精确解。

2.4.3 3D-2D 位姿估计

相机的绝对位姿估计是计算机视觉中需要解决的一个关键核心问题，该问题描述为：在相机内参数已知的情况下，通过 n 个空间特征点与其所对应的图像点来估算相机的空间位置和朝向信息，即 PnP(Perspective-n-Point)问题。PnP 问题可广泛存在于设备的位姿估计、机器人自主导航等任务中。PnP 问题的求解方法有很多，如直接线性变换、P3P、EPnP 等[23]，本章主要对常用的 EPnP[24] 方法进行介绍。

EPnP 算法是由 Lepetit 等于 2009 年提出的，该方法通过利用三维线性空间的一组基，即利用 4 个非共面虚拟控制点重新线性表示三维空间的所有三维特征点，从而降低了算法的复杂度。

EPnP 算法使用 4 个虚拟控制点的加权和来表示世界坐标系下的 3D 点坐标。在通常情况下，EPnP 算法通过求解 4 个控制点在相机坐标系下的坐标来求解相机的位姿。假设 3D 参考点在世界坐标系下的坐标为 $\boldsymbol{p}_i^w$，$i = \{1,\cdots,n\}$，在相机坐标系下的坐标为 $\boldsymbol{p}_i^c$，$i = \{1,\cdots,n\}$，控制点在世界坐标系下的坐标为 $\boldsymbol{c}_i^w$，$i = \{1,\cdots,n\}$，在相机坐标系下的坐标为 $\boldsymbol{c}_i^c$，$i = \{1,\cdots,n\}$，那么在世界坐标系下与相机坐标系下，控制点的加权和为

$$\begin{cases} \boldsymbol{p}_i^w = \sum_{j=1}^{4} \eta_{ij}\boldsymbol{c}_j^w \\ \boldsymbol{p}_i^c = \sum_{j=1}^{4} \eta_{ij}\boldsymbol{c}_j^c \end{cases} \tag{2-49}$$

其中 η_{ij} 是齐次质心坐标且 $\sum_{j=1}^{4} \eta_{ij} = 1$。假设 $\boldsymbol{K}$ 为相机内参数矩阵，w_i 为尺度系数。3D 点 $\boldsymbol{p}_i$ 的投影为 $(u_i,v_i,1)^{\mathrm{T}}$。设控制点的坐标为 $(x_i^c,y_i^c,z_i^c)^{\mathrm{T}}$，根据相机投影模型可得

$$w_i \begin{pmatrix} u_i \\ v_i \\ 1 \end{pmatrix} = \boldsymbol{K}\boldsymbol{p}_i^c = \begin{pmatrix} f_u & 0 & u_c \\ 0 & f_v & v_c \\ 0 & 0 & 1 \end{pmatrix} \sum_{j=1}^{4} \eta_{ij} \begin{pmatrix} x_j^c \\ y_j^c \\ z_j^c \end{pmatrix} \tag{2-50}$$

将式(2-50)转为线性方程组,可得

$$\begin{cases} \sum_{j=1}^{4} \eta_{ij} f_u x_j^c + \eta_{ij}(u_c - u_i)z_j^c = 0 \\ \sum_{j=1}^{4} \eta_{ij} f_v y_j^c + \eta_{ij}(v_c - v_i)z_j^c = 0 \end{cases} \tag{2-51}$$

在线性方程组中,由于齐次质心坐标、相机内参数矩阵以及 2D 点坐标均已知,因此当 n 个空间点和图像点对应时,可得到含 $2n$ 个方程的线性方程组,记为 $\boldsymbol{Mx}=0$,其中 $\boldsymbol{M}$ 为 $2n \times 12$ 矩阵:

$$\boldsymbol{M} = \begin{bmatrix} \eta_{11} & 0 & -\eta_{11}u_1 & \eta_{12} & 0 & -\eta_{12}u_1 & \eta_{13} & 0 & -\eta_{13}u_1 & \eta_{14} & 0 & -\eta_{14}u_1 \\ 0 & \eta_{11} & -\eta_{11}v_1 & \eta_{12} & 0 & -\eta_{12}v_1 & \eta_{13} & 0 & -\eta_{13}v_1 & \eta_{14} & 0 & -\eta_{14}v_1 \\ \vdots & \vdots & \vdots & \vdots & \vdots & \vdots & \vdots & \vdots & \vdots & \vdots & \vdots & \vdots \\ \eta_{n1} & 0 & -\eta_{n1}u_1 & \eta_{n2} & 0 & -\eta_{n2}u_1 & \eta_{n3} & 0 & -\eta_{n3}u_1 & \eta_{n4} & 0 & -\eta_{n4}u_1 \\ 0 & \eta_{n1} & -\eta_{n1}v_1 & \eta_{n2} & 0 & -\eta_{n2}v_1 & \eta_{n3} & 0 & -\eta_{n3}v_1 & \eta_{n4} & 0 & -\eta_{n4}v_1 \end{bmatrix} \tag{2-52}$$

则矩阵 $\boldsymbol{M}$ 的零空间为

$$\boldsymbol{x} = \sum_{i=1}^{N} \beta_i \boldsymbol{v}_i \tag{2-53}$$

其中 $\boldsymbol{v}_i$ 是 $\boldsymbol{M}$ 的右奇异向量,奇异值为 0。可通过计算 $\boldsymbol{M}^{\mathrm{T}}\boldsymbol{M}$ 的特征向量得到 $\boldsymbol{v}_i$。由于 4 个控制点在相机坐标系下的取值向量不同,因此 N 有 4 种情况,即 $N = \{1,2,3,4\}$,根据在世界坐标系和相机坐标系下控制点两两之间的距离相等的假设,便可求得系数 β_i,进而得到 4 个控制点在相机坐标系下的坐标,并在此基础上利用 Horn 方法[25]解算得到相机位姿。EPnP 算法在进行姿态解算时无须迭代,且能达到较高的精度,其时间复杂度为 $O(n)$。

2.4.4 3D-3D 位姿估计

对于 3D-3D 匹配问题,由于 3D 场景点的稀疏性,很难保证找到完全匹配的两个 3D 点集,某实际中通常采用迭代最近点(Iterative Closest Point,ICP)方法[26]把距离最近的两个点看成匹配点。在 ICP 的解析求解方式中,在初始化点云坐标变换后,利用最近邻算法找到匹配点对,然后利用 SVD 求解,得到更新后的位姿,进而通过迭代更新匹配来实现更精确的变换求解和匹配。对于 SVD 的求解方式,首先求两个点集的质心 $\boldsymbol{P}_c$ 和 $\boldsymbol{P}_c'$:

$$\begin{cases} \boldsymbol{P}_c = \dfrac{1}{n} \sum_{i=1}^{n} \boldsymbol{P}_i \\ \boldsymbol{P}_c' = \dfrac{1}{n} \sum_{i=1}^{n} \boldsymbol{P}_i' \end{cases} \tag{2-54}$$

其中 n 为各自点集中点的个数,然后计算每个点的去质心坐标集合:

$$A = \begin{pmatrix} \boldsymbol{P}_1^{\mathrm{T}} - \boldsymbol{P}_c^{\mathrm{T}} \\ \vdots \\ \boldsymbol{P}_n^{\mathrm{T}} - \boldsymbol{P}_c^{\mathrm{T}} \end{pmatrix} \tag{2-55}$$

$$B = \begin{pmatrix} \boldsymbol{P}_1'^{\mathrm{T}} - \boldsymbol{P}_c'^{\mathrm{T}} \\ \vdots \\ \boldsymbol{P}_n'^{\mathrm{T}} - \boldsymbol{P}_c'^{\mathrm{T}} \end{pmatrix} \tag{2-56}$$

在两个去质心坐标矩阵排列上，定义矩阵 $\boldsymbol{W} = \boldsymbol{B}^{\mathrm{T}}\boldsymbol{A}$ 是一个 3×3 的矩阵，对 $\boldsymbol{W}$ 进行 SVD 分解：

$$\boldsymbol{W} = \boldsymbol{U}\boldsymbol{\Sigma}\boldsymbol{V}^{\mathrm{T}} \tag{2-57}$$

其中旋转矩阵可表示为

$$\boldsymbol{R} = \boldsymbol{U}\boldsymbol{V}^{\mathrm{T}} \tag{2-58}$$

则可根据 3D-3D 场景点集质心匹配求解平移向量：

$$\boldsymbol{t} = \boldsymbol{P}_c' - \boldsymbol{R}\boldsymbol{P}_c \tag{2-59}$$

本 章 小 结

  本章主要对增强现实中的计算机视觉基础进行了介绍，并初探了三维空间点到二维图像点之间的变换过程。本章还对当前典型的点特征和线特征提取和描述方式进行了概述，并对基于特征匹配的位姿估计方法进行了推导，上述基础知识可为后续增强现实应用中的跟踪注册和三维场景建模提供基础。第 3 章我们将在此基础上，介绍增强现实中的跟踪注册技术。

本 章 参 考 文 献

[1] Hartley R，Zisserman A. Multiple view geometry in computer vision[M].[S. l.]：Cambridge University Press，2004.

[2] Szeliski R. Computer vision：algorithms and applications[M]. New York：Springer-Verlag，2011.

[3] Abdel-Aziz Y，Karara H. Direct linear transformation from comparator coordinates into object space coordinates in close-range photogrammetry[C]//Proceedings of the Symposium on Close-Range Photogrammetry. Falls Church：[s. n.]，1971：1-18.

[4] Tsai R. A versatile camera calibration technique for high-accuracy 3D machine vision metrology using off-the-shelf TV cameras and lenses[J]. IEEE Journal on Robotics and Automation，1987，3(4)：323-344.

[5] Zhang Z. A flexible new technique for camera calibration[J]. IEEE Transactions on Pattern Analysis and Machine Intelligence，2000，22(11)：1330-1334.

[6] Zhang Z. Camera calibration with one-dimensional objects[J]. IEEE Transactions on Pattern Analysis and Machine Intelligence，2004，26(7)：892-899.

[7] Faugeras O，Luong Q，Maybank S. Camera self-calibration：theory and experiments [C]//European Conference on Computer Vision. Santa Margherita Ligure：[s. n.]，1992：321-334.

[8] Tsai R. An efficient and accurate camera calibration technique for 3D machine vision [C]//Proceedings of IEEE Conference on Computer Vision and Pattern Recognition. Miami Beach：IEEE，1986：364-374.

[9] Harris B，Stephens M. A combined corner and edge detector[J]. Proceedings of of Fourth Alvey Vision Conference，1988：147-151.

[10] Lowe D. Object recognition from local scale-invariant features[C]//Proceedings of International Conference on Computer Vision. Corfu：[s. n.]，1999：1150-1157.

[11] Rosten E，Drummond T. Machine learning for high-speed corner detection[C]// Proceedings of European Conference on Computer Vision. Graz：[s. n.]，2006：430-443.

[12] Rublee E，Rabaud V，Konolige K，et al. ORB：an efficient alternative to SIFT or SURF[C]. Proceedings of International Conference on Computer Vision. Barcelona：[s. n.]，2011：2564-2571.

[13] Fraundorfer F，Scaramuzza D. Visual odometry：part II：matching, robustness, optimization, and applications[J]. IEEE Robotics & Automation Magazine，2012，19(2)：78-90.

[14] Bay H，Tuytelaars T，Gool L. SURF：speeded up robust features[C]//Proceedings of the European conference on Computer Vision. Graz：[s. n.]，2006：404-417.

[15] Calonder M，Lepetit V，Strecha C，et al. BRIEF：binary robust independent elementary features[C]//Proceedings of the European Conference on Computer Vision. Crete：[s. n.]，2010：778-792.

[16] Von-Gioi R，Jakubowicz J，Morel J，et al. LSD：a fast line segment detector with a false detection control[J]. IEEE Transactions on Pattern Analysis and Machine Intelligence，2010，32(4)：722-732.

[17] Zhang L，Koch R. An efficient and robust line segment matching approach based on LBD descriptor and pairwise geometric consistency[J]. Journal of Visual Communication and Image Representation，2013，24(7)：794-805.

[18] Steger C，Ulrich M，Wiedemann C. 机器视觉算法与应用[M]. 杨少荣，吴迪靖，段德山，译. 北京：清华大学出版社，2008.

[19] Wang Z，Wu F，Hu Z. MSLD：a robust descriptor for line matching[J]. Pattern Recognition，2009，42(5)：941-953.

[20] Fischler M，Bolles R. Random sample consensus：a paradigm for model fitting with applications to image analysis and automated cartography[J]. Communications of the ACM，1981，24：381-395.

[21] Aguilar W，Frauel Y，Escolano F，et al. A robust graph transformation matching for non-rigid registration[J]. Image and Vision Computing，2009，27(7)：897-910.

[22] Sola J. Quaternion kinematics for the error-state Kalman filter [R]. arXiv：1711.02508.

[23] Pan S，Wang X. A survey on perspective-n-point problem[C]//Proceedings of Chinese Control Conference. Shanghai：[s. n.]，2021：2396-2401.

[24] Lepetit V，Moreno-Noguer F，Fua P. EPnP：an accurate O(n) solution to the pnp problem[J]. International Journal of Computer Vision，2009，81(2)：155-166.

[25] Horn B，Hilden H，Negahdaripour S. Closed-form solution of absolute orientation using orthonormal matrices[J]. Journal of the Optical Society of America A，1988，5(7)：1127-1135.

[26] Besl P，Mckay N. A method for registration of 3-D shapes[J]. IEEE Transactions on Pattern Analysis and Machine Intelligence，1992，14(2)：239-256.

第 3 章
增强现实中的跟踪注册技术

跟踪注册技术是实现增强现实系统虚实融合的关键,增强现实系统中的虚拟模型需通过跟踪注册技术与真实场景保持精确的对应关系,从而将虚拟模型以合适的位置和朝向叠加到现实世界中。在此过程中要求增强现实系统从当前场景中获得真实空间的实时数据,包括观察者的位置、头部角度、运动情况等,通过这些数据来决定如何按照观察者的视场将虚拟物体显示在正确位置。因此,跟踪注册的实时性、精确性以及鲁棒性直接决定增强现实系统的成败,一直是增强现实技术研究的重点和难点。本章主要对比分析了不同的跟踪注册技术,尤其对基于视觉-惯性传感器融合的跟踪注册技术进行了详细介绍。

3.1 增强现实中的跟踪注册要求

增强现实的跟踪定位主要是对用户视场与视点的跟踪,即确定当前视场中目标物及用户视点的位置和朝向,有时也包含交互操作所涉及的动作跟踪。在虚拟现实中,用户看见的是一个完全虚拟的环境,一般只需要知道用户头部的近似位置与朝向即可,由于人的视觉优先特性,小的偏差在虚拟现实中是不易被察觉的。但对增强现实而言,虚拟场景是对真实环境的一个补充,虚实场景必须在用户的视场中协调一致,即便是很小的配准误差也很容易被用户的视觉系统察觉。因此,增强现实对跟踪系统的准确性要求比虚拟现实的高。由于增强现实的应用必须置身于真实的环境中,其跟踪范围及环境的不确定性往往也比虚拟现实的大。

考虑到增强现实的具体应用特性[1],一般认为增强现实的跟踪系统需要满足以下要求。

(1) 跟踪准确性高。例如,以头戴式移动增强现实系统为例,其位置的检测应精确到毫米级,朝向角度(特别是用户头部朝向)的检测应精确到分,超出上述范围的检测误差均会让用户明显觉察到。

(2) 跟踪速度快。检测系统及图像处理与生成系统的综合响应延迟时间应尽可能短,跟踪系统应具备足够高的刷新率。延迟时间的存在是引起系统动态配准误差的一个主要原因。对响应延迟时间的要求与系统中用户及场景的移动速度有关,特别是与用户头部的俯仰、偏转速度直接相关,如果用户头部不是经常快速偏转,一般延迟时间在 10 ms 以内还是可以接受的。

（3）跟踪范围大。虚拟现实中用户完全置身于虚拟环境中，一般不要求有较大的跟踪范围。而增强现实是以实际的物理环境为主，同时将虚拟物体与物理环境"联"在一起，用户如果要与增强环境中的目标进行交互，一般需要进行较大范围的移动。所以，在增强现实的应用中，对跟踪范围有更高的要求，以能支持移动中的用户。

（4）鲁棒性好。鲁棒性是指一个跟踪系统在外部环境变化的情况下维持其原有性能的能力。增强现实中的跟踪系统处在一个实际的物理世界中，其环境变化包括光线、声音、温度、磁场、电磁波的变化等，因此，跟踪系统须具备较好的鲁棒性。

从实用性考虑，还要求跟踪系统稳定可靠、集成度高、小巧轻便、定标方便，最好一个跟踪器能完成所有 6DoF 的跟踪，具备可穿戴性或可移动性。基于跟踪系统空间布置的跟踪定位方法目前主要有由外向内（outside-in tracking）的跟踪和由内向外（inside-out tracking）的跟踪两种。

由外向内的跟踪指的是传感器被固定安装在环境中，且只观察一个移动目标。如其首先需要在跟踪现场合理布置传感器，通过检测跟踪目标上 3 个或 3 个以上点的位置来进行目标位姿解算〔如图 3-1（a）所示〕。该方法的优点是用户通常不会受重量和功耗等传感器性能的影响，也是目前而言最成熟、最精确的跟踪定位方法。然而其需要在一定程度上改变跟踪环境，并将用户限定在有限的空间范围内，如果在定位范围内有信号遮挡则会影响跟踪定位精度，这些限制对移动增强现实的应用而言是一个棘手的问题。

由内向外的跟踪是指传感器随被跟踪对象一起移动，通过传感器观察环境中已有的参照物，从而进行自身位姿的解算。例如，基于计算机视觉的 SLAM 技术可以在一个完全无准备的环境中估计运动摄像头的空间位置〔如图 3-1（b）所示〕。该跟踪定位方法虽受传感器重量、大小等方面限制，但其无工作空间限制，且用户更加独立于现场固定基础设施，因此它成为目前移动增强现实领域中的主流跟踪定位方案。

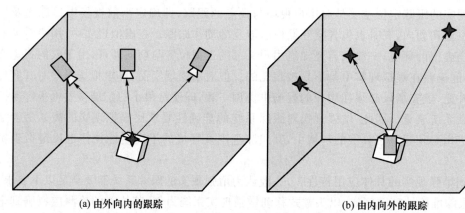

(a) 由外向内的跟踪　　　　　　　　　　　　(b) 由内向外的跟踪

图 3-1　增强现实跟踪定位方式

近年来，伴随着传感器技术发展和移动计算能力的提高，增强现实的跟踪注册技术取得了较大进展。当前增强现实跟踪注册技术分为 3 种：基于传感器的跟踪注册技术、基于视觉的跟踪注册技术和基于传感器融合的跟踪注册技术，下面将分别对这 3 种跟踪注册技术进行论述。

3.2　基于传感器的跟踪注册技术

目前移动智能设备各方面性能正在不断地提升和优化,基本满足了移动增强现实的开发条件。美国中佛罗里达大学的 Rolland 等总结了几种基于传感器的增强现实跟踪注册技术[2],其中包括磁场跟踪、机械式跟踪、声学跟踪及惯性跟踪等。

3.2.1　磁场跟踪

磁场跟踪通过对磁场相关参数进行测量来确定被测目标的位置或朝向,用于位置跟踪的磁场跟踪系统一般由控制部件、磁场发射器和接收器组成。发射器与接收器均由 3 个相互正交的电磁感应线圈组成。发射器通过电磁感应线圈产生磁场,接收器接收磁场,并在感应线圈上产生相应的电流。根据接收到的电流信号,控制部件通过相关计算,可得到跟踪目标相对于接收器的位置和朝向,在增强现实应用中通常为用户头部的 6DoF 参数。

磁场跟踪的优点在于它不受视线和障碍物(除导电或导磁体外)的限制,鲁棒性好,轻便,价格便宜,在虚拟现实中使用较多。但是,磁场跟踪系统在遇到金属导体或其他磁场干扰时,容易产生失真,从而影响其精度,且其跟踪范围也十分有限,在增强现实系统中,通常要与其他跟踪注册技术(如光学跟踪)结合使用。

基于电磁传感器的跟踪注册方法根据信号的达到时间获取对应的位置信息。例如,GPS 作为一种典型的基于电磁传感器的跟踪注册方法,已广泛应用于户外增强现实中,但受信号屏蔽影响,目前尚无法在室内现场提供可靠的跟踪注册结果。

3.2.2　机械式跟踪

机械式跟踪建立在易于理解的机械工程方法上,其通常跟踪 2～4 个机械关节臂的末端,这需要已知每根臂的长度并测量每个关节的角度。关节可以有一个、两个或三个方向的自由度,通过旋转编码器或电位器进行测量。基于已知的臂长和关节角度,建立机械臂运动学方程进行求解,可得到末端执行器的实时位置和方向。

这种方法的可靠性和实时性高,但是操作自由度受限于机械结构。此外,大多数机械式跟踪系统只能提供单点的测量,如只测量位置或者同时测量位置和方向,机械臂的运动约束阻止了其到达工作范围的每一个位置。因此,机械式跟踪可以被看作由外到内的有严格工作区限制的系统,对增强现实而言,不希望在虚实融合的视野中出现关节臂。

机械式跟踪系统(如图 3-2 所示)通常为昂贵的实验室设备中的一部分,不适合普通消费者使用,如今已很少应用于增强现实中。不过考虑到机械式跟踪的高精度和高可靠性,它有时会用于跟踪系统的校准或评测上,如通过高精度的机械臂在空间的运动轨迹评测其他跟踪注册技术的精度。

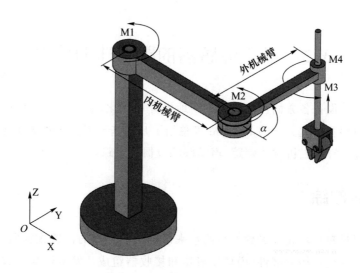

图 3-2　机械式跟踪定位系统

3.2.3　声学跟踪

声学跟踪主要利用超声波的传输特性实现位置测量，其测量原理可以分为两类：飞行时间（Time of Flight，ToF）测量法和相位差测量法。用得较多的还是 ToF 测量法，该方法通过测量超声波脉冲从发射器发出到接收器接收到的时间，计算出发射器和接收器的相对位置和方向。跟踪系统一般由 3 个发射器和 3 个接收器组成。在增强现实应用中，发射器一般置于用户头部，而接收器则被放置在真实环境中的固定位置，通过对脉冲进行编码，进而定位每一个用户在环境中的位姿信息。

ToF 测量法的性能与跟踪距离及环境因素有关，距离越短且容易引起声波反射的障碍物越少，则性能越好。其刷新率一般为 25～200 Hz，跟踪精度分别为 0.5～6 mm 与 0.1°～0.6°，跟踪距离一般为 0.25～4.5 m。

声学跟踪在跟踪距离较小的情况下具有较高的准确性，适用于室内小范围内的跟踪。其缺点在于发射器与接收器之间不能有障碍物，且容易受环境温度、湿度及气压的影响，刷新率偏低，在增强现实应用中很少单独使用。

3.2.4　惯性跟踪

惯性跟踪用惯性传感器（Inertial Measurement Unit，IMU）（如陀螺仪、加速计和磁力计）进行位置与朝向跟踪。随着微机电系统（Micro-Electro-Mechanical System，MEMS）的发展，惯性传感器已成为一种重要的微型跟踪设备。惯性传感器一般由陀螺仪与加速度计构成（如图 3-3 所示），其中陀螺仪用于测量绕 3 个轴的角速度，加速度计用于测量被测目标在 3 个轴向的线加速度情况，其分别输出实测的角速度和线加速度，进而通过在时间上进行积分，实现目标物体的朝向和位置估计。

惯性传感器仅放置于被测运动目标上，如增强现实用户的头部，因而不存在阻塞问题，

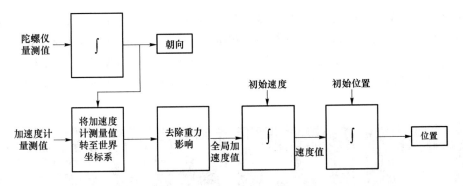

图 3-3　惯性跟踪器原理示意图

其对电磁场及环境噪声不敏感,具有较低的延迟,一般为 1~2 ms,此外,利用惯性传感器测得的信息一般还可以"预测"未来 40~50 ms 的动作。但惯性跟踪器易随时间出现累积误差,从而影响跟踪精度。因此,一般需要与其他跟踪注册技术结合起来使用。

3.3　基于视觉的跟踪注册技术

基于视觉的跟踪注册技术通过相机获取真实现场的图像信息,然后从获取的图像中提取对应的视觉特征,进而构建视觉特征点和场景地图间的对应关系,以实时解算相机在物理场景中的位姿。根据图像特征获取方式的不同,基于视觉的跟踪注册技术又可进一步细分为基于人工标识、基于自然特征和基于模型的跟踪注册方法,具体如图 3-4 所示。

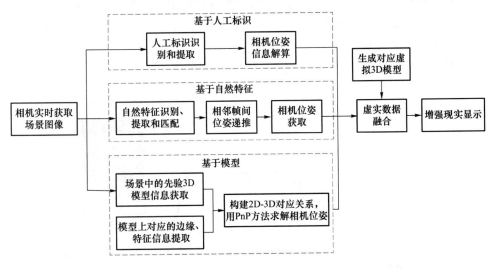

图 3-4　基于视觉的跟踪注册技术

3.3.1　基于人工标识的跟踪注册

基于人工标识的跟踪注册方法首先需要在真实场景中黏贴相应的人工标识,然后利用相机获取当前图像并进行识别和 2D 特征点提取，根据人工标识的先验尺寸信息构建特征点间的 3D-2D 对应关系，进而实时解算当前相机的位姿。为实现基于人工标识的准确识别和定位，标识在设计过程时需已知确定的几何分布和颜色等信息，如形状、尺寸和编码方式，目前一些常见的人工标识如图 3-5 所示（如 ARToolKit[3]、ARTag[4]、AprilTag[5]、QR Code[6] 等）。

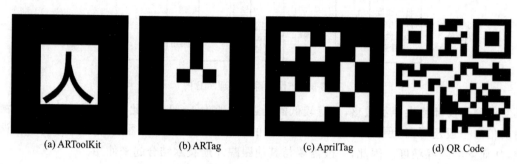

(a) ARToolKit   (b) ARTag   (c) AprilTag   (d) QR Code

图 3-5　常用的人工标识

ARToolKit 是由美国华盛顿大学 HTL 实验室于 1999 年设计开发的增强现实跟踪注册软件包，通过相机实时获取的人工标识图像，借助于图像分割和特征提取等方式，提取图像中正方形标识的角点坐标，并根据其在实际物理坐标系下的先验坐标信息，构建人工标识的 2D 图像角点与 3D 空间角点间的对应关系，实现增强现实系统的位姿解算。

与 ARToolKit 的跟踪注册原理类似，ARTag、AprilTag 和 QR Code 也是通过关联标识中二维图像点与三维空间点，实现增强现实系统的稳定跟踪注册。不同之处在于上述各人工标识所对应的编码方法不同，ARTag 和 AprilTag 使用 CRC 编码技术，使其对光照和遮挡具有一定的鲁棒性，但其编码容量相对较少，而 QR Code 借助其海量的编码容量，可赋予基于人工标识的跟踪注册方法更大规模的应用场景。

基于人工标识的跟踪注册原理如图 3-6 所示。首先，将上述人工标识黏贴在物理现场，

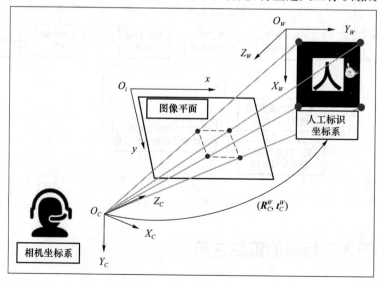

图 3-6　基于人工标识的跟踪注册原理

并建立基于人工标识 3D 角点的世界坐标系；其次，当相机获取到该标识图像后，在识别不同人工标识对应 ID 的同时提取其对应的 2D 图像角点坐标；最后，利用基于人工标识角点间的 3D-2D 对应，通过 PnP 方法[7]计算得到增强现实视觉系统相对于该标识的位姿，进而将虚拟 3D 信息准确渲染叠加在物理环境中，实现虚实融合效果。

作为增强现实中应用的一种典型人工标识，ArUco[8]已经集成在 OpenCV 3.0 以上的版本中。它可用于增强现实领域中，还可用于实现一些机器视觉方面的应用，如波士顿动力公司曾将此方法用于 Atlas 的视觉定位。其在增强现实应用中的处理流程如图 3-7 所示。

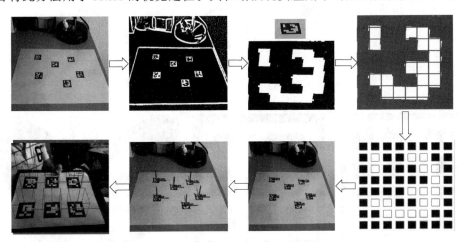

图 3-7　基于 ArUco 人工标识的跟踪注册流程

上述基于人工标识的跟踪注册技术多以现有标识为基础，为提高人工标识在不同应用场景下的适应性，部分学者根据其实际现场需求对现有人工标识进行了改进。例如：桂振文等[9]通过改变标识的形状，以实现更大量目标的快速定位和识别，有效拓展了现有基于人工标识增强现实的应用场景；Han 等[10]根据管路装配定位中常见的遮挡情况，设计了对应的 L-split 二维人工标识，以避免管路对人工标识信息的遮挡，进而提高了人工标识的识别和定位能力。

此外，为解决基于单人工标识的跟踪注册技术在现场工况下易遮挡、跟踪定位鲁棒性不足的问题，作者在作业物理现场布置了多个人工标识，通过构建的现场全局人工标识地图，利用增强现实系统自带的相机实时获取了车间现场的环境图像[11]。通过对图像中的人工标识进行分割和提取，获取不同人工标识的 ID 及其对应的 2D 图像角点坐标。同时，利用它离线构建人工标识全局地图，建立当前图像中所检测的标识 2D 角点坐标及其与 3D 空间坐标的对应关系，实现智能眼镜在分拣现场的位姿估计（如图 3-8 所示）。进而在高密度货架上进行准确货位查找的过程中，实现现场环境下的增强可视化导航，从而快速引导工人至目标货位，并点亮目标分拣货位所在位置。

为提高通用场景下人工标识的识别和抗遮挡能力，Yu 等[12]提出了一种基于几何拓扑结构的人工标识构建方法（如图 3-9 所示），可在特定区域内根据相应的二进制拓扑编码规则，自定义生成无穷数量的唯一性编码标识。与现有的 ARToolkit 和 AprilTag 等编码方式相比，其具有更强的识别和抗遮挡能力，可有效提高现有的基于人工标识的跟踪注册性能。

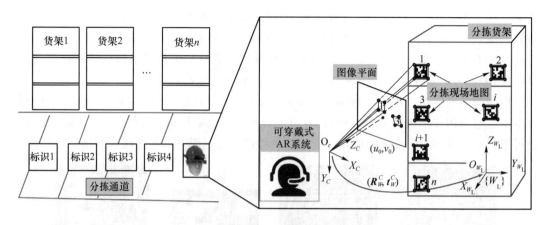

图 3-8　增强现实多人工标识全局定位示意图

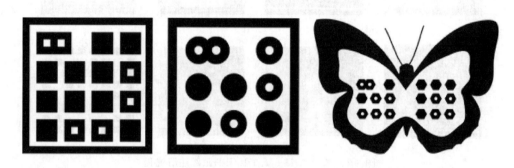

图 3-9　基于几何拓扑结构的人工标识构建方法

3.3.2　基于模型的跟踪注册

基于模型的跟踪注册根据的是场景中已有物体的 CAD 等先验模型信息，当相机看到该跟踪目标时，可将当前位置下可视的图像信息与先验模型进行匹配，进而实时解算相机相对于物理现场的位姿[13]，以将虚拟 3D 模型信息准确叠加在物理现场中，实现虚实融合效果，具体流程如图 3-10 所示。

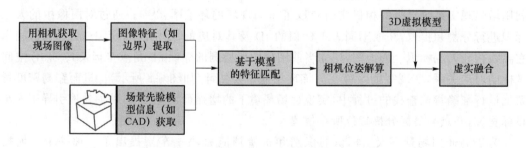

图 3-10　基于模型的增强现实跟踪注册方法

模型的建立主要从目标、传感器和环境 3 个方面展开：首先，对于跟踪目标，需要有被跟踪物体的一些先验信息，如被跟踪物体的形状、外观、姿态等变化特性，这是目标跟踪的前提；其次，需要从传感器的角度去考虑，若使用未标定的单目相机，则其获取的信息多以像素为单位,若使用立体相机或深度相机,则其获取的是物理尺寸信息,因此不同的传感器对被跟踪物体的表征形式会有不同影响;最后,从环境的角度来说,在基于视觉的跟踪过程中,环境对跟踪的准确性具有关键的作用,如在室内光照、环境相对稳定的情况下,能提高重建模型的准确性。

现有的基于模型的跟踪注册技术主要通过以下两种离线方式进行场景建模,以为后续增强现实的跟踪定位提供基础。

（1）若已知目标物体的 CAD(Computer Aided Design)形状（主要指模型在设计制造过程中已有的 CAD 先验知识）,则可通过三维 CAD 等软件进行建模。

（2）通过传感器（如 Monocular、Stereo vision、RGB-D、ToF 等）逆向获取目标物体的模型信息,然后以此模型作为一个先验知识。在实际的生活应用中,个人参与者不大可能获取已有物体的 CAD 形状,因此只能借助简单的传感器（如 vision-based sensor）离线获取模型。

1. 基于 CAD 模型的跟踪注册

基于 CAD 模型的跟踪注册主要使用与跟踪注册对象的表面模型相关联的边缘特征来进行位姿评估,根据输入的视频帧画面搜索模型外轮廓边缘信息或点特征,并与预先给定的模型外轮廓边缘信息进行匹配,实现目标位姿的跟踪注册。RAPiD[14] 是较早的基于模型的跟踪注册系统之一。在每一图像帧中,基于相机的初始估计位姿将模型边缘上的控制点投影到相机平面,然后,在图像中边缘法向量方向上搜索与该控制点最近的边缘信息,进而构建最小二乘求解器以计算相机的位姿（如图 3-11 所示）。在此基础上,相关学者通过消除误检边缘和提高控制点的可靠性,进一步提高了基于 CAD 模型的跟踪注册方法的精度和鲁棒性[13]。

图 3-11　CAD 边缘生成的控制点

当前,国内外已有相关机构对基于模型的增强现实进行了研究。德国 metaio 的 Platonov 等[15] 采用基于 CAD 模型的跟踪注册方法,其主要使用与被跟踪对象表面模型相关联的边缘特征来进行位姿估计,根据输入的图像帧搜索模型外轮廓边缘信息或点特征,并与预先给定的模型边缘信息进行匹配,实现对目标位姿的跟踪注册,如图 3-12(a)所示,该方法能克服跟踪过程中出现的局部遮挡和快速运动等情况。为实现具有更好鲁棒性的相机运动跟踪,法国国家信息研究所的 Pressigout 等[16] 在图像中跟踪目标模型边缘的基础上,增加了对模型 2D 纹理特征的匹配,如图 3-12(b)所示。

2. 基于场景感知模型的跟踪注册

整个基于场景感知模型的跟踪注册过程分为两个阶段:首先,通过相机获取待增强场景

(a) 基于CAD模型的跟踪注册

(b) 基于CAD模型与纹理特征的跟踪注册

图 3-12 基于 CAD 模型的跟踪注册方法及其改进方法

不同视角下的图像，并离线构建该场景的 3D 模型；其次，当相机获取某一位置下的场景图像时，将其与已离线构建的场景三维模型信息进行比较和匹配，进而解算得到该位置下相机的位置和朝向信息。

Lima 等[17]提出了一种在汽车维修中应用的基于场景感知模型的跟踪注册方法。首先利用 RGB 相机对待维修的场景进行扫描，借助于深度相机三维稠密场景重建方法 KinectFusion[18]得到汽车中真实零部件场景的 3D 模型信息，同时根据 RGB 相机和 Depth 相机间的变换关系，构建 2D 特征点和 3D 场景点的对应关系，当相机再次获取场景图像时，可通过特征点的对应关系解算当前相机的位置和朝向。

基于场景感知模型的跟踪注册方法虽然不需要在场景中黏贴大量的人工标识，但其依赖场景中已有模型的 CAD 等先验信息。例如，通常需要先离线构建场景的模型信息或 CAD 模型参数，并将其作为后续实时跟踪注册的比对基准，然后在执行增强现实应用时，对通过相机获取的场景图像特征与该先验的模型特征等信息进行匹配，进而完成增强现实的跟踪注册。

3.3.3 基于自然特征的跟踪注册

基于自然特征的跟踪注册方法因其良好的环境适应性，近年来受到了大量学者的关注。该方法无须事先在现场布置人工标识，可根据现场环境中已有的自然特征（如点、线和纹理等特征信息），实现增强现实系统的跟踪注册[19]。在基于自然特征的跟踪注册过程中，通常借助于第 2 章所述的特征检测算子（如 SIFT、SURF 或 ORB 等）实现场景自然特征的提取和匹配，进而借助于几何视觉变换，实现现场环境下相机的跟踪注册，其主要流程如图 3-13 所示。

伴随着计算机视觉技术的发展，基于自然特征的视觉 SLAM 方法在进行实时相机跟踪定位过程中，可同步构建物理现场的三维地图，并关联当前相机位姿和物理场景间的位姿变换关系。在整体框架上，视觉 SLAM 方法可以分为基于滤波和基于优化的方法[20]，其具体原理和区别如图 3-14 所示。基于滤波的方法是通常在卡尔曼框架下实现相机姿态的估计，其当前位姿估计主要是依赖其上一时刻的信息，计算复杂性较低；基于优化的方法是将当前姿态的解算与对应的地图点进行关联，进而通过构建误差函数（如视觉反投影误差）进

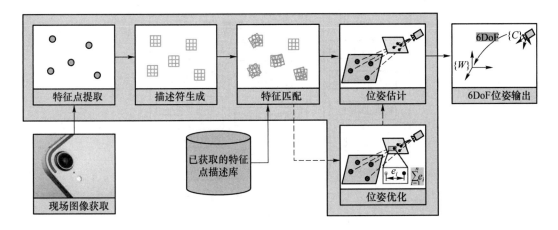

图 3-13　基于自然特征的跟踪注册

行优化求解,其跟踪定位的鲁棒性较好,精度较高,目前在主流的视觉 SLAM 方法中大都使用基于优化的方法进行位姿求解。

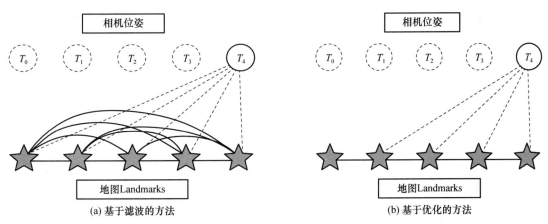

图 3-14　基于滤波和优化的视觉 SLAM 方法

　　2007 年牛津大学的 Klein 等[21]提出了实时跟踪注册方法 PTAM,该方法首次将相机跟踪和地图构建在两个并行的线程中独立运行,以在未知环境下实时获取相机的位姿和现场环境的稀疏地图(如图 3-15 所示)。但该方法让所有地图点都参与了运算和优化,且缺乏跟踪注册过程中的实时误差矫正策略,导致该方法只能为增强现实应用提供小范围的跟踪注册。

　　2015 年西班牙萨拉戈萨大学的 Mur-Artal 等人在 PTAM 的基础上提出了 ORB-SLAM[22],该方法将整个跟踪定位系统划分为 3 个并行的线程:跟踪、地图构建和全局地图优化。为保证相机持续的跟踪注册精度,ORB-SLAM 在 PTAM 的基础上增加了闭环检测,并借助于相机跟踪和地图点间构建的共可见图约束,在保证相机跟踪效率的基础上拓展了大范围运动跟踪能力。后续在单目视觉跟踪定位的基础上,他们又提出了 ORB-SLAM2[23]和 ORB-SLAM3[24],以适配不同的传感器类型以及多传感器、多地图的融合方案,为推动 SLAM 在增强现实中的应用起到了巨大推动作用。

　　上述方法都需要先从图片中提取特征点并进行匹配,然后进行位姿求解,这类方法称为

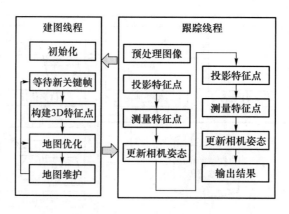

图 3-15　PTAM 的流程示意图

基于特征法的视觉 SLAM 方法〔如图 3-16(a)所示〕。由于特征提取、匹配的过程中耗时很多，为适应增强现实的不同应用场景，相关学者提出了基于直接法[25]和基于半直接法[26]的视觉 SLAM 方法，其可不计算关键点或描述子，直接根据图像的像素亮度信息来计算相机的运动，其中基于直接法的视觉 SLAM 方法如图 3-16(b)所示，读者可进一步参阅 SLAM 相关书籍了解具体求解过程[27]。但当相机剧烈运动导致图像模糊时，上述基于特征法和基于直接法的视觉 SLAM 方法都容易导致相机的跟踪失败。尤其受现场弱纹理和光照等环境影响，使得当前视觉 SLAM 方法的跟踪稳定性方面还存在很大不足，难以实现不同现场环境下的跟踪注册[28]。

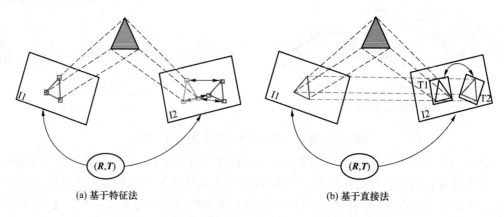

图 3-16　基于特征法和基于直接法的视觉 SLAM 方法

3.4　基于视觉-惯性传感器融合的跟踪注册技术

如 3.2 节所述，虽然惯性传感器能实时提供跟踪目标的位置、朝向和速度，且在价格和便携性方面具有优势，但其跟踪精度较低，稳定性较差，难以为增强现实提供持续稳定的跟踪注册效果。因此，结合视觉和惯性测量方法彼此的优势，将来自多源的信息和数据在一定的规则下进行融合，进而提高整个跟踪注册系统的可靠性，逐渐成为当前增强现实应用中的主流跟踪注册方法。例如，微软公司的增强现实设备 Hololens 通过采用视觉和惯性传感器融合的方法,实现在不同现场环境下增强现实系统的位姿估计。

为实现移动增强现实更广泛的应用,苹果公司和谷歌公司借助于当前移动端设备自带的视觉和惯性传感器于 2017 年分别发布了 ARKit 与 ARCore,降低了增强现实应用开发的软/硬件门槛,极大地推动了增强现实应用的普及。基于视觉-惯性传感器融合的增强现实跟踪注册方法可借助于惯性传感器运动估计的连续性在一定程度上克服图像运动模糊导致的跟踪注册失败问题,进而提高现场跟踪定位的鲁棒性。同时视觉和惯性传感器体积较小,性价比较高,因此基于视觉-惯性传感器融合的跟踪注册方法已逐渐成为当下增强现实跟踪注册的主流研究方向。

基于视觉-惯性传感器融合的跟踪注册方法可进一步细分为两种方法——基于滤波的方法和基于优化的方法。其中基于滤波的方法在计算效率上具有优势。例如,Mourikis 等提出基于多状态约束下的卡尔曼滤波方法[29],通过估计特征点在状态向量中的位置避免了在状态量中加入大量的 3D 地图点,以获取基于滑移窗口的姿态优化函数,进而实现了基于视觉-惯性传感器融合的实时估计,并在此基础上进行了进一步优化[30]。

Neges 等[31]借助于环境中已有的标识和惯性传感器相融合的方式,构建异构传感器间的融合框架,保证当跟踪过程中视觉或者惯性数据缺失时,仍能实现现场环境下的鲁棒跟踪。香港科技大学的 Li 等[32]提出了基于视觉-惯性紧耦合的 VINS 系统,通过构建视觉反投影误差和惯性积分误差的全局优化函数,实现了挑战性环境下多传感器间的互补融合,可为增强现实的应用提供稳定的位姿估计。

而基于优化的视觉-惯性传感器融合的跟踪注册方法需要牺牲更大的计算量来获取较好的优化结果。宾夕法尼亚大学的 Sun 等[33]和瑞士苏黎世大学的 Delmerico 等[34]对现有基于滤波和优化的视觉-惯性传感器融合的跟踪注册方法进行了定量比较,结果表明基于滤波的方法在计算复杂度上具有明显优势。考虑到现有移动端有限的计算能力,下面将结合具体应用实例,对基于滤波的方法进行介绍。

3.4.1　基于滤波的视觉-惯性传感器融合的跟踪注册

在基于滤波的视觉-惯性传感器融合的跟踪注册中,系统初始化对后续跟踪注册的稳定性和精度具有至关重要的影响。为此,本节对基于滤波的移动增强现实的跟踪注册快速初始化方法进行描述,其主要实现的流程框架如图 3-17 所示。在系统初始化阶段,首先借助于视觉三张量的鲁棒约束关系,实现视觉-惯性融合状态量的快速估计,同时,利用无迹卡尔曼滤波实现非线性系统的准确初始逼近,以提高视觉-惯性融合系统的状态估计精度,最终实现移动增强跟踪注册系统的快速初始化。

1. 惯性单元测量模型

惯性测量单元(IMU)是一种被广泛应用于电子设备中的姿态测量传感器,随着 MEMS 技术的发展,消费级别 IMU 的生产成本越来越低。MEMS 惯性传感器的价格低、体积小、制造工艺较简单,但在性能上存在精度低、噪声高、误差大等不足,在后续的位姿解算中易受到噪声等因素的影响。因此为了实现精确的位姿解算,正确构建惯性传感器的测量和误差模型是视觉-惯性传感器融合的基础。本书在介绍视觉-惯性传感器融合时,使用的是 6 轴 IMU(加速度计和陀螺仪),下面分别对各自的测量模型进行介绍。

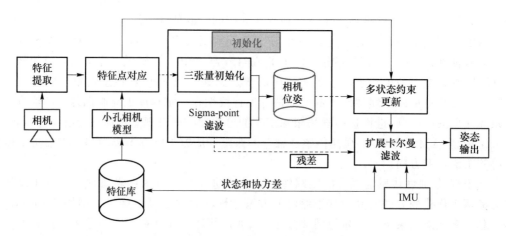

图 3-17　快速初始化的流程框架

① 加速度计

加速度计能提供在加速度计本体坐标系 $\{I\}$ 下 3 个轴向上的加速度值，在理想情况下的加速度计测量值 $\boldsymbol{a}_\mathrm{m}$ 由如下构成：

$$\boldsymbol{a}_\mathrm{m} = {}_G^I\boldsymbol{R}\,({}^G\boldsymbol{a} - {}^G\boldsymbol{g})\tag{3-1}$$

其中 ${}_G^I\boldsymbol{R}$ 是世界坐标系 $\{G\}$ 到本体系 $\{I\}$ 的旋转，${}^G\boldsymbol{a}$ 为 IMU 在 $\{G\}$ 下的加速度，${}^G\boldsymbol{g}$ 为重力加速度在 $\{G\}$ 下的表达。但是，在加速度计进行实际测量的过程中，尤其是在消费级 IMU 传感器中，其测量结果很容易受噪声和偏差的影响。因此，为更好描述加速度计的实际测量情况，更通用的加速度计测量模型可表达为

$$\boldsymbol{a}_\mathrm{m} = {}_G^I\boldsymbol{R}\,({}^G\boldsymbol{a} - {}^G\boldsymbol{g}) + \boldsymbol{n}_\mathrm{a} + \boldsymbol{b}_\mathrm{a}\tag{3-2}$$

其中 $\boldsymbol{n}_\mathrm{a}$ 是符合标准高斯正态分布的白噪声，$\boldsymbol{b}_\mathrm{a}$ 为满足随机游走过程的加速计偏差。

② 陀螺仪

与加速度计类似，陀螺仪能测量得到陀螺仪本身坐标系 $\{I\}$ 下 3 个轴向上的角速度信息，其通用的测量模型表达式为

$$\boldsymbol{\omega}_\mathrm{m} = {}^I\boldsymbol{\omega} + \boldsymbol{n}_\mathrm{g} + \boldsymbol{b}_\mathrm{g}\tag{3-3}$$

其中，${}^I\boldsymbol{\omega}$ 为在理想情况下陀螺仪 3 个轴的角速度读数，$\boldsymbol{n}_\mathrm{g}$ 和 $\boldsymbol{b}_\mathrm{g}$ 分别为陀螺仪的高斯白噪声和随机游走偏差。

由加速度计（陀螺仪）测量模型可知，对应的噪音和偏差对测量结果具有直接影响。因此，为更准确地使用 IMU 进行相应位姿信息的测量，须计算得到其对应的噪音协方差（$\boldsymbol{N}_\mathrm{a}$，$\boldsymbol{N}_\mathrm{g}$）和随机游走协方差（$\boldsymbol{N}_{\omega\mathrm{a}}$，$\boldsymbol{N}_{\omega\mathrm{g}}$）。下面将以加速度的某一轴为例进行分析，其分析方法也适用于加速度计或陀螺仪的其他轴。

加速度计的噪音协方差可通过计算加速度静止时一段时间输出值的标准方差得到。通过该方法得到的标准偏差 $\sigma_{\mathrm{a}_\mathrm{d}}$ 是离散的，为保证后续在基于视觉-惯性传感器融合的跟踪注册中的使用，需要将离散的标准偏差转为连续的标准偏差 $\sigma_{\mathrm{a}_\mathrm{c}}$：

$$\sigma_{\mathrm{a}_\mathrm{c}} = \sigma_{\mathrm{a}_\mathrm{d}}\,\sqrt{\Delta t}\tag{3-4}$$

其中 Δt 是加速度计测量值的采样时间。通过类似模型可得到连续的随机游走标准方差值 $\sigma_{\omega\mathrm{a}_\mathrm{c}}$：

$$\sigma_{wa_c} = \frac{\sigma_{wa_d}}{\sqrt{\Delta t}} \tag{3-5}$$

上述连续的白噪音和高斯随机游走方差将会应用在后续章节中卡尔曼滤波的预测过程中。

2. 多状态卡尔曼滤波的传感器融合

在 IMU 进行状态传播过程中,根据实时输出的加速度计和陀螺仪量测数据,可通过在时间上积分,对当前跟踪目标的状态(朝向、位置、速度)进行实时估计。同时,考虑到消费级别 IMU 存在较大系统误差,在状态向量中引入加速度计和陀螺仪的偏差模型,以构建 16 维参数组成的状态向量:

$$x_I = (_G^I q^{\mathrm{T}}, \ ^G v_I^{\mathrm{T}}, \quad b_\omega^{\mathrm{T}}, \quad b_a^{\mathrm{T}}, \ ^G p_I^{\mathrm{T}}]^{\mathrm{T}} \tag{3-6}$$

其中 $_G^I q$ 是表示全局坐标系 $\{G\}$ 到 IMU 坐标系 $\{I\}$ 之间的旋转四元数,$^G v_I$ 和 $^G p_I$ 是 IMU 在全局坐标系 $\{G\}$ 中的速度和位置,b_ω 和 b_a 分别表示陀螺仪和加速度计对应的偏差。通过使用状态向量的连续时间动态模型可获取如下微分变换:

$$\begin{cases} _G^I \dot{q} = \dfrac{1}{2} \boldsymbol{\Omega}(\boldsymbol{\omega})_G^I q, \ ^G \dot{v}_I = {}^G a \\ \dot{b}_\omega = n_{b\omega}, \ \dot{b}_a = n_{ba}, \ ^G \dot{p}_I = {}^G v_I \end{cases} \tag{3-7}$$

其中 $^G a$ 是在世界坐标系下的加速度,$n_{b\omega}$ 和 n_{ba} 分别是偏差 b_ω 和 b_a 的高斯随机游走过程,$\boldsymbol{\Omega}(\boldsymbol{\omega})$ 是关于角速度 $\boldsymbol{\omega}(\omega_1, \omega_2, \omega_3)$ 的四元数叉乘矩阵,其被定义为

$$\boldsymbol{\Omega}(\boldsymbol{\omega}) = \begin{pmatrix} -\lfloor \boldsymbol{\omega} \rfloor_\times & \boldsymbol{\omega}^{\mathrm{T}} \\ -\boldsymbol{\omega}^{\mathrm{T}} & 0 \end{pmatrix}$$

$$\lfloor \boldsymbol{\omega} \rfloor_\times = \begin{pmatrix} 0 & -\omega_3 & \omega_2 \\ \omega_3 & 0 & -\omega_1 \\ -\omega_2 & \omega_1 & 0 \end{pmatrix}$$

考虑到实际陀螺仪(加速度计)的量测值 $\boldsymbol{\omega}_m(a_m)$ 通常包括特定的偏差 $b_\omega(b_a)$ 和对应的高斯白噪声 $n_\omega(n_a)$,因此其对应的实际角速度值 $\boldsymbol{\omega}$ 和加速度值 a 为

$$\begin{cases} \boldsymbol{\omega} = \boldsymbol{\omega}_m - b_\omega - n_\omega \\ a = a_m - b_a - n_a \end{cases} \tag{3-8}$$

通过对式(3-7)在当前状态估计下的线性化估计,可获取连续时间状态估计的递归模型:

$$\begin{cases} _G^I \dot{p} = \dfrac{1}{2} \boldsymbol{\Omega}(\hat{\boldsymbol{\omega}})_G^I \hat{q}, \ ^G \dot{v}_I = C_{(_G^I \hat{q})}^{\mathrm{T}} \hat{a} - g \\ \dot{b}_\omega = \mathbf{0}_{3\times 1}, \ \dot{b}_a = \mathbf{0}_{3\times 1}, \ ^G \dot{p}_I = {}^G \hat{v}_I \end{cases} \tag{3-9}$$

其中 $\hat{\boldsymbol{\omega}} = \boldsymbol{\omega}_m - \hat{b}_\omega$,$\hat{a} = a_m - \hat{b}_a$,$C_{(_G^I \hat{q})}$ 是四元数 $_G^I \hat{q}$ 对应的旋转矩阵,g 是世界坐标系中的重力向量。四元数的误差项可定义为

$$\delta q = \hat{q}^{-1} \otimes q \approx \left(\frac{1}{2} \delta \boldsymbol{\theta}^{\mathrm{T}}, 1 \right)^{\mathrm{T}} \tag{3-10}$$

因此,可根据式(3-6),得到对应 15 维的 IMU 误差状态向量 $\tilde{x}_I$:

$$\tilde{\boldsymbol{x}}_I = ({}^G\delta\boldsymbol{\theta}_I^{\mathrm{T}}, \quad {}^G\tilde{\boldsymbol{v}}_I^{\mathrm{T}}, \quad \tilde{\boldsymbol{b}}_\omega^{\mathrm{T}}, \quad \tilde{\boldsymbol{b}}_a^{\mathrm{T}}, \quad {}^G\tilde{\boldsymbol{p}}_I^{\mathrm{T}})^{\mathrm{T}} \tag{3-11}$$

（1）状态传播模型

不同于传统基于扩展卡尔曼滤波的视觉-惯性传感器融合的跟踪注册方法，在 MSCKF 框架下，场景中的三维特征点并没有加入状态向量中。而且，只有当被跟踪的特征点离开滑移窗口或者状态向量中的姿态信息达到最大的限定长度时，其姿态估计框架才开始更新。从另角度来说，MSCKF 框架下的状态向量始终保持着特定数量的窗口大小，以限制跟踪注册过程中的计算量。如图 3-18 所示，n 个不同姿态下的相机和 m 个场景特征点是互相可视的，通过设定窗口中相机姿态的数量，可共同构建一个对应滑移窗口。进而，通过这些特征 $f_i (i=1,2,\cdots,m)$ 可实现窗口内所有相机姿态的约束。

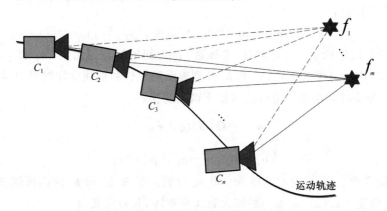

图 3-18　MSCKF 的状态滑移窗口示意图

在基于视觉-惯性传感器融合的跟踪注册中，其主要目标是实时估计 IMU 坐标系 $\{I\}$ 在全局坐标系 $\{G\}$ 下的位置和朝向，相机和 IMU 是固定连接在一起的，可以根据 IMU 和相机间的外参数标定结果，进一步获取对应时刻下相机在世界坐标系下的位姿。因此，在任意时刻 k，其全局状态向量 $\boldsymbol{x}_k$ 定义为当前 IMU 的状态向量和其相应的 n 组相机姿态的参数：

$$\boldsymbol{x}_k = (\boldsymbol{x}_{Ik}^{\mathrm{T}}, {}^{C_1}_{G}\boldsymbol{q}^{\mathrm{T}}, {}^G\boldsymbol{p}_{C_1}^{\mathrm{T}}, \cdots, {}^{C_n}_{G}\boldsymbol{q}^{\mathrm{T}}, {}^G\boldsymbol{p}_{C_n}^{\mathrm{T}})^{\mathrm{T}} \tag{3-12}$$

其中 $\boldsymbol{x}_{Ik}$ 是在 k 时刻下 IMU 的状态向量，${}^{C_i}_{G}\boldsymbol{q}$ 和 ${}^G\boldsymbol{p}_{C_i} (i=1,2,\cdots,n)$ 分别是该时刻对应的相机姿态信息的估计值。因此，可以得到其对应的误差状态向量[35]：

$$\tilde{\boldsymbol{x}}_k = (\tilde{\boldsymbol{x}}_{Ik}^{\mathrm{T}}, \quad \delta\boldsymbol{\theta}_{C_1}^{\mathrm{T}}, \quad {}^G\tilde{\boldsymbol{p}}_{C_1}^{\mathrm{T}}, \quad \cdots, \quad \delta\boldsymbol{\theta}_{C_n}^{\mathrm{T}}, \quad {}^G\tilde{\boldsymbol{p}}_{C_n}^{\mathrm{T}})^{\mathrm{T}} \tag{3-13}$$

对应的协方差状态 $\hat{\boldsymbol{P}}_k$ 是一个 $(15+6n) \times (15+6n)$ 矩阵，其结构如式（3-14）所示：

$$\hat{\boldsymbol{P}}_k = \begin{pmatrix} \hat{\boldsymbol{P}}_{II,k} & \hat{\boldsymbol{P}}_{IC,k} \\ \hat{\boldsymbol{P}}_{IC,k}^{\mathrm{T}} & \hat{\boldsymbol{P}}_{CC,k} \end{pmatrix} \tag{3-14}$$

其中 $\hat{\boldsymbol{P}}_{II,k}$ 是当前状态下 IMU 状态对应的 15×15 协方差矩阵，$\hat{\boldsymbol{P}}_{CC,k}$ 是相机姿态对应的 $6n \times 6n$ 协方差矩阵，$\hat{\boldsymbol{P}}_{IC,k}$ 是 $15 \times 6n$ 的 IMU 和相机姿态间的互协方差矩阵。

在滤波预测阶段，通过 IMU 输出的线加速度和角加速度信息，结合式（3-7）和式（3-9），可得到基于 IMU 误差状态的动态方程：

$$\begin{cases} {}^{G}\delta\dot{\boldsymbol{\theta}}_{I} = -\lfloor\hat{\boldsymbol{\omega}}\rfloor_{\times}{}^{G}\delta\boldsymbol{\theta}_{I} - \tilde{\boldsymbol{b}}_{\omega} - \boldsymbol{n}_{\omega} \\ \dot{\tilde{\boldsymbol{b}}}_{\omega} = \boldsymbol{n}_{b\omega}, \dot{\tilde{\boldsymbol{b}}}_{a} = \boldsymbol{n}_{ba} \\ {}^{G}\dot{\tilde{\boldsymbol{v}}}_{I} = -\boldsymbol{C}_{({}^{I}_{G}\hat{\boldsymbol{q}})}^{\mathrm{T}}\lfloor\hat{\boldsymbol{a}}\rfloor_{\times}{}^{G}\delta\boldsymbol{\theta}_{I} - \boldsymbol{C}_{({}^{I}_{G}\hat{\boldsymbol{q}})}^{\mathrm{T}}\tilde{\boldsymbol{b}}_{a} - \boldsymbol{C}_{({}^{I}_{G}\hat{\boldsymbol{q}})}^{\mathrm{T}}\boldsymbol{n}_{a} \\ {}^{G}\dot{\tilde{\boldsymbol{p}}}_{I} = {}^{G}\tilde{\boldsymbol{v}}_{I} \end{cases} \qquad (3\text{-}15)$$

因此，可以构建基于误差状态向量的传递模型，如式(3-16)所示：

$$\dot{\tilde{\boldsymbol{x}}}_{I} = \boldsymbol{F}\tilde{\boldsymbol{x}}_{I} + \boldsymbol{G}\boldsymbol{n}_{I} \qquad (3\text{-}16)$$

其中 $\boldsymbol{n}_{I} = (\boldsymbol{n}_{a}^{\mathrm{T}}, \boldsymbol{n}_{b_{a}}^{\mathrm{T}}, \boldsymbol{n}_{\omega}^{\mathrm{T}}, \boldsymbol{n}_{b\omega}^{\mathrm{T}})^{\mathrm{T}}$ 是噪声向量。$\boldsymbol{F}$ 是连续时间的误差状态向量转移矩阵：

$$\boldsymbol{F} = \begin{pmatrix} -\lfloor\hat{\boldsymbol{\omega}}\rfloor_{\times} & \boldsymbol{O}_{3\times3} & -\boldsymbol{I}_{3} & \boldsymbol{O}_{3\times3} & \boldsymbol{O}_{3\times3} \\ -\boldsymbol{C}_{({}^{I}_{G}\hat{\boldsymbol{q}})}^{\mathrm{T}}\lfloor\hat{\boldsymbol{a}}\rfloor_{\times} & \boldsymbol{O}_{3\times3} & \boldsymbol{O}_{3\times3} & -\boldsymbol{C}_{({}^{I}_{G}\hat{\boldsymbol{q}})}^{\mathrm{T}} & \boldsymbol{O}_{3\times3} \\ \boldsymbol{O}_{3\times3} & \boldsymbol{O}_{3\times3} & \boldsymbol{O}_{3\times3} & \boldsymbol{O}_{3\times3} & \boldsymbol{O}_{3\times3} \\ \boldsymbol{O}_{3\times3} & \boldsymbol{O}_{3\times3} & \boldsymbol{O}_{3\times3} & \boldsymbol{O}_{3\times3} & \boldsymbol{O}_{3\times3} \\ \boldsymbol{O}_{3\times3} & \boldsymbol{I}_{3} & \boldsymbol{O}_{3\times3} & \boldsymbol{O}_{3\times3} & \boldsymbol{O}_{3\times3} \end{pmatrix} \qquad (3\text{-}17)$$

其中 $\boldsymbol{I}_{3}$ 是 3×3 的单位矩阵。$\boldsymbol{G}$ 是输入的噪声转换矩阵：

$$\boldsymbol{G} = \begin{pmatrix} \boldsymbol{O}_{3\times3} & \boldsymbol{O}_{3\times3} & -\boldsymbol{I}_{3} & \boldsymbol{O}_{3\times3} \\ -\boldsymbol{C}_{({}^{I}_{G}\hat{\boldsymbol{q}})}^{\mathrm{T}} & \boldsymbol{O}_{3\times3} & \boldsymbol{O}_{3\times3} & \boldsymbol{O}_{3\times3} \\ \boldsymbol{O}_{3\times3} & \boldsymbol{O}_{3\times3} & \boldsymbol{O}_{3\times3} & \boldsymbol{I}_{3} \\ \boldsymbol{O}_{3\times3} & \boldsymbol{I}_{3} & \boldsymbol{O}_{3\times3} & \boldsymbol{O}_{3\times3} \\ \boldsymbol{O}_{3\times3} & \boldsymbol{O}_{3\times3} & \boldsymbol{O}_{3\times3} & \boldsymbol{O}_{3\times3} \end{pmatrix} \qquad (3\text{-}18)$$

当相机获取一幅新的图像后，对应的状态向量可根据当前的相机姿态进行增强。由标定得到的相机和 IMU 间的变换关系 $({}^{C}_{I}\boldsymbol{q}, {}^{I}\boldsymbol{p}_{C})$，可根据式(3-19)获取相机在当前世界坐标系中的姿态 $({}^{C}_{G}\hat{\boldsymbol{q}}, {}^{G}\hat{\boldsymbol{p}}_{C})$：

$$ {}^{C}_{G}\hat{\boldsymbol{q}} = {}^{C}_{I}\boldsymbol{q} \otimes {}^{I}_{G}\hat{\boldsymbol{q}}, \quad {}^{G}\hat{\boldsymbol{p}}_{C} = {}^{G}\hat{\boldsymbol{p}}_{I} + \boldsymbol{C}_{({}^{C}_{I}\boldsymbol{q})}^{\mathrm{T}}{}^{I}\boldsymbol{p}_{C} \qquad (3\text{-}19)$$

其中 $({}^{I}_{G}\hat{\boldsymbol{q}}, {}^{G}\hat{\boldsymbol{p}}_{I})$ 可以通过状态向量的传播进行实时获取，$\boldsymbol{C}_{({}^{C}_{I}\boldsymbol{q})}$ 是四元数 ${}^{C}_{I}\boldsymbol{q}$ 对应的旋转矩阵。假设当前时刻的状态向量已经被 n 个相机实现姿态增强，则第 $n+1$ 个状态协方差矩阵 $\boldsymbol{P}_{k|k}$ 可按式(3-20)的形式进行增强：

$$\boldsymbol{P}_{k|k} \leftarrow \begin{pmatrix} \boldsymbol{I}_{6n+15} \\ \boldsymbol{J}_{k} \end{pmatrix} \boldsymbol{P}_{k|k} \begin{pmatrix} \boldsymbol{I}_{6n+15} \\ \boldsymbol{J}_{k} \end{pmatrix} \qquad (3\text{-}20)$$

其中 $\boldsymbol{I}_{6n+15}$ 为 $(6n+15)\times(6n+15)$ 的单位矩阵，其对应的雅克比矩阵 $\boldsymbol{J}_{k}$ 可由式(3-21)求得：

$$\boldsymbol{J}_{k} = \begin{pmatrix} \boldsymbol{C}_{({}^{G}_{I}\boldsymbol{q})} & \boldsymbol{O}_{3\times9} & \boldsymbol{O}_{3\times3} & \boldsymbol{O}_{3\times6n} \\ \lfloor\boldsymbol{C}_{({}^{T}_{I}\boldsymbol{q})}^{\mathrm{T}_{G}}{}^{I}\boldsymbol{p}_{C}\rfloor_{\times} & \boldsymbol{O}_{3\times9} & \boldsymbol{I}_{3} & \boldsymbol{O}_{3\times6n} \end{pmatrix} \qquad (3\text{-}21)$$

对于协方差矩阵的预测，考虑式(3-14)中的矩阵 $\hat{\boldsymbol{P}}_{k}$，可分别计算得到其对应的协方差分块矩阵。其中 $\hat{\boldsymbol{P}}_{CC,k}$ 是相机姿态的协方差矩阵，在 IMU 状态预测传播的过程中保持恒定。考虑到 IMU 的采样时间 Δt，相机间的状态协方差矩阵以及 IMU 和相机间的互协方差矩阵可以由式(3-22)得到：

$$\begin{cases} \hat{\boldsymbol{P}}_{CC,k+1}^{-} = \hat{\boldsymbol{P}}_{CC,k} \\ \hat{\boldsymbol{P}}_{IC,k+1}^{-} = \boldsymbol{\Phi}(t_k + \Delta t, t_k)\hat{\boldsymbol{P}}_{IC,k} \end{cases} \tag{3-22}$$

根据 Leutenegger 等所述的方法[36]，由 IMU 状态预测传播过程的噪声 $\boldsymbol{n}_I$ 的协方差矩阵 $\boldsymbol{Q}_I$，可以得到其对应的状态转移矩阵 $\boldsymbol{\Phi}(t_k + \Delta t, t_k)$ 和相应的协方差矩阵 $\hat{\boldsymbol{P}}_{II,k+1}^{-}$：

$$\begin{cases} \boldsymbol{\Phi}(t_k + \Delta t, t_k) = \boldsymbol{I}_{15} + \boldsymbol{F}\Delta t \\ \hat{\boldsymbol{P}}_{II,k+1}^{-} = \boldsymbol{\Phi}(t_k + \Delta t, t_k)\hat{\boldsymbol{P}}_{II,k}\boldsymbol{\Phi}^{\mathrm{T}}(t_k + \Delta t, t_k) + \boldsymbol{G}\boldsymbol{Q}_I\boldsymbol{G}^{\mathrm{T}}\Delta t \end{cases} \tag{3-23}$$

(2) 状态校正模型

当特征点 f_i 作为状态更新时，用最小二乘方法估计特征点的位置 ${}^G\boldsymbol{p}_{f_j}$，该特征点可以被一定数量的相机姿态 $({}_G^{C}\boldsymbol{q}, {}^G\boldsymbol{p}_{C_i})$，$i = 1, \cdots, N_j$ 观测到。所以，每一个特征的观测量可以表示为

$$\boldsymbol{z}_i^{(j)} = \frac{1}{{}^{C_i}Z_j}({}^{C_i}X_j, {}^{C_i}Y_j)^{\mathrm{T}} + \boldsymbol{n}_i^{(j)} \tag{3-24}$$

其中 $\boldsymbol{n}_i^{(j)}$ 是图像的噪声向量，对应特征点 ${}^{C_i}\boldsymbol{p}_{f_j}$ 的位置可以表示为

$${}^{C_i}\boldsymbol{p}_{f_j} = ({}^{C_i}X_j, {}^{C_i}Y_j, {}^{C_i}Z_j)^{\mathrm{T}} = \boldsymbol{C}_{({}_G^{C_i}\boldsymbol{q})}({}^G\boldsymbol{p}_{f_j} - {}^G\boldsymbol{p}_{C_i}) \tag{3-25}$$

由此，可得到状态更新中所有特征点对应位置的估计值，进而确定卡尔曼滤波过程中的测量误差：

$$\boldsymbol{r}_i^{(j)} = \boldsymbol{z}_i^{(j)} - \hat{\boldsymbol{z}}_i^j \tag{3-26}$$

其中 $\hat{\boldsymbol{z}}_i^j = \dfrac{1}{{}^{C_i}Z_j}\begin{pmatrix} {}^{C_i}\hat{X}_j \\ {}^{C_i}\hat{Y}_j \end{pmatrix}$，$\begin{pmatrix} {}^{C_i}\hat{X}_j \\ {}^{C_i}\hat{Y}_j \\ {}^{C_i}\hat{Z}_j \end{pmatrix} = \boldsymbol{C}_{({}_G^{C_i}\hat{\boldsymbol{q}})}({}^G\hat{\boldsymbol{p}}_{f_j} - {}^G\hat{\boldsymbol{p}}_{C_i})$。根据状态向量中的相机姿态和特征点的位置，对式(3-26)进行线性化处理，可得

$$\boldsymbol{r}_i^{(j)} \approx \boldsymbol{H}_{X_i}^{(j)}\boldsymbol{x}_i + \boldsymbol{H}_{f_i}^{(j)}{}^G\tilde{\boldsymbol{p}}_{f_j} + \boldsymbol{n}_i^{(j)} \tag{3-27}$$

其中 $\boldsymbol{H}_{X_i}^{(j)}$ 和 $\boldsymbol{H}_{f_i}^{(j)}$ 分别是测量值 $\boldsymbol{z}_i^{(j)}$ 相对状态向量和特征点的雅克比矩阵，通过将所有的测量误差 $\boldsymbol{r}_i^{(j)}$ 进行堆叠，可以得到 $2M_j \times 1$ 维特征点 f_j 对应的测量误差向量。其中 M_j 代表能观测到特征点 f_j 的相机姿态数量，进而可以得到：

$$\boldsymbol{r}^{(j)} = \boldsymbol{z}^{(j)} - \hat{\boldsymbol{z}}^{(j)} \approx \boldsymbol{H}_x^{(j)}\tilde{\boldsymbol{x}} + \boldsymbol{H}_f^{(j)}{}^G\tilde{\boldsymbol{p}}_f + \boldsymbol{n}^{(j)} \tag{3-28}$$

为将组合误差 $\boldsymbol{r}^{(j)}$ 转化为直接的卡尔曼更新框架，在此定义一个半正定的矩阵 $\boldsymbol{A}$，该矩阵的列向量对应 $\boldsymbol{H}_f^{(j)}$ 的左零空间，通过将 $\boldsymbol{r}^{(j)}$ 在左零空间进行投影映射，可以得到等价的残差 $\boldsymbol{r}_o^{(j)}$ 表达式：

$$\boldsymbol{r}_o^{(j)} = \boldsymbol{A}^{\mathrm{T}}\boldsymbol{r}^{(j)} \approx \boldsymbol{A}^{\mathrm{T}}\boldsymbol{H}_x^{(j)}\tilde{\boldsymbol{x}} + \boldsymbol{A}^{\mathrm{T}}\boldsymbol{n}^{(j)} = \boldsymbol{H}_o^{(j)}\tilde{\boldsymbol{x}} + \boldsymbol{n}_o^{(j)} \tag{3-29}$$

因为 $\boldsymbol{H}_f^{(j)}$ 是列满秩矩阵，因此其左零空间的维度是 $2M_j - 3$，$\boldsymbol{r}_o^{(j)}$ 向量的维度是 $(2M_j - 3) \times 1$。对式(3-29)进行变换，可将残差部分变换为与特征点坐标相对独立的表达式，进而得到满足卡尔曼滤波的更新框架。将所有的误差向量 $\boldsymbol{r}_o^{(j)}$ 堆叠成一个表达式：

$$\boldsymbol{r}_o = \boldsymbol{H}_o\tilde{\boldsymbol{x}} + \boldsymbol{n}_o \tag{3-30}$$

为减少状态更新的计算复杂性,对 $\boldsymbol{H}_\text{o}$ 进行 QR 分解:

$$\boldsymbol{H}_\text{o}=(\boldsymbol{Q}_1\ \boldsymbol{Q}_2)\binom{\boldsymbol{T}_\text{H}}{\boldsymbol{O}} \tag{3-31}$$

其中 $\boldsymbol{Q}_1$ 和 $\boldsymbol{Q}_2$ 是单位矩阵,$\boldsymbol{T}_\text{H}$ 是一个上三角矩阵,将式(3-31)代入式(3-30),同时在等式两边左乘 $(\boldsymbol{Q}_1,\ \boldsymbol{Q}_2)^\text{T}$,可得

$$\binom{\boldsymbol{Q}_1^\text{T}\boldsymbol{r}_\text{o}}{\boldsymbol{Q}_2^\text{T}\boldsymbol{r}_\text{o}}=\binom{\boldsymbol{T}_\text{H}}{\boldsymbol{O}}\tilde{\boldsymbol{x}}+\binom{\boldsymbol{Q}_1^\text{T}\boldsymbol{n}_\text{o}}{\boldsymbol{Q}_2^\text{T}\boldsymbol{n}_\text{o}} \tag{3-32}$$

由式(3-32)可知,残差 $\boldsymbol{Q}_2^\text{T}\boldsymbol{r}_\text{o}$ 只包含测量噪声,因此可进一步定义一个卡尔曼滤波状态更新的误差项:

$$\boldsymbol{r}_\text{n}=\boldsymbol{Q}_1^\text{T}\boldsymbol{r}_\text{o}=\boldsymbol{T}_\text{H}\tilde{\boldsymbol{x}}+\boldsymbol{Q}_1^\text{T}\boldsymbol{n}_\text{o}=\boldsymbol{T}_\text{H}\tilde{\boldsymbol{x}}+\boldsymbol{n}_\text{n} \tag{3-33}$$

协方差矩阵 $\boldsymbol{n}_\text{n}$ 是一个噪声向量,可通过式子 $\boldsymbol{R}_\text{n}=\boldsymbol{Q}_1^\text{T}\boldsymbol{R}_\text{o}^{(j)}\boldsymbol{Q}_1$ 给定,得到对应的卡尔曼滤波增益:

$$\boldsymbol{K}=\hat{\boldsymbol{P}}_{k+1}^-\boldsymbol{T}_\text{H}^\text{T}(\boldsymbol{T}_\text{H}\hat{\boldsymbol{P}}_{k+1}^-\boldsymbol{T}_\text{H}^\text{T}+\boldsymbol{R}_\text{n})^{-1} \tag{3-34}$$

其中校正矩阵和协方差矩阵的估计更新分别如式(3-35)和(3-36)所示:

$$\Delta\boldsymbol{x}=\boldsymbol{K}\boldsymbol{r}_\text{n} \tag{3-35}$$

$$\hat{\boldsymbol{P}}_{k+1}=(\boldsymbol{I}_{15+6n}-\boldsymbol{K}\boldsymbol{T}_\text{H})\hat{\boldsymbol{P}}_{k+1}^-(\boldsymbol{I}_{15+6n}-\boldsymbol{K}\boldsymbol{T}_\text{H})^\text{T}+\boldsymbol{K}\boldsymbol{R}_\text{n}\boldsymbol{K}^\text{T} \tag{3-36}$$

3. 视觉三张量初始化模型构建

为提高 MSCKF 框架下视觉-惯性传感器融合系统的初始化效果,在初始化阶段借助于视觉三张量的约束,降低对视觉-惯性传感器融合初始条件的要求,可为后续移动增强现实提供更稳定的跟踪注册效果。同时,通过在初始化阶段融合无迹卡尔曼滤波,可进一步提高初始阶段状态向量的估计精度。

(1)视觉三张量约束

由立体视觉知识可知,借助于相邻两图像间的极线约束,可恢复得到两幅图像之间的空间变换关系,其具体的对极几何约束关系如图 3-19 所示。

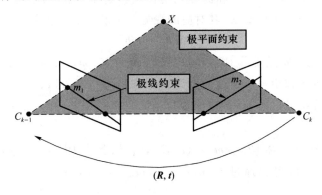

图 3-19　图像间的对极几何约束

根据两幅图像间的对应匹配点 $(\boldsymbol{m}_{k-1},\boldsymbol{m}_k)$,可由二者间的对极几何关系 $\boldsymbol{m}_k^\text{T}\boldsymbol{F}_\text{F}\boldsymbol{m}_{k-1}=0$,恢复得到其对应的基础矩阵 $\boldsymbol{F}_\text{F}$。进而得到第 C_{k-1} 帧相对第 C_k 帧之间的旋转和平移关系 $(\boldsymbol{R},\boldsymbol{t})$。其中基础矩阵 $\boldsymbol{F}_\text{F}$ 可表示为 $\boldsymbol{F}_\text{F}=\boldsymbol{K}_C^{-\text{T}}\boldsymbol{R}^\text{T}\lfloor\boldsymbol{t}\rfloor_\times\boldsymbol{K}_C^{-1}$,其中 $\boldsymbol{K}_C$ 是已标定得到的相机内

参数矩阵，具体相机标定模型及方法可参见 2.2 节内容。

由图像间的相互约束关系，可构建连续 3 幅图像间对应的约束变换关系。如图 3-20 所示，借助于三张量约束关系，可将两视图中的对应点映射到第三视点下，形成三张量约束。与两视图中基于极线约束的点-点对应关系不同，基于视觉三张量的方法可实现 3D 空间中点-线-点的对应关系，进而为相机的姿态估计提供更充分的约束。

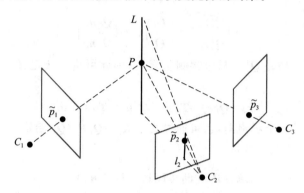

图 3-20　3 幅图像间的三张量约束

因此，初始的状态估计向量为

$$x_k^{in} = (x_{Ik}^T, {}_G^{C_1}q^{in\,T}, {}^G p_{C_1}^{in\,T}, {}_G^{C_2}q^{in\,T}, {}^G p_{C_2}^{in\,T}]^T \tag{3-37}$$

其中 $({}_{G}^{C_1}q^{in\,T}, {}^G p_{C_1}^{in\,T})$ 和 $({}_{G}^{C_2}q^{in\,T}, {}^G p_{C_2}^{in\,T})$ 分别是基于三张量估计的最后两相机姿态。从状态向量的结构可知，式(3-37)中初始的状态向量与 MSCKF 框架下的式(3-12)是保持一致的，因此在利用视觉三张量完成视觉-惯性融合的初始化后，可平稳过渡到后续的 MSCKF 框架下。同时，考虑到初始化精度对后续跟踪精度的鲁棒性，在初始化阶段采用了无迹卡尔曼滤波的方法，以实现对初始状态下视觉-惯性非线性系统更准确的估计。

4. 初始化测量更新

设相机在视觉三张量下的投影分别为 $P_1 = [I\,|\,0]$，$P_2 = [A'\,|\,a_4]$ 和 $P_3 = [B'\,|\,b_4]$，其中矩阵 A' 和 B' 是 3×3 矩阵，向量 a_i 和 b_i 是对应该投影矩阵的第 i^{th} 列，其中 $i=1,2,3$。所以，根据投影矩阵和 3D 空间中的直线，其对应的视觉三张量可以表示为

$$T_i = a_i b_4^T - a_4 b_i^T \tag{3-38}$$

由此可构建视觉三张量矩阵 $\{T_1, T_2, T_3\}$，则 $\tilde{m}_1 = K_C^{-1}m_1$，$\tilde{m}_2 = K_C^{-1}m_2$ 和 $\tilde{m}_3 = K_C^{-1}m_3$，其中 K_C 为相机的内参数矩阵。通过借助于视觉三张量技术，可以将第一幅图像上的图像点 $\tilde{m}_1$ 和第二幅图像中经过点 $\tilde{m}_2$ 的直线变换到第三幅图像上，该变换关系被称为点-线-点的对应。

对于给定的极线，$l_e = R_{12}^T \lfloor t_{12} \rfloor_\times \tilde{m}_1 = (l_{e1}, l_{e2}, l_{e3})^T$，其中 $R_{12}^T \lfloor t_{12} \rfloor_\times$ 是第一幅和第二幅图像之间的基础矩阵。可得到通过点 $\tilde{m}_2$ $(\tilde{m}_2 = (\tilde{m}_{2u}, \tilde{m}_{2v}, 1)^T)$ 且垂直于极线 l_e 的直线方程 l_2：

$$l_2 = (l_{e2}, -l_{e1}, -\tilde{m}_{2u}l_{e2} + \tilde{m}_{2v}l_{e1})^T \tag{3-39}$$

根据三张量间的变换关系，可获取第三幅图像上的点 $\tilde{m}_3$：

$$\tilde{m}_3 = \left(\sum_i \tilde{m}_{1i} T_i^T \right) l_2 \tag{3-40}$$

假设第 i^{th} 个点在 3 幅图像间的对应关系为 $\{m_1, m_2, m_3\}$，则可得到 3 幅图像约束间的两个测量模型，如式(3-41)所示：

$$\begin{cases} h_1 = \tilde{m}_2^{\text{T}} R_{12}^{\text{T}} \lfloor t_{12} \rfloor_\times \tilde{m}_1 \\ h_2 = \tilde{m}_3^{\text{T}} R_{23}^{\text{T}} \lfloor t_{23} \rfloor_\times \tilde{m}_2 \end{cases} \tag{3-41}$$

其中 (h_1, h_2) 是极线几何的测量模型，然后根据 IMU 传播的预测姿态 $({}^G R_C, {}^G p_C)$，可获得其对应的变换 (R_{12}, t_{12}) 和 (R_{23}, t_{23})：

$$\begin{cases} R_{j,j+1} = {}^G R_{C_j}^{\text{T}} {}^G R_{C_{j+1}} \\ t_{j,j+1} = {}^G R_{C_j}^{\text{T}} ({}^G p_{C_{j+1}} - {}^G p_{C_j}) \end{cases} \tag{3-42}$$

其中 $j = 1, 2$。

由式(3-40)和其对应的三张量约束可以获得另一个测量元素：

$$h_3 = K_C \left(\sum_i \tilde{m}_{1i} T_i^{\text{T}} \right) l_2 \tag{3-43}$$

所以，测量模型 z^{in} 可以通过组合式(3-41)和式(3-43)得到式(3-44)：

$$z^{\text{in}} = h(\tilde{x}^{\text{in}}, \{m_1, m_2, m_3\}) = (h_1, h_2, h_3)^{\text{T}} \tag{3-44}$$

其中 $\tilde{x}^{\text{in}}$ 是式(3-37)对应的状态向量。根据多状态卡尔曼初始状态的三张量约束，先从第一幅图像上提取并存储特征点；然后在获取到后续图像时，对其进行特征提取并与前面存储的特征点进行匹配；最后在扩展的卡尔曼滤波框架下，根据特征点的预测和测量位置误差，进行状态向量的估计和更新。

视觉-惯合传感器融合系统是一种高度的非线性系统，且利用扩展的卡尔曼滤波方法对该非线性系统进行了线性逼近，导致线性化过程中的误差会不可避免地影响后续跟踪注册的精度。因此，在初始化阶段通过使用无迹卡尔曼滤波方法，以实现更优的系统初始化融合逼近，进而提高后续视觉-惯性传感器融合系统的跟踪精度。该无迹卡尔曼滤波的协方差矩阵 $X_{k|k-1}^i$ 可由式(3-45)得到：

$$X_{k|k-1}^i = \begin{cases} X_0, i = 0 \\ X_0 + (\sqrt{(n+\lambda) P_{k|k-1}})_i, i = 1, 2, \cdots, n \\ X_0 - (\sqrt{(n+\lambda) P_{k|k-1}})_i, i = n+1, n+2, \cdots, 2n \end{cases} \tag{3-45}$$

其中 $n = 27$ 是状态向量的维度。因此初始状态向量 X_0 可以表示为 $0_{27\times1}$。在无迹卡尔曼滤波框架下，其对应的权重 W_s^i 和 $W_c^i (i = 0, \cdots, 2n)$ 可由式(3-46)获得：

$$\begin{cases} W_s^0 = \dfrac{\lambda}{n+\lambda} \\ W_c^0 = \dfrac{\lambda}{n+\lambda} + (1 - \alpha^2 + \beta) \\ W_s^i = W_c^i = \dfrac{1}{2(n+\lambda)}, i = 1, 2, \cdots, 2n \end{cases} \tag{3-46}$$

其中 $\lambda = \alpha^2(n+\kappa) - n$，$\alpha$ 决定 λ 的分布情况，一般被设置为一个小正值，本章中将其设置为 0.2，在参数估计时 κ 设定为 $3-n$，对于高斯分布，β 设定为 2。根据测量噪音 R^{in}，可获取对应的测量模型：

$$\begin{cases} \hat{\boldsymbol{z}}_i = \sum_{l=0}^{2n} W_s^l \boldsymbol{Z}_i^l \\[2mm] \boldsymbol{P}_{xz_i}^{in} = \sum_{l=0}^{2n} W_c^l (\widetilde{\boldsymbol{X}}_{k|k-1}^l - \boldsymbol{X}_0)(\boldsymbol{Z}_i^l - \hat{\boldsymbol{z}}_i)^{\mathrm{T}} \\[2mm] \boldsymbol{P}_{z_i z_i}^{in} = \sum_{l=0}^{2n} W_c^l (\boldsymbol{Z}_i^l - \hat{\boldsymbol{z}}_i)(\boldsymbol{Z}_i^l - \hat{\boldsymbol{z}})^{\mathrm{T}} + \boldsymbol{R}^{in} \\[2mm] \boldsymbol{K}^{in} = \boldsymbol{P}_{xz_i}^{in} \boldsymbol{P}_{z_i z_i}^{in\,-1} \end{cases} \tag{3-47}$$

其中，$\boldsymbol{P}_{xz_i}^{in}$ 和 $\boldsymbol{P}_{z_i z_i}^{in}$ 分别是状态测量的互协方差矩阵和协方差矩阵，$\boldsymbol{K}^{in}$ 是 sigma-point 滤波的增益，则可获取初始阶段下对应的误差状态和协方差矩阵：

$$\begin{cases} \widetilde{\boldsymbol{x}}_{k|k}^{in} = \widetilde{\boldsymbol{x}}_{k|k-1}^{in} + \boldsymbol{K}^{in} \Delta z_i^{in} \\[2mm] \boldsymbol{P}_{k|k}^{in} = \boldsymbol{P}_{k|k-1}^{in} - \boldsymbol{K}^{in} \boldsymbol{P}_{z_i z_i}^{in} \boldsymbol{K}^{in\,\mathrm{T}} \end{cases} \tag{3-48}$$

同时，将在初始阶段下的状态输出进行累加，当初始化的状态估计满足对应的多状态滤波的阈值时，可进一步完成初始化阶段的状态估计。通过在初始阶段使用 sigma-point 的方法代替扩展的卡尔曼滤波方法，以提高现有跟踪注册的精度。

3.4.2　基于自适应滤波的实时平滑跟踪注册

在视觉-惯性传感器融合的过程中，由于惯性测量数据的帧率一般会高于视觉帧，导致相邻视觉帧之间会存在许多不受约束的惯性测量数据。而基于连续惯性测量数据估计得到的姿态会出现较大的漂移，进而导致后续增强现实的应用中出现抖动，甚至会破坏后续视觉-惯性传感器融合过程中的收敛。为此，针对视觉-惯性传感器融合过程中出现的抖动和延时问题，本节提出了一种基于自适应滤波的移动增强现实实时平滑跟踪注册方法，通过构建不同运动状态下的自适应滤波函数，平衡基于视觉-惯性传感器融合的跟踪注册过程中的延时和抖动，实现稳定、平滑的姿态输出，优化移动增强现实的融合显示效果。

1. 自适应跟踪注册系统参数化模型

（1）四元数的线性滤波方法

在 6DoF 的运动位姿估计中，四元数是一种常用的旋转表示方法。在本书视觉-惯性传感器融合的方法中，以四元数的方式实现移动增强现实跟踪注册中朝向的表示。对于跟踪注册过程中位姿变换对应的单位四元数 $\bar{\boldsymbol{q}} = (q_0, \boldsymbol{q})^{\mathrm{T}}$，可以用如下形式进行表达：

$$\bar{\boldsymbol{q}} = \cos\frac{\theta}{2} + \left(\sin\frac{\theta}{2}\right)\boldsymbol{u} \tag{3-49}$$

其中 $\cos\dfrac{\theta}{2} = q_0$，当 $\boldsymbol{q} \cdot \boldsymbol{q}$ 不等于 0 时，$\sin\dfrac{\theta}{2} = \sqrt{\boldsymbol{q} \cdot \boldsymbol{q}}$，$\boldsymbol{u} = \dfrac{\boldsymbol{q}}{\sqrt{\boldsymbol{q} \cdot \boldsymbol{q}}}$。式（3-49）描述了四元数和空间 3D 旋转间的对应关系，在这种情况下，旋转角度 θ 表示围绕转轴 $\boldsymbol{u}$ 旋转的角度大小。因此，对于任意的单位四元数，其对应的旋转角 θ 和转轴 $\boldsymbol{u}$ 可以表示为

$$
\begin{cases}
\theta = 2\arccos q_0 \\
\boldsymbol{u} = \left(\sin\dfrac{\theta}{2}\right)^{-1} \cdot \boldsymbol{q}
\end{cases}
\tag{3-50}
$$

考虑到在视觉-惯性融合的跟踪注册方法中，姿态输出的频率较高，因此两相邻姿态之间的变化较小，同时，由于移动端计算能力有限，本节采用了一种基于四元数的线性插值方法以平滑后续的输出姿态。由式(3-50)可知，对于任意四元数 $\boldsymbol{q}_i$ $(i=0,\cdots,n)$，可将其变换为旋转角及其对应轴向的组合表达式 $(\theta_i,\boldsymbol{u}_i)$。因此，若给定一个线性滤波系数 β_i $(\beta_i \in [0,1])$，则可得到对应滤波后的姿态 $\{\boldsymbol{q}_i^{\mathrm{filter}}, \boldsymbol{p}_i^{\mathrm{filter}}\}$[37]。

$$
\begin{cases}
\boldsymbol{q}_i^{\mathrm{filter}} : (\theta_i,\boldsymbol{u}_i) = \beta_i(\theta_i,\boldsymbol{u}_i) + (1-\beta_i)(\theta_{i-1},\boldsymbol{u}_{i-1}) \\
\boldsymbol{p}_i^{\mathrm{filter}} : \boldsymbol{p}_i = \beta_i\boldsymbol{p}_i + (1-\beta_i)\boldsymbol{p}_{i-1}
\end{cases}
\tag{3-51}
$$

其中 $\{\boldsymbol{q}_0,\boldsymbol{p}_0\}$ 定义为初始姿态，通过借助于滤波因子 β_i，可对传感器融合后的位姿进行线性滤波平滑。由式(3-51)可知，当滤波因子 β_i 接近于 0 时，当前滤波后的姿态 $\{\boldsymbol{q}_i^{\mathrm{filter}}, \boldsymbol{p}_i^{\mathrm{filter}}\}$ 主要取决于其上一姿态 $(\theta_{i-1},\boldsymbol{u}_{i-1})$，受当前输入的姿态影响小，此时得到的连续姿态输出能消除传感器融合过程中的抖动，取得较好的平滑效果。但是这种情况降低了姿态输出的实时性，进而会在移动增强现实中产生较大的延时。反之，当滤波因子 β_i 接近于 1 时，能实现姿态的实时输出，避免延时的产生，但却无法消除传感器融合过程中的抖动。

（2）自适应运动状态模型的构建

在单目相机和惯性传感器融合的过程中，图像和惯性测量数据的获取频率是固定的，因此，在视觉-惯性传感器融合的过程中，可认为是以等时间间隔进行姿态输出的，即可通过相邻两输出姿态之间的位置变化，表示相机在该时间间隔内的运动状态。对于第 i^{th} 时刻到达的姿态，可计算得到其对应的实时欧氏距离 d_i：

$$
d_i = \| \boldsymbol{p}_{i-1}^{\mathrm{filter}} - \boldsymbol{p}_i \|_2
\tag{3-52}
$$

其中 $\boldsymbol{p}_{i-1}^{\mathrm{filter}}$ 是第 $(i-1)^{\mathrm{th}}$ 次滤波后得到的位置，$\boldsymbol{p}_i$ 是当前第 i^{th} 时刻到达的位置。伴随上述跟踪过程的持续，可得到一段时间内的一系列欧氏距离 d_i。对该窗口内所有欧氏距离 d_i 进行统计，可得到该时间区间内的距离范围组合 $(D_{i\mathrm{Max}},D_{i\mathrm{Min}})$，其具体的定义如式(3-53)所示：

$$
\{ (D_{i\mathrm{Max}},D_{i\mathrm{Min}}) : D_{i\mathrm{Max}} = \max(d_1,d_2,\cdots,d_i), D_{i\mathrm{Min}} = \min(d_1,d_2,\cdots,d_i) \}
\tag{3-53}
$$

然后，根据上述实时获取的相邻姿态间的距离 d_i，定量评估不同的运动情况。为保证后续运动评定的一致性，采用归一化距离 $p_{i\mathrm{th}}$，以实现不同运动状态的评价，具体归一化距离的定义如下：

$$
p_{i\mathrm{th}} = \frac{d_i - D_{i\mathrm{Min}}}{D_{i\mathrm{Max}} - D_{i\mathrm{Min}}}, \quad p_{i\mathrm{th}} \in [0,1]
\tag{3-54}
$$

当上述归一化距离 $p_{i\mathrm{th}}$ 接近 0 时，则意味着此时的相机处于一种相对较慢的运动状态；反之，当归一化距离 $p_{i\mathrm{th}}$ 接近 1 时，则意味着此时的相机处于快速运动的状态。因此，根据不同的归一化距离，可判断相机在跟踪注册过程中不同的运动情况，并以此自动调节滤波因子 β_i，实现在不同运动情况下视觉-惯性传感器融合过程中抖动和延时的平衡。

在理想情况下，自适应滤波框架能根据不同的运动情况平滑生成其相应的自适应滤波因子，实现不同运动状态间的平滑过渡。但在实际情况下，很难获取一种理想的、最优的连续函数，实现不同运动状态下的自适应滤波。考虑到在移动增强现实跟踪注册过程中，延时和抖动是影响其实际应用效果中最为关键的两个因素,本节采取了一种近似的假设,通过采用两个阶段划分点 $Sp_L(p_L,\beta_L)$ 和 $Sp_H(p_H,\beta_H)$ 将增强现实的实际跟踪注册情况细分为 3 个阶段,并在这 3 个阶段下分别构建对应的自适应滤波函数,以实现移动增强现实的实时跟踪注册。这 3 个阶段分别为抖动滤波阶段(jitter-filtering)、过渡滤波阶段(moderation-filtering)和延时滤波阶段(latency-filtering)。

不同的归一化距离 p_{ith} 对应的分段函数分别为 f_1、f_2 和 f_3,其分别对应着运动过程中的抖动滤波阶段、过渡滤波阶段和延时滤波阶段。以抖动滤波阶段为例,其对应的归一化距离 p_{ith} 接近 0,因此根据其特定距离阈值范围 $p_{ith} \in [0, p_L]$,可得到相应的滤波权重 $\beta_i \in [0, \beta_L]$,进而实现视觉-惯性传感器融合过程中的抖动滤波。另外一个分段点 $Sp_H(p_H,\beta_H)$ 的作用类似,其可用来区分过渡运动阶段和快速运动阶段。由此,根据移动增强现实不同的实际运动情况,自适应地选择对应的滤波因子,以平衡在视觉-惯性传感器融合过程中的抖动和延时,其具体的分段策略依据描述如下。

① 抖动滤波阶段:当移动增强现实系统近乎保持静止或者运动缓慢时,相邻两输出姿态之间的变化足够小。因此,在这种情况下,视觉-惯性传感器融合过程中的抖动就变得明显,而对具体的用户体验来说,运动的缓慢导致其对增强现实跟踪注册过程中出现的延时现象不敏感。因此,在这个阶段中,需要对融合过程中的抖动现象给予更高的关注。将这一阶段定义为抖动滤波阶段。同时,由于此阶段运动缓慢,因此相邻两姿态之间的距离很小,意味着这一阶段的归一化距离 p_{ith} 接近 0。

② 延时滤波阶段:当移动增强现实系统在进行快速运动变换时,相邻两姿态之间的姿态变化剧烈,因此需要实现实时姿态供给,否则用户会明显感受到延时,而用户的快速运动使得在融合过程中出现的细微抖动对用户影响相对较小。将这一阶段定义为延时滤波阶段。同时,移动增强现实系统的快速运动使得相邻两姿态之间的位置变化相对较大,因此在这一阶段对应的归一化距离 p_{ith} 接近 1。

③ 过渡滤波阶段:当移动增强现实系统的处于上述抖动滤波阶段和延时滤波阶段之间时,将这一运动阶段定义为过渡滤波阶段时,该运动阶段对应着适中的归一化距离 p_{ith}。

2. 传感器融合的平滑框架

相邻姿态之间的归一化距离可以作为自适应滤波的输入变量,以决定当前运动状态下对应的滤波权重,进而优化不同运动状态下的跟踪注册情形,以平衡移动增强现实中的延时和抖动现象。其具体的步骤如下:

(1)借助于视觉-惯性传感器融合实时姿态估计方法,利用式(3-54)将连续一段时间内到达的姿态 (p_i, q_i) 变换至对应的归一化距离;

(2)根据先验的归一化距离阈值 (p_L, p_H),对移动增强现实系统的具体运动情况进行分类,具体分为缓慢运动阶段、中间运动阶段和快速运动阶段 3 部分;

(3)上述 3 个运动阶段具有不同的特性,分别对其构建各自对应的滤波函数,实现不同滤波函数下对应的抖动或延时的平衡,保证后续移动增强现实中跟踪注册的实时性和平滑性;

(4)构建整体的滤波框架,将上述各阶段下得到的框架模型进行统一归纳,以获取移动增强现实系统整体的运动框架,并实现在不同运动状态下,输出姿态的实时平滑效果,为移动增强现实跟踪注册提供稳定的姿态输入。

上述自适应滤波框架对应的实现跟踪注册流程如图 3-21 所示。

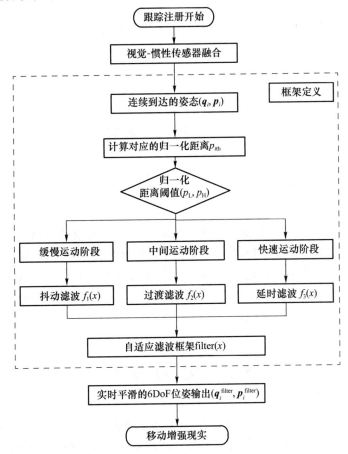

图 3-21　基于自适应滤波框架的实时跟踪注册流程

3. 自适应滤波函数模型

在抖动滤波阶段和延时滤波阶段,借助于二次函数逼近实现更平滑的滤波效果;在过渡滤波阶段,由于其适中的运动状态,在此借助于线性函数逼近其实际运动状态,从而连接抖动滤波阶段和延时滤波阶段。通过构建不同运动阶段对应的逼近函数,实现移动增强现实跟踪注册中抖动和延时的平衡,具体的函数模型构建如下。

以抖动滤波阶段的二次函数构建为例,可以通过其对应的起始点 $(0,0)$ 和阶段分割点 $\mathrm{Sp_L}(p_L,\beta_L)$,得到对应的二次函数 $f_1(x)$:

$$f_1(x)=\frac{\beta_L}{p_L^2}x^2,0\leqslant x=p_{ith}<p_L \tag{3-55}$$

然后,根据另一分割点 $\mathrm{Sp_H}(p_H,\beta_H)$ 和终点 $(1,1)$,可得到过渡滤波阶段对应的线性逼近函数 $f_2(x)$ 和延时滤波阶段得到的对应逼近函数 $f_3(x)$:

$$\begin{cases} f_2(x) = \dfrac{\beta_H - \beta_L}{p_H - p_L}x + \beta_L p_H - \beta_H p_L, p_L \leqslant x = p_{ith} < p_H \\ f_3(x) = -\dfrac{\beta_H - 1}{(p_H - 1)^2}(x-1)^2 + 1, p_H \leqslant x = p_{ith} \leqslant 1.0 \end{cases} \tag{3-56}$$

为实现移动端设备在不同运动状态下的框架统一，需借助于 signum 函数，如式(3-57)所示：

$$\operatorname{sgn}(x) = \begin{cases} -1, x < 0 \\ 0, x = 0 \\ 1, x > 0 \end{cases} \tag{3-57}$$

通过联立式(3-55)、式(3-56)和式(3-57)，可以得到对应的统一滤波框架 $\operatorname{filter}(x)$：

$$\operatorname{filter}(x) =$$

$$\frac{1 - \operatorname{sgn}(x - p_H)}{2}\left\{\frac{1 - \operatorname{sgn}(x - p_L)}{2}f_1(x) + \frac{1 + \operatorname{sgn}(x - p_L)}{2}f_2(x)\right\} + \frac{1 + \operatorname{sgn}(x - p_H)}{2}f_3(x)$$

$$\tag{3-58}$$

其中变量 $x = p_{ith}$，可得到移动增强现实在不同运动阶段下对应的自适应滤波框架。其中，根据相邻姿态之间的归一化距离阈值 p_L 和 p_H，可实现上述 3 个不同运动阶段的划分。当本视觉-惯性传感器融合跟踪系统的 p_L 和 p_H 分别取值 0.2 和 0.4，其对应的滤波权重 β_L 和 β_H 分别取 0.1 和 0.9 时，该自适应滤波框架能实现实时平滑的姿态输出，从而平衡移动增强现实跟踪注册中的抖动和延时。

3.5 实例验证

基于魔神光学运动跟踪系统 Raptor-4，对上述增强现实中基于视觉-惯性传感器融合跟踪注册的精度和尺度一致性进行评定。具体实验场景如图 3-22(a)所示，通过在不同位置布置高速测量相机，以 200 Hz 的帧率获取空间运动目标位置，其空间定位精度达到 0.1 mm。因此，本章将以该光学运动跟踪系统作为无标记移动增强现实跟踪注册效果和尺度一致性的比对基准。

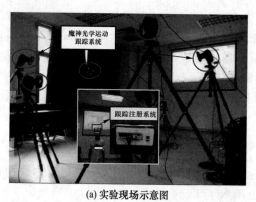

(a) 实验现场示意图　　　　　　　(b) 运动轨迹对比

图 3-22　基于视觉-惯性传感器融合的增强现实跟踪注册精度评估

在本章所述的基于视觉-惯性传感器融合的跟踪注册系统上黏贴对应标记球,以便于魔神光学运动跟踪系统可以实时获取其运动轨迹。图 3-22(b)是获取得到的运动轨迹对比图,其中实线是用魔神光学运动跟踪系统获取的基准轨迹(ground truth),虚线轨迹为本章提出的方法得到的轨迹(multi-sensor tracking)。为进行进一步的对比验证,本实验引入基于纯视觉的跟踪注册(visual tracking)方法,其对应恢复的轨迹如图 3-24(b)中的点划线所示(尺度进行了初始对齐)。图中的轨迹恢复结果表明,基于视觉-惯性传感器融合的跟踪注册方法具有更高的跟踪注册精度,在总长为 13.59 m 的运动轨迹下,基于视觉-惯性传感器融合的跟踪注册方法的平均位置误差(RMSE)约为 0.06 m,相比基于纯视觉的跟踪注册方法 RMSE(为 0.16 m)有了较大的提高。

借助于上述高精度的空间定位技术,可对本章所述的尺度估计方法进行定量评估,以分析无标记移动增强现实应用中的尺度一致性问题。在本书提出的多传感器系统的运动过程中,标准光学跟踪系统可实时得到的相应时刻下位置的理论值 $p_{GTi}(i=1,\cdots,N)$,通过在跟踪轨迹上进行时间和位置的对齐,可得到对应时间戳下的多传感融合跟踪轨迹 p_{MSTi} $(i=1,\cdots,N)$ 和视觉跟踪轨迹 $p_{Vi}(i=1,\cdots,N)$。所以,其对应的尺度估计可由式(3-59)得到:

$$\lambda_i = \frac{\parallel p_{i+1} - p_i \parallel_2}{\parallel p_{GTi+1} - p_{GTi} \parallel_2} \tag{3-59}$$

其中 p_{GTi} 是 i^{th} 时刻下对应跟踪系统获取的位置基准值,p_i 为待评估方法在该位置下对应的测量值。将上述实验中得到的多传感器融合跟踪轨迹 $p_{MSTi}(i=1,\cdots,N)$ 和视觉跟踪轨迹 $p_{Vi}(i=1,\cdots,N)$ 代入式(3-59),可得到不同跟踪注册方法的尺度估计情况。

上述实验跟踪过程中的尺度估计如图 3-23 所示,由式(3-59)可得,在理想情况下对应的尺度为 1,但在实际跟踪过程中,由于跟踪误差的存在,实际尺度估计存在一定波动。对于本章节所述的基于视觉-惯性传感器融合的跟踪注册尺度估计情况,在跟踪过程中其实时尺度估计与理论值非常接近,表现出了很好的尺度跟踪一致性。

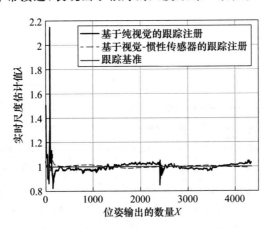

图 3-23　跟踪注册过程的尺度估计示意图

将本章所述基于视觉-惯性传感器融合的跟踪注册方法在移动增强现实中进行应用,可保证虚实融合的显示效果(如图 3-24 所示)。

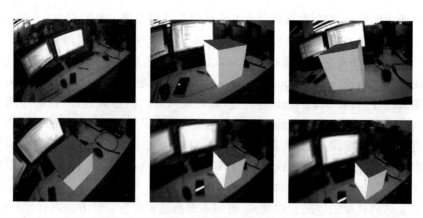

图 3-24　基于视觉-惯性传感器融合的跟踪注册的移动增强现实示意图

本 章 小 结

　　本章先对增强现实中的跟踪注册进行了介绍,从跟踪注册的基本概念及技术要求展开;然后对现有不同类型的主流跟踪注册技术进行了介绍,并分别从基于传感器的跟踪注册、基于视觉的跟踪注册和基于视觉-惯性传感器融合的跟踪注册进行了论述;最后结合应用实例,对基于滤波的视觉-惯性传感器融合跟踪注册方法进行了较为详细描述,为后续读者在具体应用场景,选择相应的增强现实跟踪注册方法提供了参考。

　　需要指出的是,迄今为止,还没有一种完善的跟踪注册方法能在不同环境下满足增强现实的所有要求,但考虑到由内之外(inside-out tracking)跟踪注册技术的逐渐成熟,未来追踪注册方法将呈现视觉传感器、惯性器件、深度相机和事件相机等多传感器融合的发展趋势。

本章参考文献

[1]　Welch G, Foxlin E. Motion tracking: no silver bullet, but a respectable arsenal[J]. IEEE Computer Graphics and Applications, 2002, 22(6): 24-38.

[2]　Rolland J, Baillot Y, Goon A. A survey of tracking technology for virtual environments [J]. Fundamentals of Wearable Computers and Augmented Reality, 2001: 1-48.

[3]　Kato H, Billinghurst M. Marker tracking and HMD calibration for a video-based augmented reality conferencing system [C]//Proceedings of IEEE International Workshop on Augmented Reality. San Francisco: IEEE; 1999: 85-94.

[4]　Fiala M. ARTag: a fiducial marker system using digital techniques[C]//Proceedings of IEEE Conference on Computer Vision and Pattern Recognition. San Diego: IEEE, 2005: 590-596.

[5]　Olson E. AprilTag: a robust and flexible visual fiducial system[C]//Proceedings of IEEE International Conference on Robotics and Automation. Shanghai: IEEE,

2011：3400-3407.

[6]   Deffeyes S. Mobile augmented reality in the data center［J］. IBM Journal of Research and Development，2011，55(5)：487-491.

[7]   Lepetit V，Moreno-Noguer F，Fua P. EPnP：an accurate O(n) solution to the pnp problem［J］. International Journal of Computer Vision，2009，81(2)：155-166.

[8]   Garrido-Jurado S，MunOz-Salinas R，Madrid-Cuevas F，et al. Automatic generation and detection of highly reliable fiducial markers under occlusion［J］. Pattern Recognition，2014，47(6)：2280-2292.

[9]   桂振文，王涌天，刘越，等. 二维码在移动增强现实中的应用研究［J］. 计算机辅助设计与图形学学报，2014，26(1)：34-39.

[10]   Han P，Zhao G. L-split marker for augmented reality in aircraft assembly［J］. Optical Engineering，2016，55(4)：043110.

[11]   Fang W，An Z. A scalable wearable AR system for manual order picking based on warehouse floor-related navigation［J］. The International Journal of Advanced Manufacturing Technology，2020，109：2023-2037.

[12]   Yu G，Hu Y，Dai J. TopoTag：a robust and scalable topological fiducial marker system［J］. IEEE Transactions on Visualization and Computer Graphics，2021，27 (9)：3769-3780.

[13]   AmanA. Model-based camera tracking for augmented reality［D］. Anbara：Bilkent University，2014.

[14]   Harris C，Stennet C. RAPiD-A video rate object tracker［C］//Proceedings of the British Machine Vision Conference. Oxford：[s. n.]，1990：73-77.

[15]   Platonov J，Heibel H，Meier P，et al. A mobile markerless AR system for maintenance and repair［C］//Proceedings of IEEE/ACM International Symposium on Mixed and Augmented Reality. Santa Barbara：[s. n.]，2006：105-108.

[16]   Pressigout M，Marchand E. Real-time 3D model-based tracking：combining edge and texture information［C］//Proceedings of IEEE International Conference on Robotics Automation. Orlando：IEEE，2006：2726-2731.

[17]   Lima J，Roberto R，Simoes F，et al. Markerless tracking system for augmented reality in the automotive industry［J］. Expert Systems with Applications，2017，82：100-114.

[18]   Newcombe R，Izadi S，Hilliges O，et al. KinectFusion：real-time dense surface mapping and tracking［C］//Proceedings of IEEE International Symposium on Mixed and Augmented Reality. Basel，IEEE，2011：127-136.

[19]   Brito P，Stoyanova J. Marker versus markerless augmented reality. which has more impact on users? ［J］. International Journal of Human-Computer Interaction. 2020，36(6)：568-590.

[20]   Strasdat H，Montie J，Davison A. Real-time monocular SLAM：why filter? ［C］// Proceedings of IEEE International Conference on Robotics and Automation，

Anchorage：IEEE，2011：2657 – 2664.

[21] Klein G，Murray D. Parallel tracking and mapping for small ar workspaces[C]// Proceedings of IEEE and ACM International Symposium on Mixed and Augmented Reality. Nara：[s. n.]，2007：225-234.

[22] Mur-Artal R，Montiel J，Tardos J. ORB-SLAM：a versatile and accurate monocular SLAM system[J]. IEEE Transactions on Robotics，2015，31(5)：1147-1163.

[23] Mur Artal R，Tardos J. ORB-SLAM2：an open-source slam system for monocular，stereo and RGB-D cameras[J]. IEEE Transactions on Robotics，2017，33(5)：1255-1262.

[24] Campos C，Elvira R，Rodriguez J，et al. ORB-SLAM3：an accurate open-source library for visual，visual – inertial，and multimap SLAM[J]. IEEE Transactions on Robotics，2021，37(6)：1874-1890.

[25] Engel J，Schops T，Cremers D. LSD-SLAM：large-scale direct monocular SLAM [C]//Proceedings of European Conference on Computer Vision. Zurich：[s. n.]，2014：834-849.

[26] Forster C，Pizzoli M，Scaramuzza D. SVO：fast semi-direct monocular visual odometry [C]//Proceedings of IEEE International Conference on Robotics and Automation. Hong Kong：IEEE，2014：15-22.

[27] 高翔，张涛，刘毅，等. 视觉SLAM十四讲：从理论到实践[M]. 北京：电子工业出版社，2017.

[28] Li J，Yang B，Chen D，et al. Survey and evaluation of monocular visual-inertial SLAM algorithms for augmented reality [J]. Virtual Reality & Intelligent Hardware，2019，1(4)：386-410.

[29] Mourikis A，Roumeliotis A. A multi-state constraint Kalman filter for vision-aided inertial navigation[C]//Proceedings of IEEE International Conference on Robotics and Automation. Washington：IEEE，2007：3565-3572.

[30] Li M，Mourikis A. High-precision, consistent EKF-based visual – inertial odometry[J]. International Journal of Robotics Research，2013，32(6)：690-711.

[31] Neges M，Koch C，Konig M，et al. Combining visual natural markers and IMU for improved AR based indoor navigation[J]. Advanced Engineering Informatics，2017，31(C)：18-31.

[32] Li P，Qin T，Hu B. Monocular visual-inertial state estimation for mobile augmented reality [C]//Proceedings of IEEE/ACM International Symposium on Mixed and Augmented Reality. Nantes：[s. n.]，2017：11-21.

[33] Sun K，Mohta K，Pfrommer B，et al. Robust stereo visual inertial odometry for fast autonomous flight[J]. IEEE Robotics and Automation Letters，2018，3(2)：965-972.

[34] Delmerico J，Scaramuzza D. A benchmark comparison of monocular visual-inertial odometry algorithms for flying robots [C]//Proceedings of IEEE International

Conference on Robotics and Automation. Brisbane：IEEE，2018：1-6.

[35] Sola J. Quaternion kinematics for the error-state Kalman filter[R]. arXiv：1711.02508.

[36] Leutenegger S，Lynen S，Bosse M，et al. Keyframe-based visual－inertial odometry using nonlinear optimization[J]. International Journal of Robotics Research，2014，34 (3)：314-334.

[37] Wei F，Zheng L Y，Deng H J，et al. Real-time motion tracking for mobile augmented/ virtual reality using adaptive visual-inertial fusion[J]. Sensors，2017，17(5)：1037.

第 4 章

增强现实的视觉 3D 建模技术

在增强现实中,需要将虚拟 3D 模型和真实场景进行注册融合,对于真实场景,可以通过相机或者透镜直接获取,而对于虚拟 3D 模型,往往需要借助于 3D 设计软件进行手工建模,该方法需要耗费较大的人力物力,尤其当需要构建表面形貌比较复杂的已有物体或大规模物理场景的 3D 模型时,往往难以通过手工建模的方式精确获取其对应的 3D 模型,通常需要基于结构光或三维视觉等技术恢复待增强物体的虚拟 3D 模型。为此,本章主要对基于双目结构光的 3D 建模技术和基于多视图的 3D 场景重建方法进行介绍,以拓展增强现实与现有物理场景的虚实融合能力。

4.1   3D 建模技术概述

虚拟 3D 模型是增强现实系统中虚实融合的基础,现有的 3D 建模方法主要包括几何建模、运动建模、物理建模等。几何建模主要侧重于静态三维几何模型的构建,以对待增强虚拟模型的形状结构进行描述和表达,是实现增强现实中虚实融合的基础环节。而运动建模和物理建模主要侧重于虚实融合过程中虚拟模型的形貌变化和表面纹理等属性的变化,其有助于实现逼真的增强现实虚实融合效果。下面将主要对增强现实几何建模方式进行介绍。

增强现实的几何建模主要集中于多边形建模、面片建模、NURBS 建模和基于视觉的 3D 建模等方式,其各自特点及应用场景如下。

多边形建模是比较传统的建模方法,也是目前发展最为完善和广泛的一种方法,在当前主流的三维软件中基本上都包含了多边形建模的方法。多边形建模方法对建筑、游戏、角色制作尤为适用,它可以直接使用多种多边形建模工具制作点、面以及分割和创建面等。

面片建模是指基于面片栅格的建模方法,是一种独立的建模类型。面片建模是在多边形建模的基础上发展起来的,解决了多边形表面不易进行平滑编辑的难题,可以使用类似于编辑 Bezier 曲线的方法编辑曲面。面片建模的优点在于用于编辑的顶点很少,非常类似于 NURBS 建模,但是没有 NURBS 建模的要求严格,只要是三角形和四边形的面片,都可以自由地拼接在一起。面片建模擅长于生物建模,不仅容易制造出光滑的表面,还容易生成表皮的褶皱,且易于产生各种变形体,可专用于表情变形动画的制作。

NURBS 建模特别适合于复杂的、不规则表面的建模工作。它使用解析运算方式来计算曲面,计算速度快,而且曲面边缘异常光滑。可以用它做出各种复杂的曲面造型来表现特殊的效果,如精确的工业曲面、人的面部造型、流线型的跑车等。

上述 3 种建模方法已集成于 3D Max、Maya 等商业化建模软件中,广泛应用在增强虚拟现实、游戏和动画等领域(如图 4-1 所示),当前已有大量教材和操作手册对其具体建模过程进行介绍。近年来,伴随计算机视觉技术和传感器技术的快速发展,基于视觉的 3D 建模技术因其成本低、操作简单、逼真性高等优势,逐渐得到研究者的重视。

图 4-1 基于 3D Max 的物体建模

基于视觉的 3D 建模是指从单一图像或图像序列中,通过自动或交互的方式,恢复出物体、场景的 3D 模型,该方法可为增强现实提供逼真的虚拟 3D 模型。其核心问题是如何从图像中恢复出物体或场景的 3D 几何信息,并构建其几何模型表示,以进行 3D 渲染与编辑。

为此,本章主要对基于视觉的 3D 建模技术进行介绍,针对增强现实中的虚拟物体模型构建,采用基于双目结构光的主被动视觉融合技术,自动恢复得到已有物体的高精度 3D 模型;针对增强现实中大范围的 3D 场景模型,介绍了基于多视图的 3D 重建方法,并结合具体的研究案例进行验证。

4.2 基于双目结构光的 3D 建模技术

对于现实世界中已有的复杂物体,如何将其转化为 3D 数字化模型,以将其拓展到增强现实领域中进行更进一步的应用是本章关注的重点,其也是限制增强现实实际应用的一大技术问题。为此,针对现有复杂物体进行快速自动 3D 建模是本章研究的主要内容。

随着以计算机为核心的信息技术的高速发展,集光、机、电为一体的非接触式测量技术得到了广泛的应用,测量速度快,精度和自动化程度高,成本相对低廉。在基于计算机视觉方法获取物体 3D 数字化模型的过程中,受测量设备的测量范围和被测物体形状结构等条件的限制,在单一视点下只能得到被测物体的部分表面数据信息。因此,为获取被测物体完整的的 3D 数据,必须在不同位置的多个视点下进行测量,并将这些视点下获取的局部点云融合到同一公共坐标系下，进而得到物体完整的 3D 数据模型。传统的测量方法主要是将被测物体在视觉传感器的不同位置进行人为摆放，或是在物体周围事先布置足够多的视点，再将所有视点下获得的表面数据信息配准融合。此类测量方法虽然能获得物体完整的数字化模型，但其往往需要大量的人工参与或以牺牲视点数量为代价来保证 3D 模型的完整性，在自动化程度和重建效率上已越来越不能满足增强现实的发展需求。

因此，在没有人工干预的情况下自动获取被测物体完整的 3D 模型，是增强现实技术能更广泛应用的一个重要环节。图 4-2 描述了基于视点规划的自动三维重建和典型传统手动三维重建的区别。从图中可以看出，有效的视点规划方法将减少重建过程中的人为干预，极大地提高三维模型重建的自动化程度，进而为增强现实提供逼真的 3D 虚拟模型。

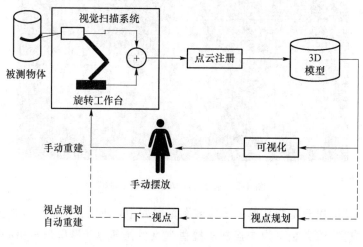

图 4-2　三维重建过程对比

4.2.1　自动 3D 模型获取方法概述

由上述叙述可知，在保证重建精度的前提下，快速自动获取物体完整的表面信息显得至关重要，其需要根据已有的环境信息和需要完成的任务要求，自动获取视觉传感器下一最佳位置参数的策略，又称为下一视点规划（Next Best View，NBV）[1]，以保证视觉系统在该视点下能获得被测物体更多的未知信息，进而以尽可能少的视点实现三维物体的自动重建。为实现虚拟 3D 模型的快速自动获取，测量设备的视点位置必须实现自动确定，很多研究者在自动 3D 模型获取方法方面取得了较多的成果，总体来说，其可以分为基于单传感器的方法和基于多传感器融合的方法两大类。

对于基于单传感器的 3D 建模方法，Blaer 等从一系列候选视点中选择最优测量视点的位置[2]，其中通过寻找单一体素所在的位置来降低候选视点的计算时间。但是该方法将 3D 模型的获取过程划分为初始扫描和二次扫描，导致该 3D 建模过程比较费时。Larsson 等[3] 通过使用工业机器人和扫描仪结合的方式来快速获取物体的 3D 模型。然而，实际操作者需要手工输入被重建 3D 物体的尺寸以及其相对测量系统的初始距离，这种半自动的 3D 建模方法导致在重建过程中需要一定的人机交互，降低了重建过程的自动化程度。Vasquez 等[4]提出用基于搜索的方式获取候选视点的位置参数，然后基于建模约束中获取的新测量信息、感知位置以及注册对重合度的要求,产生一系列的参考视点,最后通过比较所有的候选参考视点获取下一最优视点的位置〔如图 4-3(a)所示〕。He 等[5]根据线激光扫描系统确定的结构参数,提出了一种极限可视面的概念,并通过该极限可视面预测物体未重建的 3D 表面,以此来预测下一测点的位置,最终实现自动 3D 重建,但是由于缺乏翻转自由度,该方法需假设被测物体顶面信息可以忽略不计。Martins 等[6]借助于先验的粗糙 CAD 模型信息,利用深度相机对被测物体进行自动 3D 建模,该方法能视点对被测 CAD 模型的自动获取,但是其重建精度和准确性在很大程度上依赖先验的 CAD 模型数据〔如图 4-3(b)所示〕。总之,基于单传感器的 3D 建模方法能实现增强现实中物体虚拟模型的自动或半自动获取,但是其对被重建模型先验信息的依赖在很大程度上制约了上述方法在 3D 模型重建中的广泛应用。

(a) 候选视点预测

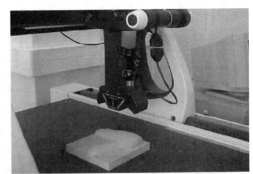
(b) 融合CAD模型的3D建模

图 4-3　基于单传感器的 3D 建模方法

为了克服上述方法存在的局限性,基于多传感器融合的自动 3D 模型获取方法受到了研究人员的广泛关注,该类方法总体上克服了原有基于单传感器方法对被建模物体先验信息的依赖。Sablatnig 等提出了一种基于多传感器融合的方法以实现 3D 模型的快速获取[7]。该方法考虑被测量 3D 物体在不同视点图像下所占的阴影区域,先通过相机位置与图像边界的空中交汇轮廓获取被测物体粗糙的 3D 轮廓;然后根据该粗糙 3D 轮廓对应的复杂程度合理自动选择不同测量视点位置的步长;最后实现被测物体的自动 3D 建模(如图 4-4 所示)。但是该方法中的步长的设定会产生大量冗余的视点,导致该自动 3D 建模方法的效率较低。

Sun 等提出了一种基于主动视觉和被动视觉相融合的快速 3D 建模方法[8],通过使用一个公共的世界坐标系统,将主动视觉获取的点云和从轮廓中恢复的 3D 模型进行融合,最终获取一个完整的 3D 模型。但是通过阴影轮廓恢复物体三维形状的方法主要适合于球类等简单的物体,在很大程度上降低了该自动 3D 建模方法的适应性。Fang 等通过利用结构光系统提出了一种基于多传感器融合的自动 3D 建模方法[9],利用结构光系统下构建的极限可视空间预测被测物体的未测量轮廓,并由此得到下一最优的测量视点,实现被测物体的自动 3D 建模,但是该方法难以获取物体的上表面信息。

通过将基于表面和基于体素的融合方法,Kriegel 等提出了一种有效的自动 3D 建模方法[10]。利用趋势面预测和边缘检测相结合的方法,估计待测区域的延拓信息,然后以此自动估计下一最优的参考视点(如图 4-5 所示)。但是,由于基于趋势面的方法对幅度波动较

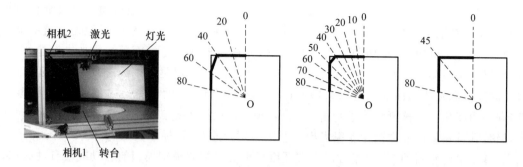

图 4-4　基于特定步长的自动 3D 建模方法

大的表面信息非常敏感，因此当面对某一视点下测量轮廓幅度变化较大时，基于该预测方法的自动 3D 建模方法会失效。总之，虽然上述基于多传感器融合的 3D 建模方法克服了对物体先验信息的依赖，但是其在自动 3D 建模的效率和鲁棒性方面还存在不足。

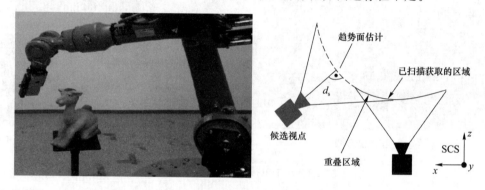

图 4-5　基于趋势面和边缘融合的自动 3D 建模方法

　　综上所述，尽管目前自动 3D 建模方面取得了较大进展，但是其在自动化程度和方法适用性方面还有较大的提升空间。特别是早期的视点规划策略，大部分只是建立在一个抽象数学模型的基础上，对被测物体未知轮廓模型的预测还比较少。

　　为此，针对上述视点规划方法中存在的不足之处，本书结合双目结构光视觉测量系统，介绍了一种主被动视觉技术相结合的自动 3D 建模方法，为增强现实的应用提供离线的虚拟 3D 模型。首先，通过实验确定双目主动视觉系统的极限可视空间模型；其次，利用主被动视觉技术相结合的视点规划方法，将通过被动视觉 SFS（Shape From Shading）快速恢复得到的被测物体边界盒尺寸和双目视觉系统的极限可视空间相结合，以进一步精确被测物体的三维延拓信息，并以此确定下一最优视点的位置参数；最后，由此依次自动获取被测物体完整的表面轮廓信息，进而为增强现实的应用提供逼真的 3D 模型。

4.2.2　双目结构光视觉测量系统参数构建

　　本节所述的测量设备如图 4-6 所示，主要由双目视觉系统和旋转工作台两部分组成。根据双目视觉系统的工作原理，投影仪将一系列光栅条纹投射到被测物体表面，待左、右相机分别获取含有调制条纹信息的图像后，通过建立左、右图像点之间的对应匹配关系，得到被测物体的三维表面数据，并以三维点云的形式显示在计算机屏幕上。该实验平台具有 3

个自由度,分别是旋转工作台沿导轨 Z 轴的平移以及绕 Y 轴和 X 轴的旋转。

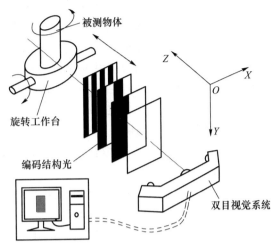

图 4-6　视觉测量系统实验平台示意图

　　为保证双目结构光视觉测量系统所获数据的精度要求,须事先确定其有效测量深度范围。具体做法是对被测物体在视觉系统的不同深度下进行多次测量〔如图 4-7(a)所示〕,并拟合测量数据结果,若所得拟合精度在允许范围之内,则此测量距离被定义为有效测量深度。为简化拟合过程,本章中采用平面物体进行三维测量,并取拟合平面的精度为 0.05 mm。通过在不同深度范围进行多次实验,得到视觉系统的最远测量位置 $P_{\max}$ 和最近测量位置 $P_{\min}$,其分别对应的测量深度为 $d_{\max}=780$ mm,$d_{\min}=570$ mm。

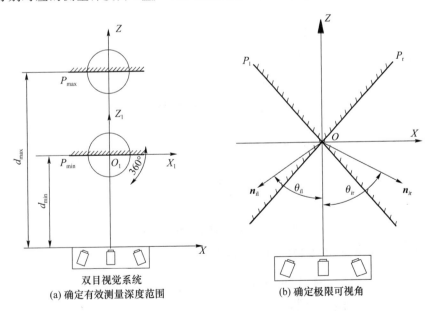

(a) 确定有效测量深度范围　　　　(b) 确定极限可视角

图 4-7　确定视觉系统的有效测量深度及极限可视角

　　在双目视觉系统进行三维测量时,由于左、右相机和结构光间的位置关系确定,因此可以根据被测物体表面法矢量与 Z 轴负方向的夹角,判断该表面点是否可视,并由此得到双目视觉系统的左、右极限可视角。

如图 4-7(b)所示，在有效测量深度范围内任取一平面 P，使其绕工作台中心 O_1 旋转，当该平面 P 转至极限可视位置且满足一定拟合精度时〔如图 4-7(b)中的 $P_l(P_r)$ 所示〕，可得到该位置下对应的法矢量 $\boldsymbol{n}_{il}(\boldsymbol{n}_{ir})$ 与 Z 轴负方向的夹角为 $\theta_{il}(\theta_{ir})$，角度 $\theta_{il}(\theta_{ir})$ 被称为该位置下双目视觉系统的左(右)极限可视角。若另一过 O 点平面的外法矢量与 Z 轴负方向夹角在极限可视角范围内，则该平面可视，否则认为不可视。

在已确定的双目视觉系统的有效测量范围内，选取适当步长，可得到不同位置下视觉系统的极限可视角 $\theta_{il}(\theta_{ir})$ 与测量距离 $z_i(z_i \in [d_{\min}, d_{\max}])$ 的数据关系，并将所获实验数据进行最小二乘拟合，利用最小二乘拟合左、右极限可视角数据的方程如下（角度单位为 rad，距离单位为 mm）：

$$\theta_{il} = \begin{cases} 0.001\,8z - 0.160\,2, & 570 \leqslant z \leqslant 680 \\ 1.042\,1, & 680 \leqslant z \leqslant 780 \end{cases} \tag{4-1}$$

$$\theta_{ir} = \begin{cases} 0.001\,7z - 0.138\,2, & 570 \leqslant z \leqslant 680 \\ 1.034\,8, & 680 < z \leqslant 780 \end{cases} \tag{4-2}$$

由上述极限可视角方程，可以推知对应的极限可视曲线方程。以左极限可视角方程(4-1)为例，其中 z 为被测物体到双目视觉系统中心之间的距离：

$$z = z(\theta_{il}) = 555.6\theta_{il} + 89.0 \tag{4-3}$$

图 4-8 为左极限可视曲线示意图，由几何关系可得，对于曲线上任意点 $P(x,z)$，左极限可视角为 θ_{il}，该处切向量方向的倾斜角为 $\alpha = \pi - \theta_{il}$，故

$$\frac{\partial z}{\partial x} = \frac{\partial z}{\partial \theta_{il}} \Big/ \frac{\partial x}{\partial \theta_{il}} = \tan\alpha = \tan(\pi - \theta_{il}) = -\tan\theta_{il} \tag{4-4}$$

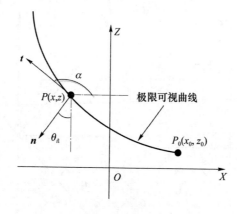

图 4-8　左极限可视曲线示意图

联立式(4-3)和(4-4)可得相应的导函数方程：

$$\begin{cases} \dfrac{\partial x}{\partial \theta_{il}} = -555.6\cot\theta_{il}, & \theta_{il} < 1.042\,1 \\ \dfrac{\partial z}{\partial x} = -\tan 1.042\,1 = -1.71, & \theta_{il} = 1.042\,1 \end{cases} \tag{4-5}$$

通过对式(4-5)积分，可以得到左极限可视曲线的表达式：

$$\begin{cases} x = -555.6\ln(\sin\theta_{il}) + C_1, & \theta_{il} < 1.042\ 1 \\ z = -1.71x + C_2, & \theta_{il} = 1.042\ 1 \end{cases} \tag{4-6}$$

最后将式(4-3)代入式(4-6)，得到双目视觉系统的左极限可视曲线方程：

$$\begin{cases} x_l = 555.6\ln\left(\sin\dfrac{z-89.0}{555.6}\right) + C_1, & 570 \leqslant z < 680 \\ z = -1.71x + C_2, & 680 \leqslant z \leqslant 780 \end{cases} \tag{4-7}$$

同理，得到双目视觉系统的右极限可视曲线方程：

$$\begin{cases} x_r = 588.2\ln\left(\sin\dfrac{z-81.3}{555.6}\right) + C_3, & 570 \leqslant z < 680 \\ z = 1.68x + C_4, & 680 \leqslant z \leqslant 780 \end{cases} \tag{4-8}$$

式(4-7)和式(4-8)中的常数 $C_i(i=1,2,3,4)$ 可由所获表面数据边界点的投影中心 $P_0(x_0, z_0)$ 唯一确定。如图 4-9 所示，当给定已获轮廓边界投影中心点 $P_0(x_0, z_0)$ 后，可根据式(4-7)和式(4-8)分别得到左、右极限面 $P_0P_1P_2$，并以此作为物体在未知区域的预测轮廓信息。

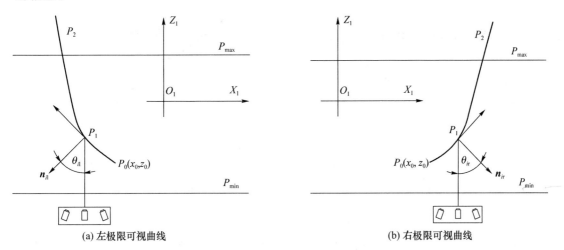

(a) 左极限可视曲线　　　　　　　　　　(b) 右极限可视曲线

图 4-9　左、右极限面待测区域预测

由已确定双目视觉系统的左、右极限面方程，以及结合已获点云数据的边界坐标，可以预测物体在左、右两侧的未知轮廓信息，进而实现物体侧面的视点规划策略。为实现三维物体的完整重建，对于物体上表面的重建规划，构建了其绕 X 轴翻转的极限翻转角曲线，其数学模型的建立过程与确定左、右极限可视曲线的类似。

如图 4-10 所示，在有效测量深度范围内，用一过 O 的平面 P 绕 X 轴转动，在保证同样平面拟合精度的前提下，确定其绕 X 轴翻转的最小极限可视位置 P_s，可获得此时平面法矢量 $\boldsymbol{n}_{is}$ 与 Y 轴负方向的夹角 β_{is}，并将 β_{is} 其定义为极小翻转角；同理，得到另一极限翻转位置 P_b 对应的极大翻转角 β_{ib}。若过点 O 平面的法矢量与 Y 轴负半轴的夹角 β_i 在极限翻转角范围内($\beta_i \in [\beta_{is}, \beta_{ib}]$)，则该平面可视。同理，可得到不同深度下的极限翻转角数据，并进行最小二乘拟合，如图 4-11 所示。

上述实验数据拟合得到的极限翻转角方程如下(角度单位为 rad，距离单位为 mm)。

极小翻转角：

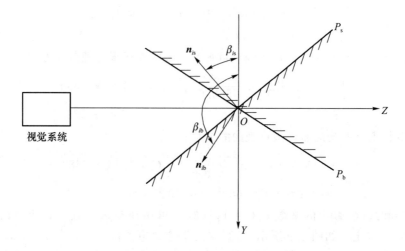

图 4-10　确定视觉系统的上、下极限翻转角曲线

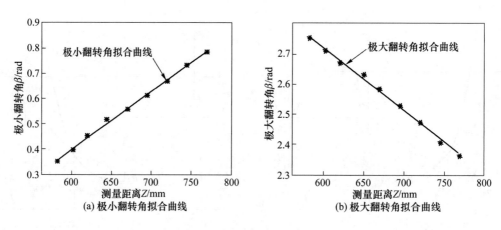

图 4-11　极限翻转角拟合曲线

$$\beta_{is}=0.002\,2z-0.908\,6,\,570{\leqslant}z{\leqslant}780 \tag{4-9}$$

极大翻转角：

$$\beta_{ib}=-0.002\,1z+3.997\,2,\,570{\leqslant}z{\leqslant}780 \tag{4-10}$$

与左、右极限可视曲线的推导方法类似，由极小翻转角曲线方程(4-9)，可得

$$\frac{\partial z}{\partial \beta_{is}}\Big/\frac{\partial y}{\partial \beta_{is}}=\tan\left(\frac{\pi}{2}+\beta_{is}\right)=-\cot\beta_{is}$$

故

$$\frac{\partial y}{\partial \beta_{is}}=-454.55\tan\beta_{is}$$

由可得到对应的极小翻转曲线方程：

$$y=454.55\ln\cos(0.002\,2z-0.908\,6)+C_5,\,570{\leqslant}z{\leqslant}780 \tag{4-11}$$

同理，得到极大翻转角曲线方程：

$$y=-476.19\ln\cos(-0.002\,1z+3.997\,2)+C_6,\,570{\leqslant}z{\leqslant}780 \tag{4-12}$$

若给定已获表面数据的上、下边界投影中心坐标，由式(4-11)和式(4-12)所确定的极限翻转曲线可以求得常数 C_5 和 C_6，进而预测得到被测物体上、下表面的未知轮廓信

息。如 4-12 所示,由已获数据的边界投影点 C 和 A,可得到上、下表面的未知预测轮廓 CD 和 AE。

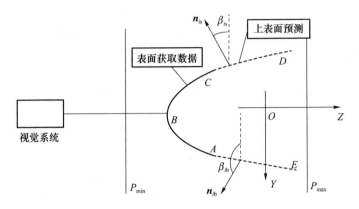

图 4-12 极限翻转曲面预测模型

4.2.3 SFS 被动视觉预测

19 世纪 70 年代,Horn 等人[11]提出了从单幅图像中恢复物体几何形貌的 SFS 方法,其原理是根据物体在图像中的亮度变化关系,推导出物体表面点的法矢量,并最终将其转换为物体的表面深度信息。此方法可以从单幅灰度图像中重构物体 0~180°范围的三维形貌特征,测量设备和操作方法简单,且无须对相机进行标定与校准。

对实际所获图像而言,被测物体表面点的亮度信息受多种因素的影响,如物体表面材料性质、光源及相机位置等。为简化问题的计算过程,传统的 SFS 方法一般都是基于理想的朗伯体(Lambertian)表面反射模型(如图 4-13 所示)而建立的,并作如下 3 点假设。

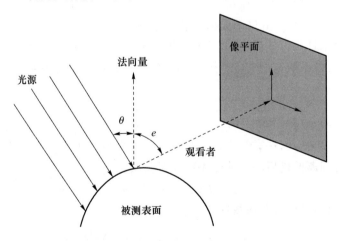

图 4-13 朗伯体表面反射模型

(1) 光源为无限远处的点光源或者均匀照明的平行光。

(2) 成像几何关系为正交投影。

(3) 物体表面为理想朗伯体表面反射模型。

在朗伯体表面反射模型的假设下，物体表面点的图像亮度 $E(x,y)$ 是由光源方向相对物面法矢量的入射角余弦决定的：

$$E(x,y)=I(x,y)\rho\cos\theta \tag{4-13}$$

其中 $E(x,y)$ 是所获图像的归一化亮度，$I(x,y)$ 是光源的光照强度，ρ 是被测物体的表面反射率，θ 是入射光线法矢量与物体表面法矢量之间的夹角。在一般情况下，设定 $I(x,y)$ 和 ρ 为常数，即等价于 $E(x,y)=\cos\theta$。

以相机光心为原点建立坐标系，则物体的表面形状可以表示为 $z=z(x,y)$，物体表面法沿 x 和 y 方向的梯度 p 和 q 分别为 $p=\dfrac{\partial z}{\partial x}, q=\dfrac{\partial z}{\partial y}$。可以得到理想朗伯体表面反射数据模型：

$$E(x,y)=R(p,q)=\cos\theta=\frac{p_s p+q_s q+1}{\sqrt{p_s^2+q_s^2+1}\sqrt{p^2+q^2+1}} \tag{4-14}$$

其中 $(p_s,q_s,1)$ 表示入射光方向，$(p,q,1)$ 为物体表面法矢量。由式(4-14)可知，当入射光方向 $(p_s,q_s,1)$ 与物体表面法矢量方向 $(p,q,1)$ 同向时，两者的夹角余弦 $\cos\theta$ 取得最大值1，该点对应的图像灰度值 $E(x,y)$ 最大。由此可以得到一个结论：物体表面法矢量方向与入射光夹角的余弦值越大，则对应图像中点的灰度值就越大。

由 SFS 技术的理论依据〔式(4-14)〕可知，图像上的一个灰度值 $R(p,q)$ 对应两个表面梯度的未知量 p 和 q。如不引入附加约束条件，无法得到该病态方程的稳定解。为消除算法的病态性，须对物体表面情况建立约束条件，并得到相应的正则化模型。

根据正则化模型的不同，将 SFS 技术分为四类[12-13]：最小值法、演化法、局部法和线性化法。其中：最小值法是通过最小化一个全局的能量函数，进而获取 SFS 问题的稳定解，该方法从整体上处理获取的图像，其中构造能量方程、选择恰当的最小化算法是实现该方法的关键；演化法是将图像中已知高度的点作为算法初始点，然后逐渐向该点周围进行扩散求解，并最终推导出整个曲面的形状信息；局部法是首先对物体的表面形状进行局部假设，然后根据算法的连续性，推导出整个曲面的轮廓信息；线性化法是将反射函数用泰勒级数展开，该算法过程简单且执行速度快，并能较好地恢复出物体的外形轮廓。

此处选用执行效率最高的 Tsai[14] 线性化 SFS 技术，它利用有限差分法将表面反射函数离散化，即令

$$p=\frac{\partial z}{\partial x}=z_{i,j}-z_{i,j-1}, \quad q=\frac{\partial z}{\partial y}=z_{i,j}-z_{i-1,j} \tag{4-15}$$

其中 $i=0,\cdots,M-1,j=0,\cdots,N-1,M$、$N$ 分别为离散图像的行数和列数。将式(4-15)代入式(4-14)，可得到离散化后的朗伯体表面反射模型：

$$f(z_{i,j})=E_{i,j}-R(z_{i,j}-z_{i,j-1},z_{i,j}-z_{i-1,j})=0 \tag{4-16}$$

然后对式(4-16)进行泰勒级数展开，可以得到

$$0=f(z_{i,j})\approx f(z_{i,j}^{n-1})+(z_{i,j}-z_{i,j}^{n-1})\frac{\partial f}{\partial z_{i,j}}(z_{i,j}^{n-1}) \tag{4-17}$$

令 $z_{i,j}^n=z_{i,j}$，则第 n 次迭代结果由式(4-18)推知：

$$z_{i,j}^n=z_{i,j}^{n-1}+\frac{(-f(z_{i,j}^{n-1}))}{\dfrac{\partial f(z_{i,j}^{n-1})}{\partial z_{i,j}}} \tag{4-18}$$

其中 $\dfrac{\partial f(z_{i,j}^{n-1})}{\partial z_{i,j}} = -1 \times \left(\dfrac{p_s+q_s}{\sqrt{p^2+q^2+1}\sqrt{p_s^2+q_s^2+1}} - \dfrac{(p+q)(pp_s+qq_s+1)}{\sqrt{(p^2+q^2+1)^3}\sqrt{p_s^2+q_s^2+1}} \right)$。对所有

图像点给予一个初值 $z_{ij}^0 = 0$,则 SFS 得到的深度图像可由式(4-18)迭代求得。对于满足理想光照条件的图像,可以通过 SFS 较好地恢复出物体的几何外形(如图 4-14 所示)。

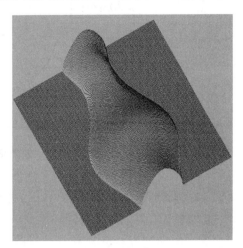

(a) 花瓶灰度图像　　　　　　　　　(b) 通过SFS恢复花瓶轮廓

图 4-14　利用 SFS 技术所恢复的物体表面轮廓 3D 信息

4.2.4　增强现实中的自动 3D 模型重建策略

1. 侧面视点的重建规划

下面以左侧旋转规划为例,在已确定的转角范围内,分析物体在逆时针旋转情况下的转角 θ 大小。如图 4-15 所示,点 P_0 为在当前视点下所获得点云的左边界点,将 $P_0(x_{P_0}, z_{P_0})$ 代入左极限可视曲线方程(4-7),可以得到左极限可视预测轮廓 P_0P_1,其中点 P_1 为左极限面与被动视觉 SFS 恢复边界盒的交点,此时物体的未知区域预测轮廓为 $P_0P_1P_2P_3(P_4)$ (P_5)。

当预测轮廓 $P_0P_1P_2P_3$ 逆时针旋转 θ 至 $P_{01}P_{11}P_{21}P_{31}$ 时,左边界点 $P_0(x_{P_0}, z_{P_0})$ 转至右极限可视位置为 $P_{01}(x_{P_{01}}, z_{P_{01}})$,新位置下边界点 P_{01} 坐标可由旋转几何关系得到:

$$\begin{pmatrix} x_{P_{01}} \\ z_{P_{01}} \end{pmatrix} = \begin{pmatrix} \cos\theta & -\sin\theta \\ \sin\theta & \cos\theta \end{pmatrix} \begin{pmatrix} x_{P_0} \\ z_{P_0} \end{pmatrix} \tag{4-19}$$

将 $P_{01}(x_{P_{01}}, z_{P_{01}})$ 坐标代入右极限可视角方程(4-2),可以得到该位置下对应的右极限可视角 θ_{ir}:

$$\theta_{ir} = \begin{cases} 0.001\,7(x_{P_0}\sin\theta + z_{P_0}\cos\theta) - 0.138\,2, & 570 \leqslant z_{P_{01}} \leqslant 680 \\ 1.034\,8, & 680 < z_{P_{01}} \leqslant 780 \end{cases} \tag{4-20}$$

同时,边界点 $P_0(x_{P_0}, z_{P_0})$ 处的法矢量 $\boldsymbol{n}_L$ 也转至新的位置 $\boldsymbol{n}_R$,此时 P_{01} 处的法矢量 $\boldsymbol{n}_R$ 与 Z 轴负半轴夹角为 θ_{ir}',则由旋转变换关系得

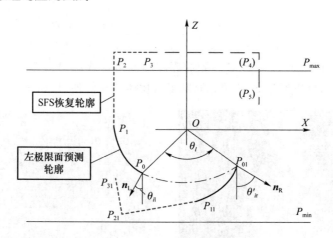

图 4-15　左侧轮廓预测示意图

$$\theta_{ir}' = \theta - \theta_{il} \tag{4-21}$$

若此时旋转后的边界点 $P_{01}(x_{P_{01}}, z_{P_{01}})$ 可视，该点处的法矢量与 Z 轴负半轴的夹角 θ_{ir}' 必须小于或等于其右极限可视角，即

$$\theta_{ir}' \leqslant \theta_{ir} \tag{4-22}$$

当不等式(4-22)取等号时，左侧视点规划的临界可视转角 θ 即可通过联立式 (4-20)~(4-22)求得。

如图 4-16 所示，通过确定上述极限转角 θ，可得到新位置下轮廓 $P_{01}P_{11}P_{21}P_{31}$ 上任意点 的坐标 $q(x_q, z_q)$，以及该点法矢量 n_q 与 Z 轴负半轴所成的夹角 θ_q。由边界点 P_{01} 和有效测 量深度范围可确定旋转后预测轮廓的可移动范围 $d(d \in [z_{P_{01}}, z_{P_{max}}])$。

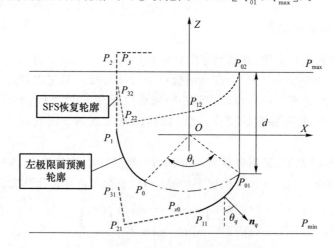

图 4-16　下一测量视点位置参数示意图

预测轮廓 $P_{01}P_{11}P_{21}P_{31}$ 沿 Z 轴平移的过程中，任意点 q 处法矢量与 Z 轴负半轴的夹角 θ_q 保持不变，而随着测量深度 $d_x(d_x \in [0, d])$ 的变化，各点坐标对应的极限可视角会发生 改变。

假设 q 点法矢量 n_q 指向第四象限，与右极限可视角相对应，将其代入平移 d_x 后的右极 限可视角方程(4-2)，可得

$$\theta_{qr} = \begin{cases} 0.001\,7(z_q + d_x) - 0.138\,2, & 570 - z_q \leqslant d_x \leqslant 680 - z_q \\ 1.034\,8, & 680 - z_q < d_x \leqslant 780 - z_q \end{cases} \qquad (4\text{-}23)$$

由极限可视条件可知,当物体表面点外法矢量与 Z 轴负半轴所成的夹角 θ_q 小于右极限可视角时,则该点可视。于是建立平移后各点法矢量夹角 θ_q 与该点处极限可视角的方程,求得预测轮廓平移后的临界可视位置:

$$\theta_q = \theta_{qr} \qquad (4\text{-}24)$$

联立式(4-23)和式(4-24),得到 $P_{01}P_{11}P_{21}$ 上对应平移后的临界可视位置 P_{x0},结合此时预测轮廓方程 $f_{11}(x,z)$,则对应的可视预测轮廓长度可由曲线积分求得:

$$L_{1r}(d_x) = \overline{P_{x0}P_{01}} = \int_{z_{P_{x0}}}^{z_{P_{01}}} \sqrt{1 + \left[\frac{\partial f_{11}(x,z)}{\partial z} \right]^2} \, \mathrm{d}z \qquad (4\text{-}25)$$

当 q 点法矢量 $\boldsymbol{n}_q$ 指向第三象限时,同样可得左极限可视角对应的可视轮廓长度 $L_{11}(d_x)$,则左侧规划的可视轮廓长度为 $L(d_x) = L_{1r}(d_x) + L_{11}(d_x)$,在 $0 \leqslant d_x \leqslant d$ 的范围内,求取函数 $L(d_x)$ 取得最大值 L_l 时对应的平移量 d_1,进而得到下一左侧规划视点的位置参数 $L_{vpp} = [L_l, \theta_l, d_1]$。

同理,得到右侧规划视点的位置参数 $R_{vpp} = [L_r, \theta_r, d_r]$。比较左、右可视预测轮廓长度,选取更大可视区域对应的位置参数作为下一最优规划视点。

2. 物体侧面重建规划的自终止策略

由侧面重建规划策略可以得到不同视点下物体的侧面数据信息,但规划策略何时终止也是自动重建规划中必须考虑的问题。为此,通过计算所获得点云投影边界与旋转中心的夹角关系,确定视点规划的终止策略。

如图 4-17 所示,在初始视点 1 下,双目视觉系统所获得的物体表面数据投影为 A_1B_1,根据边界点 A_1、B_1 和工作台中心 O,可以得到该视点下所获的表面数据的边界夹角 θ_1,由前述视点规划方法,获取视点 2 下的点云数据 A_2B_2。同理,可以得到视点 2 下的边界夹角 θ_2。为保证后续点云配准要求,必须使得相邻点云间有一定的重叠区域 A_1B_2,在此将重叠部分相对工作台中心 O 的重叠角定义为 α_1。

依此类推,可以得到第 i 个视点下的边界角 θ_i,以及其与第 $i-1$ 视点下的重叠夹角 α_{i-1}。在进行 n 次视点规划后,若其所有边界角 θ_i 和重叠角 α_i 满足如下条件:

$$\sum_{i=1}^{n} \theta_i - \sum_{i=1}^{n-1} \alpha_i \geqslant 2\pi \qquad (4\text{-}26)$$

则认为该视觉系统已完成对物体侧面的重建,应立即终止当前规划策略。否则,继续执行下一次的规划,直至满足上述式(4-26)为止。

3. 上表面视点规划

当物体完成侧面的自动规划重建时,将最后一个视点下所获表面数据投影到 YOZ 平面,可得到该视点下所获数据的投影轮廓 $D_0E_0F_0$,如图 4-18 所示。将投影边界点 $F_0(y_{f_0}, z_{f_0})$ 代入极小翻转角曲线方程,可得到相应的预测轮廓 F_0G_0,结合被动视觉 SFS 技术恢复的物体上边界尺寸 G_0H_0,可最终得到物体上表面的预测轮廓 $F_0G_0H_0$。

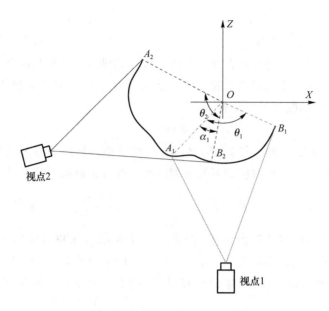

图 4-17　侧面规划自终止示意图

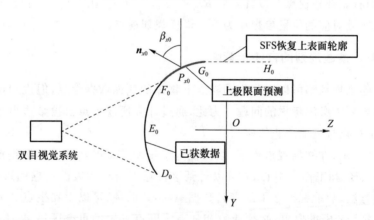

图 4-18　上表面待测轮廓预测

下一最优翻转视点的确定以翻转后能看到的最大上表面预测轮廓面积为依据。对于上表面预测轮廓 $F_0 G_0 H_0$，设其旋转前的任意点为 $P_{x0}(y_{x0}, z_{x0})$，对应的极限翻转角为 β_{x0}，旋转 β 后在新位置下的轮廓为 $F_1 G_1 H_1$，且 $P_{x0}(y_{x0}, z_{x0})$ 在新位置的预测轮廓上对应的点 $P_{x1}(y_{x1}, z_{x1})$ 坐标为

$$\begin{cases} y_{x1} = y_{x0}\cos\beta - z_{x0}\sin\beta \\ z_{x1} = y_{x0}\sin\beta + z_{x0}\cos\beta \end{cases} \tag{4-27}$$

旋转后 $P_{x1}(y_{x1}, z_{x1})$ 的法矢量与 Y 轴负方向的夹角 β_{x1} 为

$$\beta_{x1} = \beta_{x0} + \beta \tag{4-28}$$

（1）当上表面翻转角 $\beta_{\min} < \beta < \dfrac{\pi}{2}$ 时，如图 4-19（a）所示，其可平移的范围为 $d = z_{f1} - z_{P_{\min}}$，将式（4-27）代入极小翻转角方程（4-9），得到该位置下对应的极小翻转角 β_{sx1}：

$$\beta_{sx1} = 0.002\,2(y_{x0}\sin\beta + z_{x0}\cos\beta) - 0.908\,6 \tag{4-29}$$

当 $\beta_{x1}=\beta_{sx1}$ 时,可确定该曲线段 $F_1G_1H_1$ 上可视的临界点 $P_{x1}(y_{x1},z_{x1})$,且翻转后的上表面预测轮廓 $F_1G_1H_1$ 方程 $f_1(y,z)$ 可由式(4-27)得到,则上表面可视轮廓长度 $\overline{F_1P_{x1}}$ 可由曲线积分求得:

$$L_1 = \overline{F_1P_{x1}} = \int_{z_{F1}}^{z_{px1}} \sqrt{1+\left[\frac{\partial f_1(y,z)}{\partial z}\right]^2}\,\mathrm{d}z \tag{4-30}$$

根据式(4-30)求得上表面投影的最大可视长度 $L_{1\max}$ 及其所对应的位置参数 $(\beta_{1\max},d_1)$。

(2)当上表面翻转角 $\frac{\pi}{2}\leqslant\beta\leqslant\beta_{\max}$ 时,如图 4-19(b)所示,对于预测得到的上表面轮廓 $F_0G_0H_0$,在其逆时针旋转 β 后,可平移的范围为 $d=z_{P_{\max}}-z_{f1}$,其上任意点 $P_{x1}(y_{x1},z_{x1})$ 的外法矢量与 Y 轴负半轴的夹角与式(4-28)相同。

而该位置下对应的极大翻转角为

$$\beta_{bx1} = -0.002\,1(y_{x0}\sin\beta+z_{x0}\cos\beta)+3.997\,2 \tag{4-31}$$

联立式(4-28)和式(4-31),可以求得此时预测轮廓线上的临界可视点坐标 $P_{x1}(y_{x1},z_{x1})$,对该位置下可视部分 F_1P_{x1} 的预测轮廓方程 $f_2(y,z)$ 进行积分,即可得到其可视长度 $\overline{F_1P_{x1}}$:

$$L_2 = \overline{F_1P_{x1}} = \int_{z_{F_1}}^{z_{P_{x1}}} \sqrt{1+\left[\frac{\partial f_2(y,z)}{\partial z}\right]^2}\,\mathrm{d}z \tag{4-32}$$

根据式(4-32)可以求得上表面投影的最大可视长度 $L_{2\max}$ 及其所对应的位置参数 $(\beta_{2\max},d_2)$。

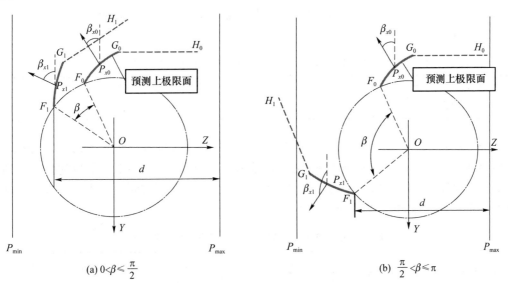

(a) $0<\beta\leqslant\dfrac{\pi}{2}$ (b) $\dfrac{\pi}{2}<\beta\leqslant\pi$

图 4-19 下一翻转视点参数设置

比较在上述两种翻转情况下获得的可视长度 $L_{1\max}$ 和 $L_{2\max}$,选取其中较大可视长度对应的位置参数作为下一翻转视点。

4. 物体上表面重建规划自终止策略

通过规划策略可以实现物体上表面的自动重建,为保证上表面规划所得视点的有效性,同样需建立相应的上表面重建规划自终止策略。

假设在第 n 个侧面规划视点下,满足侧面重建规划终止条件〔式(4-26)〕。将这 n 个视点下所获的深度图像分别投影到 YOZ 平面，统计其上边界投影中心点坐标 $F_i(y_i, z_i)$（$i=1,2,\cdots,n$），由极小翻转角曲线方程可以得到各自对应的极小翻转角 β_{si}（$i=1,2,\cdots,n$），取前面 $n-1$ 个视点下对应的最大极小翻转角为 $\beta_{\max si}$：

$$\beta_{\max si} = \max\{\beta_{si}(i=1,2,\cdots,n-1)\} \tag{4-33}$$

同时得到当前第 n 个视点下所获数据投影边界对应的极小翻转角 β_{sn}，若由上表面重建规划得到的下一翻转视点的翻转角 β 满足 $\beta > \beta_{sn} + \beta_{\max si}$，则上表面规划完成。

4.2.5 实例验证

为了验证上述基于双目结构光视觉系统的自动 3D 重建方法，本节将针对实际物体（小狗）的虚拟模型获取进行实验验证。首先用视觉系统获取被测物体的灰度图像〔如图 4-20(a) 所示〕，然后将其旋转 180°，并以此位置为初始视点开始进行规划重建。在初始视点下获取物体的表面数据〔如图 4-20(g) 所示〕，并得到被测物体在该位置下的灰度图像〔如图 4-20(b) 所示〕。

对获取的物体前、后两幅灰度图像进行平滑滤波处理后，利用被动视觉 SFS 方法恢复得到各自的粗糙轮廓外形〔如图 4-20(c) 和 4-20(d) 所示〕，并得到物体在图像中的位置信息〔如图 4-20(e) 所示〕。将该视点下所获得的表面数据〔如图 4-20(g) 所示〕的深度坐标代入相应相机分辨率方程，进而得到未知物体的边界盒尺寸〔如图 4-20(f) 所示〕，具体的数据信息如表 4-1 所示。

表 4-1 被动视觉 SFS 恢复被测物体边界盒尺寸

SFS 恢复被测物体 边界盒尺寸	L/mm	W/mm	H/mm
	94.71	92.65	102.58

对于初始视点下的点云信息，结合恢复所得的边界盒尺寸和该位置下的左、右极限面，预测得到物体左、右两侧未知区域轮廓〔如图 4-20(h) 所示〕，利用下一个最优视点规划方法，可以得到视点 1 下的左、右参考位置（如表 4-2 所示），通过比较左、右参考位置下可视预测轮廓的投影长度，得到下一个最优视点。

表 4-2 在视点 1 下规划所获得的下一个参考视点位置

视点 1 下左侧的规划参数	θ_{1l}/rad	d_{1l}/mm	$L_{1l\max}$/mm
	1.82	18.23	71.00
视点 1 下右侧的规划参数	θ_{1r}/rad	d_{1r}/mm	$L_{1r\max}$/mm
	1.76	21.30	56.97

从表 4-2 可知，即左侧规划最大可视面积大于右侧规划最大可视面积（在未知物体高度相同的情况下，利用预测轮廓的可视投影长度可表示其可视面积大小），故选取左侧规划的参考位置作为下一个最优视点 2〔如图 4-20(i) 所示〕。结合视点 2 下的左极限可视曲线和转至该位置的边界盒尺寸，可以得到视点 2 下的左侧预测轮廓〔如图 4-20(j) 所示〕，并规划得到下一视点 3 的位置参数，如表 4-3 所示。

表 4-3　视点 2 下左侧规划所获得的下一个参考视点位

视点 2 下左侧规划参数	θ_{21}/rad	d_{21}/mm	$L_{2l\mathrm{max}}/\mathrm{mm}$
	1.82	3.09	81.27

比较视点 2 下的左侧规划可视面积和视点 1 下的右侧规划可视面积可知 $L_{2l\mathrm{max}}>L_{1r\mathrm{max}}$，故选取视点 2 的左侧规划作为下一个最优视点位置，可以得到视点 3〔如图 4-20(k)所示〕，同理得到视点 4〔如图 4-20(m)所示〕。在每进行下一个视点规划前，用角度规划自终止算法判断物体侧面重建是否完成，至视点 4 时，满足式(4-2)的规划自终止条件，物体的侧面重建完成并终止当前侧面规划策略。

待侧面重建终止后，开始对物体上表面进行规划处理，由边界盒上表面尺寸和极小翻转角曲线预测得到物体的上表面轮廓，如图 4-20(n)所示。并由上表面规划方法得到上表面规划视点参数，如表 4-4 所示。

表 4-4　视点 4 上表面规划视点的参考位置

视点 4 上表面规划参数	β/rad	d/mm	$L_{up\mathrm{max}}/\mathrm{mm}$
	1.48	27.21	68.20

由表 4-4 中的参数可得到物体上表面的规划视点位置，该视点下所获得的表面数据如图 4-20(o)所示。同时，由式(4-33)得到之前 3 个视点上边界对应的最大极小翻转角：

$$\beta_{\mathrm{max}si}=\max\{\beta_{si}(i=1,2,3)\}=0.63$$

且 $\beta_{s4}=0.60$，即 $\beta>\beta_{\mathrm{max}si}+\beta_{s4}$，满足物体上表面规划终止条件，上表面重建规划结束，最终重建得到该未知三维物体的数字化模型，如图 4-20(p)所示。

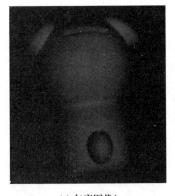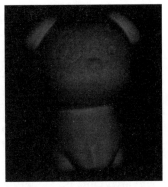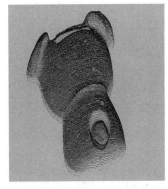

| (a) 灰度图像1 | (b) 灰度图像2 | (c) 灰度图像1的SFS恢复轮廓 |

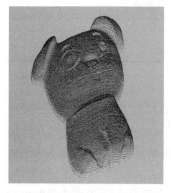

(d) 灰度图像2的SFS恢复轮廓

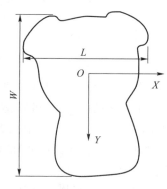

(e) 物体在图像中的位置

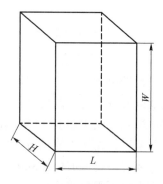

(f) 被测模型的边界盒尺寸

(g) 视点1所获得的表面数据

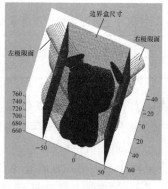

(h) 视点1下的预测轮廓

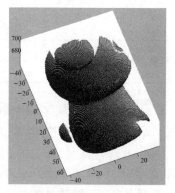

(i) 视点2所获得的表面数据

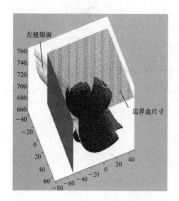

(j) 视点2下的左侧预测轮廓

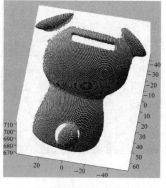

(k) 视点3所获得的表面数据

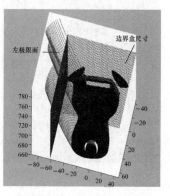

(l) 视点3下的左侧预测轮廓

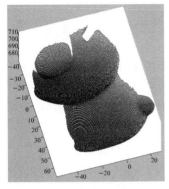
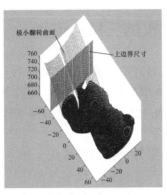
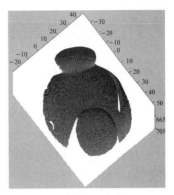

(m) 视点4所获得的表面数据　　　　　(n) 上表面的预测轮廓　　　　　(o) 上表面规划视点

(p) 最终重建所得的模型

图 4-20　基于双目结构光视觉系统的 3D 建模技术

4.3　基于多视图的 3D 场景重建

基于双目结构光的 3D 建模方式可为增强现实应用提供高精度的 3D 虚拟模型,但其需要依赖高精度的测量设备且主要适用于尺寸较小的物体,在一定程度上限制了其应用范围。当前,通过低成本的相机获取待重建场景的图像,利用从序列图像中恢复场景结构的方法(Structure from Motion,SFM)获取增强现实场景三维模型信息,进一步拓展了增强现实的应用范围。

4.3.1　基于多视图的 3D 场景重建概述

从多幅图像中恢复得到场景的 3D 结构,已成为增强现实中场景理解和鲁棒跟踪注册的一个关键技术环节。虽然已有一些方法[15-16]能通过大量二维图像恢复得到高精度三维场景,但如何快速准确地从不同视角下的图像中恢复场景三维结构,依然是三维视觉领域中值得研究的问题。因此,本节主要讨论在假设相机参数和特征匹配准确的前提下开展多视图三角化方法的研究。

4.3.2　逆深度自适应加权的三角化模型

典型的多视图三角化方法先通过不同的相机内参数和位姿构建对应的 3×4 投影矩阵；然后利用线性化方法获取 $\boldsymbol{AX}=\boldsymbol{O}$ 求解矩阵[17]，其中，矩阵 $\boldsymbol{A}$ 由多视图中匹配的特征点和投影矩阵组成；最后以非迭代的代数方法求解三角化结果 $\boldsymbol{X}$。但该方法易受图像观测噪声的影响，数值稳定性较低。

为提高三角化的精度，Hartley 等根据图像特征点和极线几何间的约束[17]提出了基于最优解的二视图三角化方法。在三视图的最优解三角化中，Stewenius 等[18]使用计算交互代数的方法来解算多项式系统，通过求解 47×47 矩阵的特征向量来获取三角化结果。但在上述最优解三角化方法中，其多项式的自由度随图像数量呈指数级增长，导致计算复杂度随之急剧增加。因此，现有的最优解三角化方法主要应用在二视图和三视图的三角化中，对于多于 3 幅图像的多视图场景，目前尚无通用的最优解三角化方法。

为实现多于 3 幅图像的多视图三角化，部分学者提出了基于 L_1 的三角化方法，但该方法对相机成像模型和图像噪音较为敏感，难以获得全局最优的三角化结果。Agarwal 等[19]用分数规划方法解决了多视图几何中的全局三角化问题，在假设图像存在高斯噪声的情况下，利用分支界定算法找到逼近三角化的全局最优解。Dai 等[20]提出了一种基于 L_∞ 的优化方法，通过逐步缩小凸区域的方式求取三角化结果，提高了 L_∞ 方法对多视图的三角化效率。Zhang 等[21]在 L_∞ 多视图三角化中，选取部分有代表性的观测向量作为待求解任务的子集，然后对子集数据进行求解以逼近全局多视图的三角化结果，有效提高了 L_∞ 方法在大规模多视图三角化中的效率，但该方法只选用了部分多视图的子集，没有充分利用所有图像的观测信息，且对观测噪声极为敏感。

在实际多视图三角化应用中，基于 L_2 的优化方法虽不能保证获取全局最优的三维点，但当观测误差服从正态分布时，其优化准则服从最大似然估计，能在获取可信初始估计的基础上，通过持续迭代逼近最优解平衡三角化的效率和精度[22]，广泛应用于 SfM 与 SLAM 系统中。为提高基于 L_2 的优化方法三角化的效率，Yang 等[23]在中点法的基础上，构建了点到相机距离的加权优化模型，在保证图像反投影误差精度的基础上提高了多视图三角化的效率，但该方法没有讨论噪声对三角化结果的影响，且缺乏对多视图三角化所得场景点空间精度的分析。此外，当前基于 L_2 的优化方法主要应用于透视相机模型，对于鱼眼和全景相机模型（相机畸变系数较大）难以通过标定获取精确的相机内参数。特别是对于图像边缘附近的特征点，该方法难以准确逼近最优的三角化结果，导致该方法对不同相机类型的适应性较差。

针对上述问题，本节将会论述一种基于逆深度自适应加权的多视图三角化方法，通过构建空间三维点在不同视角下的逆深度自适应权重模型，利用固定点迭代方法实现空间三维点的快速求解，以有效平衡多视图三角化的精度和效率，从而为增强现实在室外大范围场景的应用提供准确三维模型。

1. 逆深度计算模型

对于待三角化的空间点 $\boldsymbol{X}\in\mathbf{R}^3$，假设其能被不同位置下的相机 $\boldsymbol{C}_i$ 可见，根据该三维点

X 在第 i 幅图像平面上的观测值 x_i，可获取从相机中心指向图像观测点的单位观测向量 w_i，如图 4-21 所示。不同视图下的观测表达式为

$$X = C_i + d_i w_i \tag{4-34}$$

其中，d_i 为空间点 X 到相机光心 C_i 的深度值，在理论情况下，多视图三角化中不同的观测向量 w_i 会在三维空间中交于点 X。

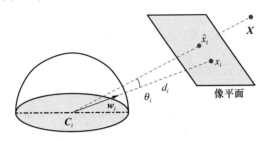

图 4-21　三角化描述示意图

由于观测噪声的存在，以 w_i 为方向、d_i 为长度的观测向量无法准确相交于同一空间点。因此，在实际的 N 视图三角化中，需要通过计算空间点 X 在像平面上的投影点 $\hat{x}_i$，求解反投影误差平方和 $\sum\limits_{i=1}^{N} \parallel x_i - \hat{x}_i \parallel_2$ 的最小值，以逼近空间三维点 X。

为简化计算，用观测向量 w_i 和相机中心到空间点 X 方向向量间的夹角误差 $\angle(w_i, X - C_i)$ 表征图像误差的优化模型。对于 N 视图的三维重建场景，得到的待优化三角化求解模型为

$$C(X) = \sum_{i=1}^{N} \left[\angle(w_i, X - C_i) \right]^2 \tag{4-35}$$

根据空间点 X 在观测向量 w_i 上的正交投影矩阵 $w_i w_i^{\mathrm{T}}$，计算空间点 X 到观测向量 w_i 的距离 $f_i(X) = \parallel (I - w_i w_i^{\mathrm{T}})(X - C_i) \parallel$，进而得到基于多视图三角化的线性求解模型：

$$C(X) = \sum_{i=1}^{N} f_i^2(X) = \sum_{i=1}^{N} \parallel (I - w_i w_i^{\mathrm{T}})(X - C_i) \parallel^2 \tag{4-36}$$

式(4-36)作为多视图三角化的代价函数，可通过矩阵的乘法和对 3×3 矩阵的逆运算，高效完成多视图三角化的求解。

2. 逆深度自适应加权误差模型

线性多视图三角化求解方法虽然重建效率较高，且在不同相机与空间三维点的距离彼此相近时具有较好的三角化精度，但是在通用场景下的多视图三角化中，相机空间位置分布的随机性和观测噪声的存在导致该方法所得结果误差较大。当空间点 X 沿直线 $C_i X$ 朝远离相机中心 C_i 方向运动时，该点到观测向量的距离误差会随之增加。但对第 i 个相机而言，所有直线 $C_i X$ 上的三维点在图像平面上的投影点始终是 $\hat{x}_i$，导致式(4-36)中的三角化求解方法是有偏的，尤其是当该三维点的深度值较小时，会出现较大的反投影误差。同时，当不同相机与待测空间点的距离变化较大时，其三角化结果也会出现较大误差。

为避免各视图在不同景深变化时对三角化精度的影响，采用了一种基于逆深度自适应加权的多视图三角化方法。在基于中点法所得三角化结果的基础上，构建具有逆深度自适

应特性的加权误差模型，其权重可表示为 $\rho_i = 1/d_i$。对于第 i 个相机，其三维点的深度值可表示为 $d_i = \| \boldsymbol{X} - \boldsymbol{C}_i \|$，该权重参数可在后续三角化过程中，根据空间三维点 $\boldsymbol{X}$ 的迭代变化进行最优估计的动态逼近，进而得到第 i 个视图下具有距离自适应特性的求解函数 $g_i(\boldsymbol{X})$：

$$g_i(\boldsymbol{X}) = \rho_i f_i(\boldsymbol{X}) \tag{4-37}$$

对于 N 视图的三角化问题，逆深度加权后的代价函数可表示为

$$\hat{C}(\boldsymbol{X}) = \sum_{i=1}^{N} g_i^2(\boldsymbol{X}) = \sum_{i=1}^{N} \| \rho_i (\boldsymbol{I} - \boldsymbol{w}_i \boldsymbol{w}_i^{\mathrm{T}})(\boldsymbol{X} - \boldsymbol{C}_i) \|_2 \tag{4-38}$$

在逆深度自适应加权误差模型 $g_i(\boldsymbol{X})$ 中，结合图 4-21 的几何投影关系可知 $\sin \theta_i = g_i(\boldsymbol{X})$，其中 θ_i 为 $\boldsymbol{w}_i$ 与向量 $\boldsymbol{X} - \boldsymbol{C}_i$ 间的夹角。逆深度加权后的待求解函数 $g_i(\boldsymbol{X})$ 可表示为 θ_i 的正弦值，当三角化误差较小时，可认为 $\sin \theta_i \approx \theta_i$，即加权后的代价函数可近似逼近角度误差的平方和，避免了直线 $\boldsymbol{C}_i \boldsymbol{X}$ 上各点在图像平面上投影导致的有偏现象。

上述逆深度加权后的代价函数 $\hat{C}(\boldsymbol{X})$ 可有效逼近基于角度误差的三角化方法，考虑到角度误差具有旋转不变性，本方法除了可在透视相机的多视图三角化中应用外，也可适用于广角或鱼眼等相机模型。但由于赋予了逆深度加权参数，式（4-38）不再是一个线性最小二乘优化的问题，增加了后续求解的复杂性。

3. 逆深度自适应加权的多视三角化求解

为从上述逆深度加权后的代价函数 $\hat{C}(\boldsymbol{X})$ 中恢复得到三角化的空间点 $\boldsymbol{X}$，首先求解该代价函数的梯度矩阵 $\nabla \hat{C}(\boldsymbol{X})$：

$$\nabla \hat{C}(\boldsymbol{X}) = \frac{\partial \hat{C}(\boldsymbol{X})}{\partial \boldsymbol{X}} = 2 \sum_{i=1}^{N} (\rho_i^2 (\boldsymbol{X} - \boldsymbol{C}_i)^{\mathrm{T}} ((\boldsymbol{I} - \boldsymbol{w}_i \boldsymbol{w}_i^{\mathrm{T}}) - \hat{C}(\boldsymbol{X}) \boldsymbol{I})) \tag{4-39}$$

通过建立方程 $\nabla \hat{C}(\boldsymbol{X}) = 0$，可得如下表达式：

$$\sum_{i=1}^{N} (\rho_i^2 (\boldsymbol{X} - \boldsymbol{C}_i)^{\mathrm{T}} (\boldsymbol{I} - \boldsymbol{w}_i \boldsymbol{w}_i^{\mathrm{T}})) = \sum_{i=1}^{N} (\rho_i^2 (\boldsymbol{X} - \boldsymbol{C}_i)^{\mathrm{T}} \hat{C}(\boldsymbol{X})) \tag{4-40}$$

对于待估计的空间点最优点 $\boldsymbol{X}^*$，其满足 $\nabla \hat{C}(\boldsymbol{X}^*) = 0$，进一步整理，可得到下述固定点的迭代函数：

$$\left(\sum_{i=1}^{N} (\rho_i^2 (\boldsymbol{I} - \boldsymbol{w}_i \boldsymbol{w}_i^{\mathrm{T}})) \right) \boldsymbol{X}^* = \sum_{i=1}^{N} (\rho_i^2 \hat{C}(\boldsymbol{X}^*)(\boldsymbol{X}^* - \boldsymbol{C}_i) + \rho_i^2 (\boldsymbol{I} - \boldsymbol{w}_i \boldsymbol{w}_i^{\mathrm{T}}) \boldsymbol{C}_i) \tag{4-41}$$

根据式（4-41）可知，若多视三角化的初值 $\boldsymbol{X}_0$ 已知，则根据已知的相机中心坐标 $\boldsymbol{C}_i$ 和对应的测量向量 $\boldsymbol{w}_i$，可进一步得到下述递归表达式：

$$\boldsymbol{X}_n = \boldsymbol{M}^{-1} \sum_{i=1}^{N} (\rho_i^2 \hat{C}(\boldsymbol{X}_{n-1})(\boldsymbol{X}_{n-1} - \boldsymbol{C}_i) + \rho_i^2 (\boldsymbol{I} - \boldsymbol{w}_i \boldsymbol{w}_i^{\mathrm{T}}) \boldsymbol{C}_i) \tag{4-42}$$

其中 $\boldsymbol{M} = \sum_{i=1}^{N} (\rho_i^2 (\boldsymbol{I} - \boldsymbol{w}_i \boldsymbol{w}_i^{\mathrm{T}}))$，则通过式（4-36）线性中点法求解得到空间点 $\boldsymbol{X}$ 的初始估计后，可得到多视三角化的初值 $\boldsymbol{X}_0$，根据式（4-42）可进一步求解第 n 次迭代更新后的三角化结果 $\boldsymbol{X}_n$。直到 $\| \boldsymbol{X}_n - \boldsymbol{X}_{n-1} \|$ 小于某一阈值时，得到本章所述多视图三角化的最优解 $\boldsymbol{X}^*$：

$$\boldsymbol{X}^* = \boldsymbol{X}_n \tag{4-43}$$

其中矩阵 M 的特征值为 $\{\rho_i^2, \rho_i^2, 0\}$，特征值为 0 对应的特征向量为观测向量 w_i，且迭代过程中的逆深度值 ρ_i 始终大于 0。因此，只要所有观测向量 $\{w_i\}_1^N$ 不完全平行，矩阵 M 的各分量特征值都为正，即 M 为正定矩阵，则可以保证其稳定迭代收敛至三角化的局部最优解。

4.3.3 实例验证

利用仿真数据和公开数据集进行多视图三角化实验，以验证本章所述方法。为与现有多视图三角化方法进行比较，选取了经典的中点法(midpoint)和当前主流应用的 L_2 反投影误差法(L_2Rep)作为对比基准。虽然中点法被认为是三角化精度较低的一种方法，但是其效率是目前三角化方法中最高的[17]。L_2 反投影误差法先构建基于图像反投影误差的优化模型，然后利用梯度下降迭代来求解三角化结果。该方法能有效平衡三角化的精度与效率，广泛应用于当前主流的 SfM[16] 和 SLAM[24] 系统中。上述 3 种不同方法在比较过程中皆通过中点法得到多视图三角化初值。所有的实验基于 Matlab 执行环境，平台是 CPU 为 Intel i7-8550U CPU、内存为 8GB 的计算机。

1. 仿真数据验证

在仿真数据集中，图像平面的大小为 1 024 像素×1 024 像素，归一化焦距为 400 像素，仿真相机的内参数矩阵为

$$K = \begin{pmatrix} f_u & 0 & u_0 \\ 0 & f_v & v_0 \\ 0 & 0 & 1 \end{pmatrix} = \begin{pmatrix} 400 & 0 & 512 \\ 0 & 400 & 512 \\ 0 & 0 & 1 \end{pmatrix}$$

其中 (f_u, f_v) 为相机归一化焦距，(u_0, v_0) 为相机主点坐标。

根据多视图三角化的典型应用场景，生成 3 种仿真数据集(如图 4-22 所示)，其中每组仿真数据集中的相机数量为 100，三维点的数量为 3 000。具体仿真场景描述如下。

Type A:相机和三维点在空间随机分布〔如图 4-22(a)所示〕，该仿真场景能模拟根据不同图像数据源执行多视图三角化的过程。

Type B:相机沿着直线轨迹运动并俯视三维场景〔如图 4-22(b)所示〕，该仿真场景能模拟摄影测量中通过航拍图像恢复现场三维结构的过程。

Type C:相机沿着圆形轨迹围绕三维空间点进行运动〔如图 4-22(c)所示〕，该仿真场景能模拟针对特定目标开展多视图三角化的过程。

仿真实验过程中如下：首先，在相机参数已知的情况下，根据模拟的相机位姿和空间三维点坐标，将场景三维点向相机平面进行投影，得到其在不同像平面上的二维投影点坐标，并赋予投影点相应的高斯噪声，以此作为空间三维点在不同相机位姿下的图像观测值；其次，根据不同相机中心和观测向量，利用不同的多视图三角化方法重建该空间三维点；最后，统计不同多视图三角化方法的执行时间，重建三维点在图像平面上的 2D 反投影误差及其与理论空间三维点间的欧氏距离，评估不同多视图三角化方法的精度和效率。

不同多视图三角化方法的实验结果如表 4-5 所示，考虑到仿真实验的一般性，表中数据是 30 次重复实验所得结果的平均值。为进一步评估本章方法在不同噪声环境下的鲁棒性，分别在理论反投影图像点上叠加 σ 为 6,12 和 24 像素的高斯噪声。

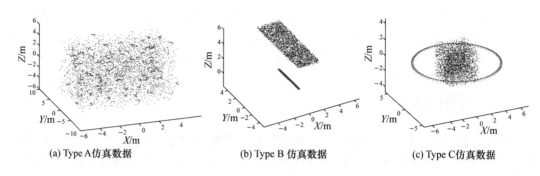

(a) Type A仿真数据　　　　　(b) Type B仿真数据　　　　　(c) Type C仿真数据

图4-22　多视图三角化仿真数据集

从表4-5可知，虽然中点法在多视图三角化中具有明显的速度优势，但其三角化的精度最低。而本节所述的基于逆深度自适应加权的多视图三角化方法相对于中点法获得了更高的重建精度，同时相比于当前主流应用的L_2Rep，在保证获得近乎相同重建精度的前提下，约提升了1倍的重建效率，更好地实现了多视图三角化过程中效率和精度的平衡。

表4-5　基于仿真数据的多视图三角化方法对比

高斯噪声/像素	方法	Type A 数据			Type B 数据			Type C 数据		
		执行时间/s	3D误差/m	2D误差/像素	执行时间/s	3D误差/m	2D误差/像素	执行时间/s	3D误差/m	2D误差/像素
6	中点法	0.648	0.023	6.107	2.521	0.021	5.945	0.853	0.017	5.825
	本章方法	1.761	0.017	5.728	5.971	0.018	5.938	2.251	0.016	5.801
	L_2Rep	2.996	0.015	5.704	11.668	0.017	5.936	4.005	0.016	5.797
12	中点法	0.617	0.045	12.244	2.462	0.059	11.941	0.810	0.036	11.652
	本章方法	1.802	0.031	11.669	5.675	0.037	11.883	2.068	0.031	11.595
	L_2Rep	2.841	0.030	11.620	11.678	0.035	11.879	3.933	0.029	11.582
24	中点法	0.603	0.094	25.953	2.578	0.208	24.278	0.849	0.078	23.498
	本章方法	1.914	0.063	23.009	7.191	0.074	23.781	2.382	0.064	23.216
	L_2Rep	3.224	0.059	22.905	14.965	0.071	23.773	4.017	0.059	23.180

2. 实际数据验证

为进一步验证本章方法，借助于瑞典隆德大学提供的公开数据集[25]进行实验。该数据集包含了不同场景下大量的图像数据，并提供了相机参数和不同视觉特征间的匹配关系。基于该公开数据集，利用上述3种多视图三角化方法实现了不同场景的三维重建，实验结果的统计数据如4-6所示。考虑该数据集中尚缺乏空间三维点的基准坐标值，与仿真数据验证不同，我们只根据2D反投影误差对多视图三角化结果进行对比分析。从实验结果可知，本章方法的2D反投影误差和L_2Rep的基本一致，低于中点法的。在三角化效率上，本章所述方法依然明显优于L_2Rep。根据给定的不同公开数据集，由本章方法得到的多视图三角化结果如图4-23所示。

表 4-6　基于公开数据集的多视图三角化方法对比

编号	视图数	三维点数	执行时间/s 中点法	执行时间/s 本章方法	执行时间/s L_2Rep	2D反投影误差/像素 平均值 中点法	2D反投影误差/像素 平均值 本章方法	2D反投影误差/像素 平均值 L_2Rep	2D反投影误差/像素 方差 中点法	2D反投影误差/像素 方差 本章方法	2D反投影误差/像素 方差 L_2Rep
1	1 208	159 055	23.082	43.014	91.910	1.088	1.078	1.077	0.217	0.206	0.205
2	800	354 134	22.303	45.273	93.063	0.816	0.805	0.805	0.302	0.289	0.287
3	1 498	231 507	33.786	66.944	134.205	0.807	0.799	0.798	0.331	0.316	0.315
4	761	53 857	10.998	20.410	40.532	0.942	0.936	0.936	0.196	0.191	0.190
5	322	156 356	9.440	15.233	31.873	0.651	0.649	0.649	0.270	0.266	0.265
6	179	25 655	2.723	5.736	11.04	1.127	1.122	1.121	0.386	0.377	0.376
7	290	139 951	14.52	26.328	53.46	0.970	0.968	0.967	0.170	0.169	0.168
8	92	84 643	6.366	11.699	22.445	0.387	0.385	0.385	0.121	0.119	0.119
9	131	28 371	3.812	7.254	14.793	0.807	0.802	0.802	0.175	0.170	0.169
10	368	74 423	8.370	15.871	34.350	1.032	1.023	1.022	0.209	0.202	0.200

注:不同数据集编号:1—Lund Cathedral;2—Aos Hus;3—San Marco;4—Orebro Castle;5—Buddah Statue;6—East Indiaman;7—Ystad Monestary;8—Round Church;9—Skansen Kronan;10—Skansen Lejonet。

(a) Lund Cathedral　　(b) Aos Hus　　(c) San Marco

(d) Orebro Castle　　(e) Buddah Statue　　(f) East Indiaman　　(g) Ystad Monestary

(h) Round Church　　(i) Skansen Kronan　　(j) Skansen Lejonet

图 4-23　本章方法在公开数据集下的多视图三角化结果

在上述公开数据集提供图像观测的基础上,叠加 σ 为 5 像素的高斯噪声,以验证本章方法在实际场景中的鲁棒性。不同方法得到的三角化结果如表 4-7 所示，相对于无外加噪声的多视图三角化结果，不同方法的执行时间几乎保持不变。在三角化精度方面，伴随着图像观测点的噪声干扰，所得三维点的 2D 反投影误差随外加噪声影响而有所增加。但在不同噪声情况下，本章方法和 $L_2\text{Rep}$ 在三角化结果上基本保持一致，明显优于中点法，该实验结果进一步证明了本章方法在不同实际噪声环境下的鲁棒性。

表 4-7　基于公开数据集的多视图三角化方法对比

编号	执行时间/s			2D 反投影误差平均值/像素		
	中点法	本章方法	$L_2\text{Rep}$	中点法	本章方法	$L_2\text{Rep}$
1	20.508	44.275	90.556	2.136	2.105	2.103
2	23.829	46.673	96.919	2.964	2.934	2.930
3	34.913	63.022	139.873	2.663	2.627	2.624
4	11.380	20.585	46.909	1.677	1.664	1.662
5	9.691	17.316	38.984	3.050	3.046	3.044
6	2.724	5.838	11.809	2.356	2.350	2.351
7	13.903	27.213	58.175	2.257	2.241	2.236
8	6.289	12.397	26.147	2.829	2.813	2.811
9	3.859	6.827	15.900	1.917	1.871	1.870
10	7.786	15.550	34.184	2.139	2.109	2.105

此外，基于上述公开数据集，对本章所述的在不同噪声情况下的平均迭代次数进行了统计，结果如图 4-24 所示。从图中可知，在无外加图像噪音的情况下，根据公开数据集提供的信息进行多视三角化时，其平均迭代次数约为 2.5，且在不同场景下保持高度一致。当给图像观测叠加 σ 为 5 像素的高斯噪声时，本章方法平均迭代次数增加至 2.9 次，与未叠加观测噪声的迭代次数差别不大。因此，该实验结果也说明了基于多视图的 3D 建模方法在不同的场景和噪声水平下，均具有较为稳定高效的收敛能力。

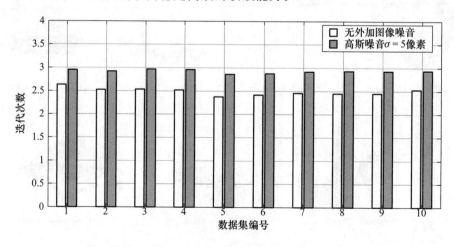

图 4-24　公开数据集中多视三角化的迭代次数

本 章 小 结

本章主要对增强现实中的三维建模技术进行了介绍。在基于双目结构光的 3D 建模方法中,通过构建视觉测量系统的极限可视空间,可实现测量视点的自主规划,从而快速、完整获取待测物体的数字化模型,为增强现实中虚拟 3D 模型获取提供了新的技术手段。此外,基于多视图的 3D 重建方法扩展了增强现实在大场景下的适用性。

本 章 参 考 文 献

[1] Connolly C. The determination of next best views[C]//Proceedings. 1985 IEEE International Conference on Robotics and Automation. Saint Louis:IEEE,1985,432-435.

[2] Blaer P,Allen P. Data Acquisition and view planning for 3D modeling tasks[C]//Proceedings of the IEEE/RSJ International Conference on Intelligent Robots and Systems. San Diego:IEEE,2007:417-422.

[3] Larsson S,Kjellander J. Path planning for laser scanning with an industrial robot[J]. Robotics and Autonomous Systems,2008,56(7):615-624.

[4] Vasquez-Gomez J,Sucar L,Murrieta-Cid R,et al. Volumetric Next-Best-View planning for 3d object reconstruction with positioning error[J]. International Journal of Advanced Robotic Systems,2014,11(159):1-13.

[5] He B,Zhou X,Li Y. The research of an automatic object reconstruction method based on limit visible region of the laser-scanning vision system[J]. Robotics and Computer-Integrated Manufacturing,2010,26(6):711-719.

[6] Martins F,Garcia-Bermejo J,Casanova E,et al. Automated 3D surface scanning based on cad model[J]. Mechatronics,2005,15(7):837-857.

[7] Sablatnig R,Tosovic S,Kampel M. Next view planning for a combination of passive and active acquisition techniques [C]//Proceedings of the 4th International Conference on 3D Digital Imaging and Modeling. Banff:[s. n.],2003:62-69.

[8] Sun C,Tao L,Wang P,et al. A 3D acquisition system combination of structured-light scanning and shape from silhouette[J]. Chinese Optics Letters,2006,4(5):282-284.

[9] Fang W,He B. Automatic view planning for 3D reconstruction and occlusion handling based on the integration of active and passive vision[C]//Proceedings of IEEE International Symposium on Industrial Electronics. Hangzhou:IEEE,2012:1116-1121.

[10] KriegelS,Rink C,Bodenmuller T,et al. Efficient next-best-scan planning for autonomous 3d surface reconstruction of unknown objects[J]. Journal of Real-

Time Image Processing，2015，10(4)：611-631.

[11] Horn B. Obtaining shape from shading information，Chapter 4 in the psychology of computer vision[M]. [S. l：s. n.]，1975，115-155.

[12] Roxo D，Gonçalves N，Barreto J. Perspective shape from shading for wide-FOV near-lighting endoscopes[J]. Neurocomputing，2015，150(PA)：136-146.

[13] Todorovic D. How shape from contours affects shape from shading[J]. Vision Research，2014，103：1-10.

[14] Tsai P，Shah M. A fast linear shape from shading[C]//Proceedings of IEEE Conference on Computer Vision and Pattern Recognition. Champaign：IEEE，1992：734-736.

[15] Wu C. Towards linear-time incremental structure from motion[C]//Proceedings of International Conference on 3D Vision. Seattle：[s. n.]，2013：127-134.

[16] Schonberger J，Frahm J. Structure-from-motion revisited[C]. Proceedings of IEEE Conference on Computer Vision and Pattern Recognition. Las Vegas：IEEE，2016：4104-4113.

[17] Hartley R，Zisserman A. Multiple view geometry in computer vision[M]. 2nd. Cambridge：Cambridge University Press，2004.

[18] Stewenius H，Schaffalitzky F，Nister D. How hard is 3-view triangulation really? [C]//Proceedings of IEEE International Conference on Computer Vision. Beijing：IEEE，2005：686-693.

[19] Agarwal S，Chandraker M，Kahl F，et al. Practical global optimization for multiview geometry[J]. International Journal of Computer Vision，2008，79(3)：271-284.

[20] Dai Z，Wu Y，Zhang F，et al. A novel fast method for L∞ problems in multiview geometry [C]//Proceedings of European Conference on Computer Vision. Florence：[s. n.]，2012：116-129.

[21] Zhang Q，Chin T. Coresets for triangulation[J]. IEEE Transactions on Pattern Analysis and Machine Intelligence，2018，40(9)：2095-2108.

[22] Hartley R，Kahl F，Olsson C，et al. Verifying global minima for L2 minimization problems in multiple view geometry[J]. International Journal of Computer Vision，2013，101(2)：288-304.

[23] Yang K，Fang W，Zhao Y，et al. Iteratively reweighted midpoint method for fast multiple view triangulation[J]. IEEE Robotics and Automation Letters，2019，4(2)：708-715.

[24] Mur-Artal R，Tardos J. ORB-SLAM2：an open-source SLAM system for monocular，stereo，and RGB-D cameras[J]. IEEE Transactions on Robotics，2017，33(5)：1255-1262.

[25] Enqvist O，Kahl F，Olsson C. Non-sequential structure from motion[C]//Proceedings of IEEE International Conference on Computer Vision Workshops. Barcelona：IEEE，2011：264-271.

第5章

增强现实的显示技术

通过前述第3章和第4章的描述,可将虚拟模型以合适的位置和朝向叠加在真实场景中,实现虚实融合的空间数据表征。如何基于不同的显示方式和显示器特点,将该数据模型以直观可视化方式呈现在观察者视场中,也是增强现实中的关键环节之一。其中,视觉作为人类获取信息的主要方式,在增强现实系统中承担着主要的感知任务,因此本章将结合当前主流的增强现实显示设备,对现有增强现实显示器的特点、技术发展趋势和类型进行介绍。

5.1　视觉感知的基础知识

5.1.1　视觉方式

增强现实头戴式显示装置可基于单目/双目视觉进行分类,从这个维度来看可分为以下三类:单目式、双目单镜式和双目双镜式。

（1）单目式

单目式显示装置通过一只眼睛前面的显示装置提供一个视觉通道,另一只眼睛可以自由观察正常的现实世界〔如图5-1（a）所示〕。单目式显示装置一般尺寸较小,在军事航空领域使用的仪器和装置多属于此类显示方式,如 Google Glass 或 Vuzix M400 系列（详见本书第9章）。

（2）双目单镜式

双目单镜式显示装置为两只眼睛提供一个视觉通道〔如图5-1（b）所示〕,这种装置没有立体视觉,一般适用于近距离作业场景,如弧焊培训系统所用的装置。

（3）双目双镜式

双目双镜式显示装置是双眼双通道式,即每只眼镜都有单独的视觉通道,但各自的视点稍有不同,这是模仿人的视觉系统并形成立体视觉效果的装置〔如图5-1（c）所示〕,如 Hololens。

不同视觉方式的特点如表5-1所示。

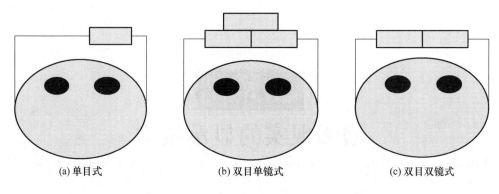

(a) 单目式　　　　　　　(b) 双目单镜式　　　　　　　(c) 双目双镜式

图 5-1　头戴式显示设备的不同视觉方式示意图

表 5-1　按视觉方式分类的显示装置特性

视觉方式	优点	缺点
单目式	重量轻,外形小,不分散注意力,容易整合和调校	可能产生双目视觉冲突、主视眼问题,视野小,无立体视觉的深度信息显示,物体对比度小,无实境式体验
双目单镜式	重量比双目双镜式的稍轻,适用于需要实境式体验、均衡批量加载的近距离作业场景	重量较大,视野和外围信息线索有限,无立体视觉深度信息,通常镜片较大而不容易适应
双目双镜式	可获得立体图像,深度信息线索多,实境体验	重量最大,最复杂,成本最高,需要精确调校

5.1.2　视觉结构的基本概念

如 5.1.1 节所述,现有增强现实头戴式显示器可采用很多种不同的显示技术,每个显示器都需要特有的视觉设计,有的是为了让使用者能注视距离其眼镜只有几英寸的显示平板,有的是为了把轴外位置的图像传递到视场内。但所有的增强现实头戴式显示器都有一些共同的特性和考虑内容。下面将就这些基本概念进行探讨。

（1）视野

增强现实的头戴式显示器需要考虑的一个关键点是视野,其用来表示双眼可见的虚拟图像的尺寸,用角度表示。因为不同的双目双镜式显示装置在左、右视野的重叠范围差别很大,因此有必要同时用双目双镜各自的水平视野角度和总的视野角度值来表示其视野范围。对于健康的成年人,双眼水平视野的平均值约为 120°,总视野约为 190°,垂直视野约为135°[1]。其中双目水平视野是两只眼睛视野重叠的部分,对场景深度感知非常重要,在此范围内的物体可根据其在左、右眼上的成像效果进行位置估计。不同视野范围如图 5-2 所示。

（2）瞳孔间距

瞳孔距离是两只眼睛瞳孔中心的距离,这个参数对所有双目视觉系统都极其重要,无论是对于标准的眼镜还是头戴式显示器。瞳孔间距的设定正确非常关键,如果眼镜和镜片的相对位置调整不当会导致图像变形,从而出现眼镜疲劳、头疼和眩晕。目前,一般成年人的平均瞳孔间距是 63 mm,浮动范围是 50～75 mm,孩子的最小瞳孔间距约是 40 mm。

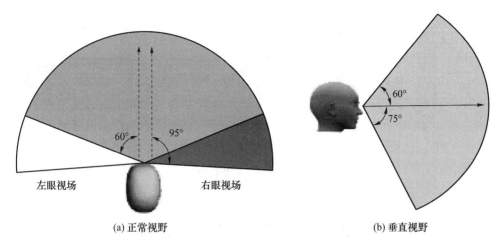

图 5-2　人类的不同视野范围

（3）出瞳距离

头戴式显示器的出瞳距离是眼镜的角膜至距离最近的一个光学设备表面的距离。出瞳距离是使用者能获得显示器的整个视野角度的距离，这是一个非常重要的考虑因素，尤其是对于戴视力矫正镜片的使用者，其眼镜所需的出瞳距离大约为 12 mm。因此，调整出瞳距离会直接影响设备使用者实际感受到的视野。

（4）出瞳直径

出瞳直径是指通过光学系统光线透射至眼睛的光束直径。目前光学系统的出瞳必须与人眼瞳孔相匹配，以保证人眼可以看到系统的整个视场。当人眼固定时，人眼瞳孔的位置不变，与光学系统的出瞳位置重合，瞳孔直径可以从日光下的 2 mm 变为暗光下的 8 mm[2]。经统计，人眼的平均瞳孔大小约为 4.11 mm[3]，这种情况下要求光学系统出瞳直径与瞳孔直径相同。

在一般情况下，为保证良好的佩戴体验，防止眼球转动和头盔下滑造成的图像信息丢失，出瞳直径需大于最小眼动范围，因此目视光学系统的出瞳直径不应小于 4.5 mm。但是过大的出瞳直径会浪费没有汇入眼瞳的部分光线，还会引入大量的杂散光线。

（5）光学显示架构

眼镜中的光学设备主要解决以下 3 个问题。

① 对视野内容进行瞄准，使它呈现出更大的距离。

② 对视野的内容进行放大，方便用户观看。

③ 光的折射传递到用户视野中。一般有两种光学设计——非直视型和直视型。

非直视型结构是由一系列单独的镜片组成的，如常见的 HTC Vive 和 Oculus Rift 都是基于这种设计，这种设计通过放大镜直接投射到显示屏上。直视型结构需要在视窗里面进行更加复杂和轻便的设计，在进行光渲染的时候，它们会造成明显的枕形失真，需通过镜片产生的桶形失真来抵消这种效果，这种设计往往用于那些并不需要沉浸感的设备中，如 Hololens 和 Google Glass，如图 5-3 所示。

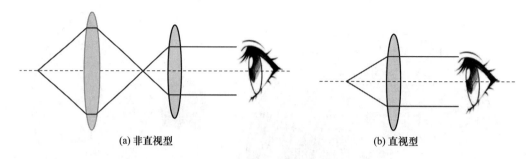

(a) 非直视型　　　　　　　　　　　　　　　(b) 直视型

图 5-3　光学显示架构设计

5.2　显示装置的基本特点

5.2.1　成像显示技术

近年来,头戴式增强现实系统采用的成像与显示技术取得了巨大进步。在显示技术领域中,阴极射线管式显示器(Cathode Ray Tube,CRT)曾一度主导高端市场,但目前已基本被新的显示技术替代,而且每一种新技术较过去都有了极大完善:重量更轻而且应用更便捷[4]。下面将对这几种主流显示技术进行比较分析。

（1）液晶平板显示

液晶平板显示技术是相对成熟的技术,在开始阶段主要应用于虚拟和增强现实的近距离显示,LCD 现在多用于高清电视、台式计算机、笔记本式计算机的显示器以及平板和手机的显示装置中。

LCD 是一种电子调质投射性显示装置,由两层极化材料组成,这两层材料的轴线相互垂直,两层极化材料之间呈蜂窝状,这些"蜂窝"横竖排列有序,"蜂窝"内是液晶分子,如图5-4 所示。电流穿过每个"蜂窝"内的液晶都会使晶体在整齐排列和不整齐排列两种状态间变化,改变穿过液晶材料的电流会让每个阵列的"蜂窝"变成快门,调节光的穿行。对于彩色LCD,在现有的层式结构上还得加上一层红、绿、蓝色的滤光器,而且每个滤光器相对于每个"蜂窝"的位置都必须精确。

因为液晶材料自身不能发射光,所以必须通过单独的光源供光。目前小型 LCD(如手表上的 LCD)通常是用反射的环境光,彩色 LCD 平板(如部分头戴式设备的显示装置)一般是通过显示平板周边的蓝色 LED 提供照明。因此这种技术在动态对比度、宽容度等方面不如其他显示技术,但是由于其显示成本低廉,目前在加工技术和生产规模等方面仍然领先于其他显示技术。

（2）有机发光二极管显示

有机发光二极管显示技术是固态显示技术,也称为有机电激光显示、有机发光半导体显示。OLED 属于一种电流型的有机发光器件,是通过载流子的注入和复合而发光的现象,发光强度与注入的电流成正比。在电场的作用下,OLED 阳极产生的空穴和阴极产生的电子

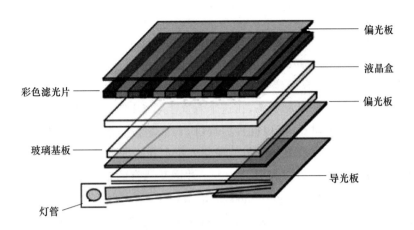

图 5-4 液晶显示结构图

会发生移动,分别向空穴传输层和电子传输层注入,迁移到发光层。当二者在发光层相遇时,产生能量激子,从而激发发光分子,最终产生可见光。

OLED 显示装置有两种类型:被动式 OLED(PMOLED)和主动式 OLED(AMOLED),两者间的区别在于电子驱动结构。PMOLED 采用复杂的电子网格结构来控制每行的单个像素,没有储能电容器,因此其更新速度慢、维护像素状态的能耗较高。PMOLED 一般用于简单的字符和图标显示。适合增强现实近距离显示的是 AMOLED,其可以实现单个像素的高水平控制,而且能完全关闭像素以实现深颜色和高对比度。

与 LCD 相比,AMOLED 有以下方面的优势:可以做得非常薄,因为不需要背光源(自身能产生光),功耗低,更新速率快,滞留时间短和分辨率高。目前市场上头戴式显示装置大多数采用 AMOLED 模块成像(如图 5-5 所示)。但 AMOLED 的有机发光材料容易与环境发生反应而出现色彩漂移现象,且与 LCD 显示相比,其显示成本较高。

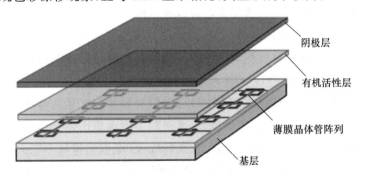

图 5-5 AMOLED 的显示结构

(3)数字光处理投影显示

数字光处理投影(Digital Light Processing,DLP)显示属于激光投影显示技术的一种,其基于数字微镜器件(Digital Micromirror Device,DMD)实现数字光处理,不需要偏振光,效率高,且机械结构可靠性高。DMD 因其特有的结构和小尺寸,可以与增强现实近眼显示装置整合。虽然 DMD 在工艺、成品率和成本等方面还存在不足,但依然代表着现有显示技术的最新进展。

（4）硅基液晶显示

硅基液晶（Liquid Crystal on Silicon，LCoS）显示技术是 LCD 和 DLP 技术的交叉融合。LCD 由蜂窝序列组成，蜂窝内有液晶分子，通过控制液晶分子的相位可以调节每个像素的状态。相比之下，DLP 显示装置采用的是微镜序列，每个微镜都单独控制，通过控制镜片的倾斜角度可调节每个像素的状态，在这个意义上看 DLP 是一种反射技术。LCoS 显示是发射性和反射性技术的融合，其以硅片为基材，其上涂覆一层反射率很高的材料，利用向列型或铁电体的液晶调节从背光板反射的场序列彩色光生成图像。

与上述 DLP DMD 解决方案类似，LCoS 芯片因其特有的结构和小尺寸，可以与增强现实的近眼式显示装置整合，Google Glass 就是采用 LCoS 显示技术的例证。当前，DLP、LCoS 和 AMOLED 显示是增强现实头显系统的主流选择。在一般情况下，DLP 显示和 LCoS 显示的亮度较高，故常作为亮度衰减严重的光学模组的图像源。AMOLED 显示不需要额外的照明系统，可以实现系统紧凑化，常用于亮度衰减不严重的光学模组中。

5.2.2　视场

光学系统的视场（Field of View，FOV）取决于图像源（微显示器）的尺寸和目视光学系统的有效焦距，假设 l 为微显示器对角线的尺寸，f 为有效焦距，则半视场角 ω 可以表示为

$$\omega = \arctan \frac{l}{2f} \tag{5-1}$$

在一般情况下，人双眼视场中心 20°左右的区域为视觉敏感区，在这个区域内支持清晰文字阅读，因此这个区域的优良像质是设计的最低保证。在很长的一段时期内，人们普遍认为视场越大越好，甚至将 FOV 作为评判和对比增强现实头显的唯一标准。因此在头显的设计中，经常牺牲角分辨率、体积重量等参数以尽量增大视场角。但是这个观点在近几年受到了质疑。首先，不同的应用场景对 FOV 的要求并不完全相同。例如，虽然模拟训练和娱乐等主打沉浸感的应用场景需要更宽的 FOV，大视场能更好地避免打破沉浸，但是旨在为用户提供信息的应用场景对 FOV 的要求不高。该类场景要求 AR 头显能够显示足够清晰的文字和图像，即对光学模组的分辨率要求较高，但分辨率与视场两者相互制约，只能牺牲视场以寻求更高的分辨率。其次，视场越大，增强现实中虚拟图像显示得越大，这可能会遮挡真实环境，不能保证用户安全性。最后，若视场较大（虚拟图像显示较大），则当用户需要观察超过视觉敏感区以外的内容时，更多地会选择转动头部而不是转动眼珠，频繁的头部转动会导致体验感较差。

因此，FOV 并不是评判 AR 头显性能的唯一因素，FOV 的选取须与不同的应用场景进行匹配。更大视场的需求在很大限度上取决于头显的设计目的，如对于玩游戏的消费者用例，更大的视场将能增加沉浸感，而 40°×30°的视场对大多数专业用例而言已经足够（如工业维护和检查等），因为焦域小，可以增加使用的安全性。当前几种典型的 AR 眼镜（如 Hololens、Magic Leap One 等设备）的视场角如图 5-6 所示（为简单起见，所有视场都绘制成矩形形式）。

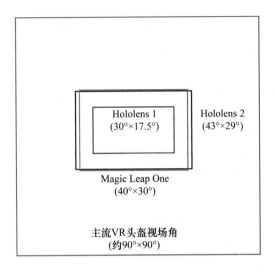

图 5-6　典型 AR 眼镜的视场

5.2.3　分辨率与刷新率

人眼借助头显所观察到的图像空间分辨率(以角度表示,即角分辨率)取决于图像源的分辨率和光学模组的成像质量,空间分辨率的极限取决于微显示器(图像源)的像元尺寸和光学模组的有效焦距。假设 μ 为微显示器的像元尺寸,f 为有效焦距,l 为微显示器对角线的尺寸,ω 为半视场角,则角分辨率 η 可以表示为

$$\eta = \arctan \frac{\mu}{f} \tag{5-2}$$

由式(5-1)可以得到如下表达式:

$$\tan \eta = \frac{2\mu \tan \omega}{l} \tag{5-3}$$

由式(5-1)和式(5-3)可知,假定微显示器的对角线尺寸和像元尺寸不变,如果头显光学系统的有效焦距减小,则视场角会增大,空间分辨率也会增大,成像质量随之下降。如今,随着微显示技术的不断发展,微显示器的像素密度越来越大,分辨率也越来越高,故可以采用高分辨率的显示器平衡角分辨率与视场角之间的关系,但是这并不表明其间的制约关系消失。此外,最小化像元尺寸以提高分辨率,对微显示器的研制和光学系统的设计均有极大的挑战性,故光学设计者往往需要在视场和分辨率之间寻求平衡。

在可获得的视场与系统分辨率之间寻求折中的同时,系统分辨率还需要与眼睛的分辨率相匹配。$1'$ 的分辨率是眼睛特别好的人在十分理想的情况下(足够明亮的晴天,同时无反光)通过白纸上的黑条测试得到的结果[5]。实际上,普通人的眼睛无法达到 $1'$ 的分辨率。另外,对于昏暗中的点光源,人眼分辨率最高为 $2'$,普通人的分辨率约为 $3'\sim5'$。对于近视的人,他们对实物的分辨率会更低。就 AR 头显而言,由于光学模组像差的存在,人眼的感知分辨率可能会比显示器的真实分辨率低很多。因此,在克服光学模组成像质量这一限制的同时,最理想的空间分辨率应该接近或稍微超越人眼视觉极限($1\sim2'$)。

显示分辨率的最终目标是达到人类视觉极限或略微超过 $1'\left(\frac{1}{60}°\right)$。基于市场对提升规格的需求，目前大多数智能手机的分辨率远高于人眼在正常情况下所能感知的分辨率。例如，在离手机显示屏 40 cm 外查看显示屏尺寸为 14 cm 的智能手机时，手机屏幕约覆盖人眼视场 20°的范围，所以长边不需要超过 1 200 像素，但是，今天依然有一系列的智能手机的显示分辨率要比这个数字高出 50%。

对于智能手机，用户直接看着屏幕，所以没有光学元件会以负面方式影响显示面板提供的像素质量。对于增强现实设备，尽管复杂的光学系统位于用户眼睛和显示面板之间，但它们会严重降低图像质量，使得感知分辨率（到达眼睛的分辨率）显著低于显示面板的分辨率。正如 Karl Guttag 所说[6]，Magic Leap One 的有效分辨率仅为其面板分辨率的一半，类似地，Hololens 显示器在从 LCoS 到眼睛的光路中损失了大量的分辨率。

5.2.4 亮度和透光率

亮度是人对发光强度的主观度量，单位为尼特（nit）。平板显示器的亮度通常在 300～400 nit，电视的亮度在 400 nit 以上[7]。AR 头显中的亮度是指光学系统放大的虚拟图像的亮度，即出瞳平面处的亮度。假定显示屏的亮度为 L_d，准直透镜的透射率为 T_c，光学合成器的反射率为 R_s，则出瞳平面处的亮度为

$$L = L_d T_c R_s \tag{5-4}$$

足够的亮度可以保证虚拟图像在阳光直射的环境下也能清晰可见，而大多数 AR 头显的亮度较低，故产品仅支持在室内使用，在室外几乎无法使用。为缓解这一问题，一些 AR 头显采用 Birdbath 等光学模组来阻挡环境光射入或采用染色镜片来减少光能损失，提高光学模组的相对亮度，但在这种情况下，光学模组的透光率会随之降低。透光率是指人眼透过光学元件所接收到的环境光在总环境光的占比。最理想的透光率是 100%，然而现有 AR 头显的透光率还难以达到这个数值。据统计，Hololens 的透光率大约在 40% 左右[8]，尽管低透光率可能会被普通消费者接受，但却难以被许多专业级应用场景接受。例如，在工业生产领域，透光率对作业安全的影响较大。因此，提高透光率是当前 AR 头显所面临的挑战之一。

5.2.5 延迟

增强现实的延迟是指从人的头部移动开始一直到头戴式显示器的光学信号映射到人眼的等待时间。下面就是画一次增强现实图像所经过的步骤。

（1）追踪头戴式显示器的姿态，也就是其在现实世界中的位置和朝向。

（2）应用程序基于取得的姿态数据绘制立体的场景画面。

（3）图形硬件需要把绘制的场景画面传输到头戴式显示器的屏幕上。

（4）基于收到的像素数据，屏幕的每个像素开始发射光子。

（5）在某个时刻，屏幕需要为每个像素停止发射特定的光子。

根据研究，这个延迟只有控制在 20 ms 以内，人体才不会有排斥反应。当然，由于每个

人对延迟的敏感度和排斥反应不同,因此,其对延迟的容忍度会有所不同。目前,增强现实的延迟主要由以下 2 个方面造成。

(1)传感器以及信号传输造成的延迟

数据传输和滤波造成的延迟基本是固定的,但是由于传感器数据的输出帧率和渲染帧率不一致,因此会带来一个可变的延迟。在传感器方面,对头部活动的预测有可能减少一定的延迟,但是一个很复杂的人类头部模型也只能处理头部以一个比较均匀的速度移动的情况,对头部开始运动和运动状况剧变的情况很难处理。

(2)显示造成的延迟

现有头显屏幕主要分为 LCD 屏幕和 OLED 屏幕,LCD 屏幕上的一个像素由一个值转变成另一个值大约需要 10 ms,经过优化这个数值可以减少 50%。相比之下,OLED 屏幕上的像素转化所需要的时间更少,一般都在 1 ms 以内。

不过随着屏幕技术的发展,现在的 AMOLED 以及 TFTLCD 这种有源矩阵屏幕已经很好地解决了屏幕显示延迟的问题。这些屏幕上的每一个像素点都可以控制开关,屏幕上的图像可以在同一时间显示,尤其是使用 AMOLED 屏幕可以把图像显示这一步的延迟控制到数毫秒之内。

5.2.6 畸变

畸变即图像变形,指的是不同视场的主光线经过光学系统所得到的实际像高与理想像高间的差值。AR 头显的畸变包括透视畸变和虚拟图像畸变,设计时最好控制畸变在 5% 以内。在光学透视式 AR 头显中,虽然有些光学模组有助于提升光学显示效果,但可能在一定程度上对真实世界的光线造成影响,这会导致真实世界图像观感扭曲变形,降低体验。因此在 AR 头显设计中,需要尽量降低透视畸变。

5.2.7 人因工程学

在理想情况下,用户在使用增强现实设备观看时应该感到舒服。对于固定式的显示设备,主要需要为用户安排合理的工作空间。但对于移动设备,用户疲劳的风险更大,因此更难实现可接受的人因工程学特性。例如,手持设备必须与用户的视野方向保持一致。

AR 头显的机身体积和重量是目前面临的设计难题之一,大的视场、出瞳直径和出瞳距离意味着 AR 头显的体积不会太小。体积过大的 AR 头显不利于用户移动,实用性较差,故在光学设计过程中,需要合理优化 AR 头显的体积。

在一般情况下,AR 头显的重量最好不要超过 80 g,否则容易产生不适。但是如果设计合理,重量分配均匀,则人的头部可以承受 80 g 以上的重量[9]。例如,人耳和头顶可以承受比鼻梁更多的重量,故合理规划重心位置是很有必要的。为提高佩戴的舒适性,与 Holoens 1 相比,Hololens 2 采取了重量平衡分布设计,将重心向后移动了 58 mm,并且把设备后部扩宽,在起到保护作用的同时,让脊柱来分担一部分重量,有效优化了使用者的体验,提高了用户的舒适度。

5.3 增强现实显示器

在介绍完上述关于显示技术的基础知识后,我们需要用哪种显示器来展示一个令人信服的增强现实效果呢? 最理想的情况是用一种非侵入、舒适、高分辨率、大视场、带有高动态范围的近眼显示器来代替市面上的计算机屏幕。在可以预见的未来,增强现实将会结合多种显示技术,包括近眼显示、手持式显示、固定式显示和投影式显示等技术。下面将介绍这些与增强现实相关的显示技术。

在此根据显示设备与人眼距离的关系,对增强现实的视觉显示设备进行讨论。根据Bimber 等的描述[10],可根据设备到人眼间的距离对增强现实的视觉显示设备进行分类(如图 5-7 所示),下面依次从头戴式显示器、手持式显示器、固定式显示器和投影式显示器展开描述。

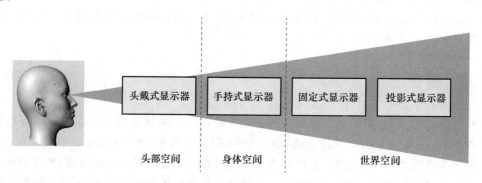

图 5-7　视觉显示设备种类划分示意图

5.3.1 头戴式显示器

头载式显示器固定在人体头部,利用设置在眼睛前方的微型显示器,使得虚拟图像可以叠加显示在眼睛观察的真实物体上,从而实现增强现实效果。根据具体实现方式的不同,可将其分为视频透射式显示器与光学透射式显示器[13]两类(如图 5-9 所示)。

视频透射式显示技术将相机获取的真实场景传送给计算机,由计算机对场景进行分析与整理,以视频的形式呈现给用户〔如图 5-8(a)所示〕。在经过计算机对场景和虚拟信息进行整合之后,显示的效果较好,匹配较为准确,但这种显示方式的真实感较差。光学透射式显示技术一般是将虚拟的内容投射到眼前的半反半透镜片上,此时人眼观察到的是虚拟图像与真实场景相叠加的图像〔如图 5-8(b)所示〕,结合三维跟踪注册技术,可以实时地观察到增强的场景内容,显示方式更为自然。

对于视频透视式显示器,相机将记录真实世界的视图,然后通过不透明显示器进行显示,如 OLED 或 LCD。在视频透视式增强现实中,实际上决定可呈现的真实世界信息量的是相机视场,而非显示器视场。在观看视频透视式显示器时,虚拟内容通过常见的视频混合技术进行添加,不需要直接观察真实环境,这意味着可以进行任何类型的操作,包括显示黑

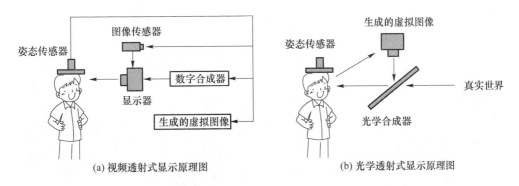

图 5-8　透射式显示示意图

色虚拟内容和令现实世界变暗。此外,一个视频透视式显示器通常智能覆盖用户视野的某一部分,自然光可以从周围进入,且其显示效果严重依赖电子元件的运行。例如,相机工作异常会导致其无法显示任何有意义的图像,这种现象在外科手术和驾驶飞行等紧急情况下是非常危险的。

伴随着移动终端(如手机、平板电脑)的普及和发展,摄像头已作为其必不可少的基础传感器,为视频透视式显示提供了天然环境〔如图 5-9(a)所示〕。尽管如此,现在几乎所有专业的增强现实眼镜都采用光学透视式显示。原因十分简单:在视频透视式显示的情况下,我们在讨论的所有挑战都适用于真实视图和虚拟内容。相比之下,光学透视式显示仅适用于虚拟内容,而通过巧妙的 UI 设计我们可以更好地进行控制〔如图 5-9(b)所示〕。动态范围是一个典型例子:具有巨大动态范围的人眼可以看到一个站在阳光下的人和一个站在阴影中的人相邻站立,但是今天的相机和显示器仍无法实现[12],要么阴影中的人过暗,要么阳光下的人太亮。另外,视频透视式显示存在安全和人类因素等需要解决的问题,这些都为光学透视式显示的发展提供了基础条件。

(a) 视频透视式增强现实　　　　　　　(b) 光学透视式增强现实

图 5-9　典型透射式增强现实示例图

5.3.2　手持式显示器

手持式显示器借用手持移动终端的显示屏作为增强现实的显示设备,或者采用带有分束器的手持镜等设备,通过光学合成器融合反射图形,在投影面上显示 AR 图像。手持式显示器以摄像头作为图像输入设备，有自带的处理器和显示单元，具备了进行 AR 开发的所有条件，如图 5-10 所示。在市面上，很多增强现实 App 都是围绕这类设备开发的。

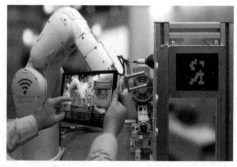

图 5-10　手持式显示器

手持式显示器生成的图像可以在手臂伸展的范围内自由移动，用户在操作时需要占用至少一只手，这将会对使用者的操作与控制带来不便，也会使用户感到疲劳。在使用移动终端显示屏幕作为增强现实显示设备时，还对移动终端自身的性能和能耗都提出了较高的要求，在当前高密度二次电池技术没有突破性进展的情况下尚未得到很好的解决。并且，通过配备摄像头的智能手机或平板电脑的"镜头"观察他人周围的增强内容，会被认为是一个不友好的行为。

5.3.3　固定式显示器

固定式显示器〔如图 5-11 所示〕也称为桌面显示器，这是我们日常生活中最常见的一类显示器了。给它添加一个网络摄像头，就可以完成增强现实任务。该摄像头可以捕捉空间中的图像，然后估计摄像头的位置和朝向，最后计算生成虚拟信息，并进行虚实融合，将其输出到桌面显示器上。这类设备适合做一些科研类的开发，对于商业应用显得有些笨重，比起手机和平板电脑来说稍逊一筹。

图 5-11　固定式显示器

还有一些固定式显示器，如雾幕、水幕、全息膜等，在这些显示器上面投影出增强信息可以实现增强现实效果。与头戴式显示器相比，固定式显示器营造的沉浸感较低，但允许多用户同时观看，因此在一定意义上更适合群体应用。虽然固定式显示器也有各自的人因工程学和社会接受的问题，但是将来可接受度可能更高。

5.3.4 投影式显示器

投影式显示器通过直接将虚拟信息投影到真实的环境表面,达到对真实环境增强的效果,为观察者提供更加直观的信息显示方式。这种显示方式具有比较宽的视场,且拥有更多的用户自由度。与穿戴式和手持式显示器相比,投影式显示器无须手持或穿戴任何设备即可为用户提供增强信息,且用户所处的物理环境被投影仪所投射出来的图像增强了,这是对整个物理环境的增强。

在投影式显示中,根据不同的应用目的,可以使用单个固定的投影仪。此外,为了增加灵活性和投影范围,也可以把投影仪安装在旋转装置上或者利用多个投影仪来扩大投影范围或实现立体投影。例如,微软研究院开发了 RoomAlive 系统[13],该系统主要由投影仪、Kinect 传感器和计算机组成,投影仪将图像投影到房间的各个角落,能够将房间投射成一个沉浸式的体验环境,并允许操作者与计算机进行交互。Kinect 传感器及骨骼跟踪技术可使计算机跟踪识别操作者的触摸、踩踏、射击和躲避等动作,并与投影图像进行互动,如图5-12 所示。

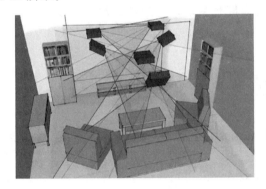

图 5-12 微软 RoomAlive 投影式增强现实系统

2014 年,南澳大利亚大学的 Marner 等人将空间增强现实中的空间用户界面概念应用于基于投影设备的大规模增强现实系统中[14]。他们在实验中对大型体积的物理对象进行虚拟图像投影,且投影面是非平面的,物理对象能够提供自然的被动触觉反馈。结合投影机的水平和垂直视场、主点、焦距、位置和方向得到相应参数,并找到投影仪像素点与世界坐标系中已知三维位置之间的对应关系,如图 5-13 所示。此系统支持用户与虚拟投射信息之间的协作,在大规模的基于投影式显示器的增强现实系统中具有较好的显示效果。

总体来说,基于投影式显示器的增强现实系统主要具有如下优势。

(1)高分辨率。适于用户观察,可提高用户对增强显示环境的适应性和舒适度。

(2)具有较大的视场。场景和光照在理论上不受维度限制,可以满足不同场景需求。

(3)友好的人体工效。工人无须穿戴相应的硬件设备,改进了用户适应环境的因素。此外,基于投影式显示器的增强现实环境一般是室内环境,环境条件相对比较容易控制,所以在跟踪效果上能达到比较高的准确性和一致性。

在拥有上述优点的同时,基于投影式显示器的增强现实系统也具有以下局限。

(1)遮挡问题。投影光线容易被实物遮挡,有碍于产生沉浸感。

(2)不支持移动增强显示应用。投影仪一般是固定的,即使能移动,也很难做到实时

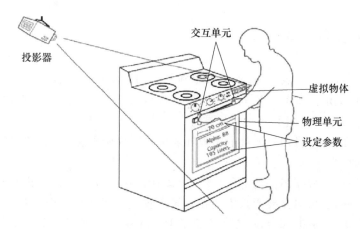

图 5-13　基于投影式显示器的增强现实系统

应用。

（3）不利于直接交互。用户如果和被增强的物体直接交互（如用手触摸），可能就会产生遮挡。

因此，在实际增强现实应用过程中，可结合实际场景需求合理设计和使用投影式显示方式。

5.4　光学透视式显示

光学透视式显示技术能够将虚拟与现实世界的信息直接透射至人眼，利用光学系统将投射的虚拟物体与真实场景融合，并在人眼中进行显示，实现对真实场景的增强，且能够保证清晰的视点与背景。当前，几乎所有商用 AR 设备都采用光学透视方案，光学透视式显示器允许用户"直接"（通过一组光学元件）感知现实世界。为此，下面将对现有增强现实中的光学透视式显示器进行介绍。

目前市面上采用光学透视式显示的 AR 眼镜主要采用微型显示屏和棱镜、自由曲面、Birdbath 和光波导等光学元件的组合。基于不同的光学组合可构成不同的光学方案，在实际使用过程中基本是在分辨率、视场角、图像质量、硬件重量、适配和形状参数等特征之间权衡。现有应用在 AR 光学透视式显示的光学方案主要有棱镜方案、Birdbath 方案、自由曲面方案及光波导方案等。

5.4.1　棱镜方案

棱镜光学显示系统主要由投影仪和棱镜组成。投影仪把图像投射出来，然后棱镜将图像直接反射到人眼视网膜中，与现实图像相叠加。由于系统处于人眼上方，需要将眼睛聚焦到右上方才能看到图像信息，而且这一套系统存在视场角和体积间的天然矛盾。这种方案特点是价格便宜，体积小，但视场角较小，同时由于棱镜体积较大，因此很难不遮挡视线，且棱镜重量也很难降低。其中以 Google Glass 为典型代表[15]（如图 5-14 所示），其仅有 15°的视场角，但是光学镜片却有 10 mm 厚，而且亮度也不足，图像存在较大的畸变。

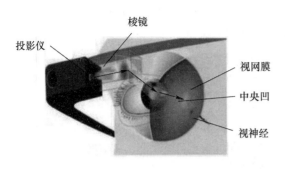

图 5-14　棱镜光学显示示意图

5.4.2　Birdbath 方案

Birdbath 方案中的光学设计是把来自显示源的光线投射至 45°角的分光镜上,分光镜具有反射和透射(R/T)值,允许光线以 R 的百分比进行部分反射,而其余部分则以 T 值传输;允许用户同时看到现实世界的物理对象,以及由显示器生成的数字影像。从分光镜反射回来的光线透射到合成器上,合成器一般为一个凹面镜,可以把光线重新导向眼睛,如图 5-16(a)所示。

Birdbath 方案具有结构简单、成本低、可实现较大 FOV 的优点,但同时体积也比较大,且当光源从分光镜里面和外面反射时,可能会出现重影的现象。目前采用这种光学显示方案的 AR 头显装置主要有联想的 Mirage AR 头显[16]〔如图 5-15(b)所示〕与 AR 眼镜 Nreal Light 等[19]。

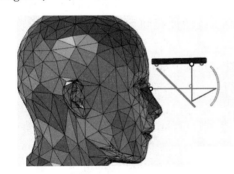

(a) Birdbath的光路原理图

(b) Mirage AR眼镜

图 5-15　基于 Birdbath 的 AR 光学显示

5.4.3　自由曲面方案

自由曲面方案中一般采用有一定反射/透射(R/T)值的自由曲面反射镜,自由曲面是一种有别于球面或者非球面的复杂非常规面形,用来描述镜头表面面形的数学表达式相对比较复杂,往往不具有旋转对称性。显示器发出的光线直接射至凹面镜/合成器,并且反射回眼内,显示源的理想位置居中,并与镜面平行,如图 5-16(a)所示。从技术上讲,理想位置是令显示源覆盖用户的眼睛，所以大多数设计都将显示器移至"轴外"，设置在额头上方。凹面镜上的离轴显示器存在畸变，需要在软件/显示器端进行修正。

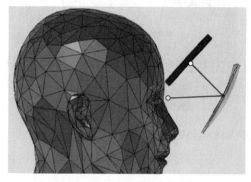
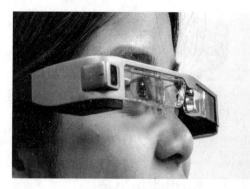

(a) 自由曲面棱镜的光路原理图　　　　　　　　　　(b) Epson BT300眼镜

图 5-16　基于自由曲面棱镜的 AR 光学显示

由于自由曲面不仅能为光学系统的设计提供更多的自由度，使系统的光学性能指标得到显著提高，还能为系统设计带来更加灵活的结构形式，其中最具代表性的产品有 Epson BT 300 眼镜[18]〔如图 5-16(b)所示〕，其设计方法基于传统几何光学，可实现较好的成像效果，不管是对比度、分辨率、色彩、视场角还是光学效率都能得到有效的保证。与 Birdbath 方案相比，自由曲面方案中的显示器远离眼睛，能做到更大的视场角，且光线仅通过一个曲面反射镜，其光损远低于 Birdbath 方案的光损。但是，该方案中视场角度越大，镜片组件的设计曲率也越大，这将导致光学系统的体积和重量大幅上升。对于消费级市场的头戴式近眼显示设备，特别是对眼镜式 AR 设备来说，体积和重量是影响产品竞争力的一个重要参数。在保证显示质量的前提下，进一步降低自由曲面系统的体积和重量是该技术亟须攻克的难题。

由上所述可知，棱镜方案、Birdbath 方案、自由曲面方案中都存在一个不可规避的矛盾，即视场角越大，光学镜片越厚，体积越大，也正是因为这一无可调和的矛盾限制了 AR 眼镜的可穿戴性。

5.4.4　光波导方案

相比之下，光波导成像代表了光学技术的一种新形式。利用波导传输原理，可实现传统目视光学系统难以实现的出瞳复制与扩展，从而使得 AR 系统佩戴者可以获得较大的眼动范围，目前光波导方案在清晰度、可视角度、体积等方面均具优势，同时其体积与重量也是几种技术方案中最小的，非常适合用于制备供人佩戴的眼镜，有望成为 AR 眼镜的主流光学显示解决方案。

1. 光波导原理

相较于上述其他 AR 显示技术来说，光波导技术的优势主要体现在轻薄的系统外形以及对外界环境光线较高的透视性上。由于微软公司的 Hololens 产品以及 Magic Leap One

等明星产品皆采用了该技术方案并实现了量产,因此人们对光波导成像技术的关注度持续增加,并将该技术视为消费级 AR 系统中最具有潜力的技术方案。

光波导技术简单来说就是利用波导介质的全反射条件,以极低的损耗传输图像光场。如图 5-17 所示,假设波导介质的折射率为 n_1,而波导介质上、下两侧的介质折射率均为 n_2(此介质一般为空气,即 $n_2=1$),则当 $n_1>n_2$ 时,存在介质内全反射角:

$$\theta_{\text{TIR}}=\arcsin\frac{n_2}{n_1} \tag{5-5}$$

当光束在波导介质内的传播角 $\theta>\theta_{\text{TIR}}$ 时,光线将在折射率变化的界面处被完全反射,而 $\theta>\theta_{\text{TIR}}$ 即波导的全反射条件。在全反射条件下光线被限制于波导内部,在波导内发生多次全反射,并沿波导向前传播。需要说明的是,波导成像系统的波导介质厚度一般在毫米级别,远大于波长尺寸。与通信领域的光波导不同的是,这里所说的光波导因为尺寸远大于传输波长,所以由光的波动性产生的衍射现象基本可以忽略,不需要进行复杂的模式分析与电磁场计算,可用几何光学定律来处理光在其中的传播问题。

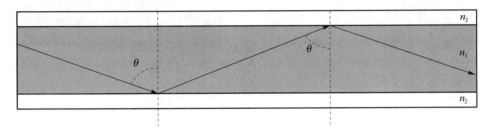

图 5-17　平板介质光波导图像传输原理图

当所传输的光束是微显示器件的成像光场时,利用以上原理便实现了图像的波导传输。在波导传输原理下,我们可以将像源成像系统与人眼在空间上完全分开。同时由于波导介质的透明度很高,因此人眼可以透过波导介质无碍地观察周围环境。这种方案与眼镜式 AR 系统的设计要求十分切合,波导介质相当于镜片置于人眼前,像源成像系统则可以根据设计放置于其他位置,使得重量分布更符合人体工程学。

从式(5-5)可以看出,波导介质折射率越高,全反射角越小,波导内允许的光束传播角范围也越大,这意味着波导介质折射率越高,波导可以传输的图像 FOV 越大。为了实现 AR 系统大视场角波导传输,尽量提升波导介质的折射率是必须的。近年来,随着光波导技术的热度越来越高,许多顶级玻璃制造商已经针对增强现实光波导系统的要求研发出了高折射率玻璃。

2. 光波导 AR 显示器分类

根据耦合器的原理,基于光波导技术的 AR 显示器方案在总体上可分为几何波导方案和衍射光波导方案两种。

(1)几何光波导方案

几何光波导方案是基于传统几何光学的原理进行设计和制造的光波导方案,可进一步细分为偏振阵列光波导和锯齿光波导。因几何光学的原理简单,几何光波导的设计思路相对明确、制备技术较为成熟,同时结合扩瞳技术可以在保证图像质量的同时获得较大的动眼眶范围。凭借着这些优点,几何光波导方案备受研究人员的青睐,成为目前 AR 近眼显示技术的主流方案之一。下面将对几何光波导中的偏振阵列波导技术进行介绍。

偏振阵列波导的工作原理是图像源发出的光线经过目镜系统准直后,由波导反射面耦合进入波导,各视场光线依据全反射定理在波导中传播,光线入射到半透半反面上时,一部分反射出波导,另一部分透射继续传播,然后这部分继续传播的光又遇到另一个镜面,重复上述的"反射-透射"过程,直到镜面阵列里的最后一个镜面将剩下的全部光反射出波导而进入人眼。由于波导可以具有多个半透半反面,每一个半透半反面可以形成一个出瞳,因此可以在基板厚度很薄的情况下,进行出瞳的扩展,实现大视场和大眼动范围显示,在经过多次反射后,便能将出射的光调整得比较均匀[19],Lumus 的偏振阵列波导产品如图 5-18(a)所示。

(a) Lumus的偏振阵列波导产品　　　　　　(b) Hololens表面浮雕光栅波导

图 5-18　阵列光波导与表面浮雕光栅波导 AR 显示

(2) 衍射光波导方案

不同于几何光波导,衍射光波导的设计不依赖几何光学,而是利用光的衍射效应,主要采用光栅结构实现对光束的调制。虽然光栅结构的设计过程较为复杂,但提供了较大的设计自由度,通过计算优化光栅结构参数后的衍射光波导 AR 近眼显示设备,可以获得优良的成像效果与较大的视场。随着微纳加工技术与大批量制造技术的蓬勃发展,衍射光波导逐渐受到关注,其相关产品也逐步开始研发。

衍射光波导方案主要有表面浮雕光栅波导方案和体全息光栅波导方案。表面浮雕光栅波导方案是采用纳米压印光刻技术制造,虽然具有大视场和大眼动范围的优势,但是也会带来视场均匀性和色彩均匀性的问题,同时相关的微纳加工工艺也是巨大的挑战,生产成本较高。体全息光栅波导方案在色彩均匀性和实现单片全彩波导上具有优势,于是引起 AR 光学模组制造商的极大兴趣。

① 表面浮雕光栅波导方案

在表面浮雕光栅波导方案中通过使用亚波长尺度的表面浮雕光栅代替传统的折反射元件作为光波导中耦入、耦出和扩展区域的光学元件,从而实现对光束的调制。表面浮雕光栅指的是在表面产生的周期性变化结构,即在表面形成的各种具有周期性的凹槽。根据凹槽的轮廓、形状和倾角等结构参数的不同,常用的表面浮雕光栅可以分为一维光栅与二维光栅两种。一维光栅根据剖面形状划分为矩形光栅、梯形光栅、闪耀光栅和倾斜光栅等几种,二维光栅常用的结构有六边形分布的柱状光栅。

　　表面浮雕光栅对光束进行调制时,光束的传输严格遵循光的衍射方程,其衍射方向与入射光的波长和入射角、光栅周期以及介质的材料等参数有关。通常采用严格耦合波法设计表面浮雕光栅,通过设计优化光栅的结构参数可以在理论上获得极高的衍射效率,从而提高成像质量。目前浮雕光栅波导方案最具代表的产品为微软公司的 HoloLens 系列,如图 5-18(b)所示。

　　② 体全息光栅波导方案

　　体全息光栅波导方案采用体全息光栅作为波导的耦入和耦出器件,其通过设计体全息光栅的相关参数(如材料折射率 n、折射率调制因子和厚度等)可以调整体全息光栅的衍射效率。其工作原理如下:由微显示器产生的图像经过准直系统后变为平行光,平行光透过波导照射到入耦合端的全息光栅上,由于全息光栅的衍射效应使平行光的传播方向改变,波导中的光线在满足全反射条件时,被限制在波导内沿波导方向向前无损传播。当平行光传播到出耦合端的全息光栅时,全反射条件被破坏,光线再次发生衍射,变为平行光从波导中出射,进入人眼成像。

　　相对于表面浮雕光栅波导方案,体全息光栅波导方案具有更高的衍射效率,但是它对入射光的波长与衍射角的要求更高。体全息光栅波导与表面浮雕光栅波导一样可以使用严格的耦合波法计算不同结构光栅对应的衍射效率,同时通过调节并优化光栅的周期等参数改变衍射效率,进而提高光学系统的成像质量。虽然表面浮雕光栅波导与体全息光栅波导的设计原理类似,但是体全息光栅波导的量产与视场等问题严重限制了它的应用范围,因此当前表面浮雕光栅波导更具优势。早期采用体全息光栅波导方案的代表性厂家为 Sony 和 Digilens(如图 5-19 所示),随着该技术的日渐成熟,目前参与体全息光栅波导研究的公司数量在不断增加。

(a) Sony体全息光栅波导技术　　　　　　　　　　(b) Digilens体全息光栅波导技术

图 5-19　体全息光栅波导 AR 眼镜

　　目前,可穿戴式 AR 眼镜产品大多基于几何光波导技术,但几何光波导的制备流程较为复杂,严格的镀膜工艺会影响其大规模量产。而衍射光波导作为非传统光学元件,相对于几何光波导在设计和制备方面具有更高的自由度,但是存在视场角较低与色散等问题,同时设计过程较为困难,需要对结构进行不断优化才能获得更高的衍射效率和更好的成像质量。随着纳米压印等微纳加工技术的不断进步,衍射光波导在未来有望成为主流的光波导方案之一。

　　近年来,伴随着 AR 技术浪潮,不少企业投身 AR 近眼显示设备的开发中,而光波导凭借优良的特性日趋成为 AR 近眼显示设备中调制光束的主流方式。现有的不同光波导方案都有自己的优势和劣势，但是在耦入、耦出时均存在很大的能量损失，完善并解决这个问题是提升 AR 近眼显示技术的关键[20]。

本 章 小 结

增强现实显示部分作为虚实融合效果的输出端，直接影响着系统的可用性和用户体验。本章首先对人体视觉感知的基本特性进行了介绍，在此基础上对增强现实显示装置的基本特点和相关技术参数进行介绍，如视场、分辨率、延时等；其次，根据增强现实设备与人眼间的距离，对现有增强现实显示器进行分类介绍；最后，结合当前增强现实显示的现状和未来发展方向，以及现有市面上的典型产品应用，对光学透视式显示器进行了较为详细的介绍。

本章参考文献

[1] Gates J. Helmet-mounted Displays and Sights[J]. Optics Laser Technology，1999，31(2)：191-192.

[2] Cakmakci O，Rolland J. Head-worn displays：a review[J]. Journal of Display Technology，2006，2(3)：199-216.

[3] Ivanoff A. Night binocular convergence and night myopia[J]. Journal of the Optical Society of America，1955，45(9)：769_1-770.

[4] 史蒂夫·奥库斯坦奈斯. 增强现实：技术、应用与人体因素[M]. 杜威，译. 北京：机械工业出版社，2017.

[5] Cakmakci O，Rolland J. Head-worn displays：a review[J]. Journal of Display Technology，2006，2(3)：199-216.

[6] Magic Leap One-FOV and tunnel vision[EB/OL]. [2021-08-15]. https：//kguttag. com/2018/02/22/magic-leap-one-tunnel-vision/.

[7] 姚璐. 基于自由曲面光学的光场 AR 头戴显示光学系统设计[D]. 西安：西安电子科技大学，2020.

[8] Hololens [EB/OL]. [2021-08-12]. https：//www. microsoft. com/en-us/hololens.

[9] 卢东杰. 基于 FFSP 的大视场透视式头戴显示器光学系统的设计[D]. 成都：电子科技大学，2011.

[10] Bimber O，Raskar R. Spatial augmented reality：merging real and virtual worlds[M]. [S. l.]：A K Peters/CRC Press，2005.

[11] Billinghurst M，Clark A，Lee G. A survey of augmented reality[J]. Foundations and Trends in Human-Computer Interaction，2015，8(2-3)：73-272.

[12] 迪特尔·施马尔斯蒂格等. 增强现实：原理与实践[M]. 北京：机械工业出版社，2018.

[13] Wilson A，Benko H. Combining multiple depth cameras and projectors for interactions on，above and between surfaces[C]//Proceedings of ACM Symposium on User Interface Software and Technology. New York：[s. n.]，2010：273-282.

[14] Marner M，Smith R，Walsh J，et al. Spatial user interfaces for large-scale projector-based augmented reality[J]. IEEE Computer Graphics and Applications，2014，34(6)：74-82.

[15] Google glass[EB/OL]. [2021-08-12]. https：//www. google. com/glass.

[16] DaystAR[EB/OL]. [2021-08-05]. https：//daystar. lenovo. com/home/♯/.

[17] Nreal light AR [EB/OL]. [2021-08-05]. https：//www. nreal. ai/.

[18] Epson moverio[EB/OL]. [2021-07-28]. https：//moverio. epson. com/.

[19] AR 眼镜光波导方案解析[EB/OL]. [2021-08-28]. https：//www. vrtuoluo. cn/ 518454. html.

[20] 姜玉婷，张毅，胡跃强，等. 增强现实近眼显示设备中光波导元件的研究进展[J]. 光学精密工程，2021，29(1)：28-43.

第6章

增强现实的自然交互技术

增强现实的研究最初主要集中在跟踪注册和显示上,强调将虚拟物体叠加在真实场景中,如头戴式显示、手持式显示和空间投影可视化等。随着技术的发展,用户对增强现实中的交互需求变得更为强烈,进一步促进了各种交互技术的进步。本章首先对现有的人机交互技术进行概述,然后对用户与增强现实系统之间的交互操作进行介绍,具体包括触控交互、语音交互、手势交互、眼动交互、脑机接口交互和多模态交互等人机交互技术,以为读者在进行增强现实人机交互设计时提供参考。

6.1 人机交互概述

人机交互(Human-Computer Interaction,HCI)在 Stuart K. Cord 等撰写的著作 *The Psychology of Human-Computer Interaction* 中被首次提出[1],它是一门研究系统与用户之间交互关系的学问。系统可以是各种各样的机器,也可以是计算机化的系统和软件。人机交互界面通常是指用户可见的部分,用户通过人机交互界面与系统交流,并进行相应操作。具体在增强现实领域中,人机交互指能在相应交互设备支持下,以简捷、自然的方式与计算机所生成的"虚拟"世界对象进行交互作用,通过用户与虚拟环境之间的双向感知建立起一个更为自然、和谐的人机环境[2]。因此,人机交互是增强现实为用户提供体验,走向应用的核心环节。

增强现实中关于人机交互的定义主要有 3 种。一是 ACM 的观点:人机交互指的是有关交互计算机系统设计、评估、实现以及与之相关内容的学科。二是伯明翰大学教授 Alan Dix 的观点:人机交互指的是研究人、计算机以及它们之间相互作用方式的学科,学习人机交互的目的是使计算机技术更好地为人类服务。三是宾夕法尼亚州立大学 Carroll 的观点:人机交互指的是有关可用性的学习和实践,是关于理解和构建用户乐于使用的软件和技术并能在使用时发现产品有效性的学科。无论是哪一种定义方式,人机交互关注的首要问题都是人与计算机之间的关系问题。设备最终是给用户使用操作的,因此人机交互方式直接影响使用者的感受。传统的交互方式主要有键盘、鼠标、麦克风以及触控设备等,随着软/硬件技术的不断提高,出现了更加方便直接的交互方式,如语音、手势、凝视以及体感等,这些方式将会在人机交互领域得到充分的实现和应用。

目前大多数人机交互系统使用的是友好的图形用户界面,它代替了命令行方式,使得人们不再仅限于使用鼠标、键盘等传统的信息输入/输出设备来实现交互。设计人机交互界面时,要充分发挥计算机的优点,进行合理的工作分布,尽量将人承担的工作量减到最少,但是在最大限度地利用计算机的同时,也要充分发挥人的优势,实现系统的最优控制,保证系统运行的可靠性和寿命。人机交互系统设计要满足以下原则[3]。

(1)界面分析与规范

在人机交互设计中,首先应进行界面布局分析设计,即在收集到所需要的环境信息以后,按照系统工作情况以及需要了解的信息分布,分析在进行任务时操作人员对界面设计的需求,选择合适的界面设计类型,并最终确定设计的主要组成部分。同时进行界面设计时要了解人对光线的敏感度,通过在不同操作环境下使用不同的颜色,使得信息获取更加容易方便。

(2)数据信息提供

在人机交互系统中,很多的信息都是通过数据的方式表现出来的,因此在人机交互的过程中要充分考虑操作人员对信息的吸收速度,应显示出最重要的信息,使得操作人员能够观察到最重要的信息,保证系统的运行。

(3)错误警告处理

在一个交互系统中,操作人员可能对需要操作的系统不够了解,在进行操作中可能会产生误操作,因此一个好的人机交互系统,在设计中应给操作人员提供操作步骤提示,使得其可以按照提示正确操作,降低操作失误概率,同时也要考虑系统中可能出现的危险,将其提供给操作人员,方便操作人员在操作过程中进行分析。而且提示信息要做到简洁、明确,出现的位置也要考虑操作人员的观察习惯,使得信息尽快合理地被操作人员吸收采纳。

(4)命令输入

在人机交互系统中,计算机需要给操作人员提供信息,操作人员也需要在不同阶段给计算机输入不同的命令。在一个好的人机交互系统中,操作人员的命令应该尽量简单,能够很方便地进行输入,能够通过按一个按键实现一系列的运算,减少操作人员的工作量。

在增强现实人机交互系统中,最大的难点就是要实现上述原则的合理性,尽量减少系统在运行过程中操作人员的操作难度。在执行现实与虚拟仿真环境进行交互的过程中,主要通过合理的界面布局以及计算机对系统进行的处理,在不同的阶段对应显示合理的数据。同时根据需求相应地改变操作提示语言,使得现实中的操作人员在进行操作的过程中能准确地获得需要知道的信息,以及对其进行操作,从而实现虚拟和现实的交互。实时交互需要增强现实系统能够准确理解用户的需求,让用户能实时地与增强现实场景交互,使得操作人员不再仅限于使用键盘、鼠标进行交互,可以使用其他自由度更大的交互方式,如语音、手势和眼动等,下面将对部分典型交互方式的技术原理进行介绍。

6.2 触控交互

显示器以前仅用于向用户输出可视信息而现在已成为一种交互界面装置,这主要是归因于触控功能与显示器的一体化模式。从 1965 年第一份电容触摸屏报告诞生至今[4],经过近几十年的发展，触控式交互技术已经成功应用于全球主流消费品上，能让人们通过触摸就直接与屏幕内容互动，让人们不用或进行很少的训练就能有更为便捷的使用体验。在触控交互中，用户通过手部或手持传感器与可视化标记直接触碰，从而传递与该标记数据的交互表达。在沉浸式设备兴起之前，这类交互主要用于触屏式设备中，如平板电脑和手机终端。数据直接显示于屏幕，用户通过对触屏的点击、滑动完成对数据的选择等操作。随着增强现实在手机和平板设备中的使用，此类操作具有操作精度高的优势，因此许多工具利用触屏来完成布局等与位置操作有关的任务。例如，MARVisT触屏式设备[5]利用点击、拖动将图标在手机所处的平面上进行布局，如图6-1所示。

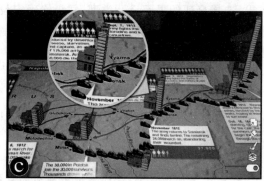

图 6-1　MARVisT 触屏式设备的接触交互设计

触控交互产品按照其工作原理的不同可分为4类[6]：电阻式触摸屏、电容式触摸屏、红外触摸屏和表面声波式触摸屏。其中电阻式、电容式触摸屏采用外挂式结构，需要将显示模块与触摸屏两个相对独立的器件通过后端贴合工艺整合，这两种触摸屏均属于薄膜式。红外触摸屏只需要红外接收管和红外发射管，不需要贴合薄膜，因此光透过率几乎达到100%，并且电流、电压变化或是电磁干扰对其影响很小，清晰度高，定位准确，能够在恶劣的环境下工作，但当使用环境中的太阳光强度较高时，会影响红外接收管的正常工作，表面声波式触摸屏使用一块玻璃平板作为触摸面板，这个玻璃平板的表面可以是平面、有弧度的球面或者柱面。但是表面声波式触摸屏的光透过率受到玻璃平板的影响，同时还有一些技术瓶颈没有解决，如传感器受损或老化后无法正常工作，器件参数特性容易产生漂移现象，触摸界面污染影响触摸的准确性等。

6.2.1　电阻式触摸屏

目前市面上最流行的一种触摸屏类型就是电阻式触摸屏。1978年日本研制出一种透明导电薄膜，在此基础上，美国以这种透明导电薄膜作为基材，成功地研制出了电阻式触摸屏，这是第一代产品。

电阻式触摸屏通过压力感应原理来实现对屏幕的操作和控制。其基本结构如下：将两层有机玻璃作为基板（分别位于上、下两层），在有机玻璃的工作面上均匀地镀上一层透明ITO导电薄膜层，再用均匀分布的微小绝缘透明物将两层透明ITO导电薄膜隔离开，最后覆盖一层经过外表面硬化以及光滑防刮处理的塑料，其内表面也镀有ITO导电薄膜层（如

图 6-2 所示)。通过调整铟和锡的比例、沉积方法、氧化程度以及晶粒的大小可以调整 ITO 的性能。薄的 ITO 材料的透明性好,但是阻抗高,厚的 ITO 材料的阻抗低,但是透明性差。

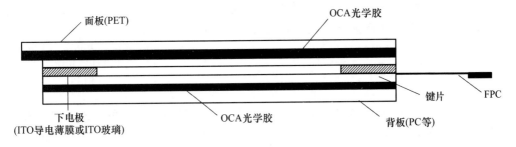

图 6-2 电阻式触摸屏结构示意图

电阻式触摸屏通过压力感应原理来实现对屏幕的操作和控制。当用手指触摸屏的表面时,分别位于上、下两层的透明 ITO 导电薄膜接触上了,即导通了工作电压,感应器检测到电压导通,通过控制器计算出触摸点的电压,经过对比计算,得到触摸点的具体坐标位置。现在,电阻式触摸屏的类型有四线、五线等。五线电阻式触摸屏比四线电阻式触摸屏多一根引出线,该引出线用于引出操作面的活动电极。由于四线电阻式触摸屏的价格低廉,因此目前应用较广泛。

6.2.2 电容式触摸屏

电容式触摸屏的基本结构:基板为一个单层有机玻璃,在有机玻璃的内外表面分别均匀地镀上一层透明导电薄膜,在外表面的透明导电薄膜的 4 个角上镀上一个狭长的电极。当手指触摸电容式触摸屏时,在工作面接通高频信号,此时手指与触摸屏工作面形成一个耦合电容,这相当于导体。因为工作面上有高频信号,所以手指触摸时会在触摸点吸走一个小电流。这个小电流分别从触摸屏的 4 个角上的电极流出,流经 4 个电极的电流与手指到 4 个角角的直线距离成比例。控制器通过对 4 个电流比例的计算,即可得出接触点的坐标值,如图 6-3 所示。

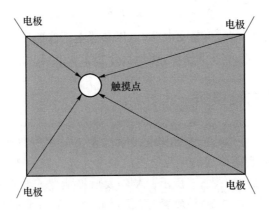

图 6-3 电容式触摸屏结构示意图

电容式触摸屏的类型分为表面式电容触摸屏和投射式电容触摸屏两种。目前常用的是表面式电容触摸屏,它的工作原理简单、价格低廉、设计的电路简单,但难以实现多点触控。投射式电容触摸屏具有多指触控的功能。这两种电容式触摸屏的优点是透光率高、反应速度快、寿命长等,缺点是随着温度、湿度的变化,电容值会发生变化,工作稳定性差,时常会有漂移现象,需要经常校对屏幕,且不可佩戴普通手套进行触摸定位。

6.2.3　红外触摸屏

红外触摸屏中位于触摸屏外框的红外线装置会形成红外线网,其利用触摸物在触摸时对红外光的遮挡进行触摸检测。红外触摸屏的基本结构如图 6-4 所示,在外框的上面和右面装上红外接收管,在外框的下面和左面装上红外发射管,当手指触摸屏幕时,红外光线将被阻断,依次选通红外发射管及其对应的红外接收管,在屏幕上方形成一个红外线矩阵平面,从而致使红外接收端的电压产生变化,红外接收端的电压经过 A/D 转换送达控制端。控制端将据此进行计算得出触摸位置。在一般情况下,控制端的处理电路可以放在外框上,也可以单独放在另外一块小的电路板上。

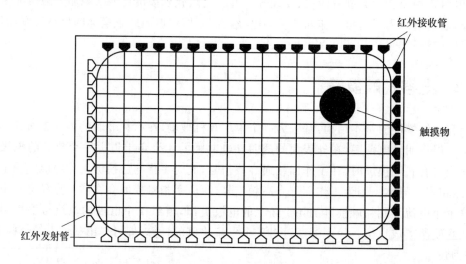

图 6-4　红外触摸屏的基本结构

红外触摸屏的光透过率高,不易受电流、电压和静电干扰的影响,具有较高的稳定性,所以它可以在某些恶劣的环境条件下使用,但是它分辨率较低,抗红外光干扰差,红外管易碎。

6.2.4　表面声波式触摸屏

表面声波式触摸屏主要依靠安装在强化玻璃边角上的超声波换能器来实现触摸控制。当手指触摸时,由显示器表面传递的声波检测出触摸位置。表面声波是一种机械能量波,表面声波式触摸屏的基本结构如图 6-5 所示。X 轴发射换能器安装在右侧下方,竖直放置,Y 轴发射换能器安装在上侧左方,水平放置,屏幕表面形成了一个横竖交织的声波栅格。X 和 Y 轴的接收换能器分别安装在屏幕的右侧上方(水平放置)和上侧右方(竖直放置),在换能器的内侧边缘分别刻着四条精密的反射条纹,并且所有条纹均 45° 倾斜排列着。

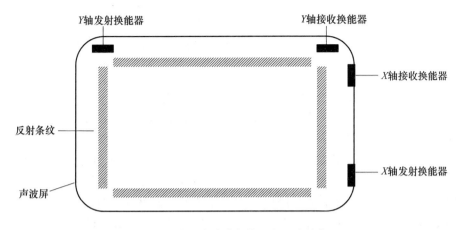

图 6-5　表面声波式触摸屏的基本结构

手指触摸面板后,控制器产生了一个电信号,由发射换能器将电信号转换为声波信号,声波信号可以在触摸屏表面形成均匀的声波栅格,反射板阵列接收到声波,通过接收换能器将其转换成电信号,最后存储在控制器内,即识别到触摸信息。当手指触摸显示屏时,手指阻挡了一部分声波能量的传播,此时接收波形将会发生变化,在波形图上可以看见某一时刻的波形发生衰减,通过这个衰减信号控制器就可以计算出触摸点位置。球形、柱形等曲面显示器更适合安装表面声波式触摸屏,其不受温度、湿度等环境因素影响,透光率好、寿命长,没有漂移,适合在干净整洁的环境下使用,但易受尘埃、水滴和油污的影响,不适合在恶劣环境下使用,目前尚未在市场上大规模使用。

6.2.5　触控交互总结

由此可见,这 4 种触摸屏技术各有利弊,只有结合实际应用场合使用不同的触控技术,才更有利于发挥各自的长处。表 6-1 比较了这 4 种触摸屏的具体特点[6]。

表 6-1　触控交互技术比较分析

特性	电阻式触摸屏	电容式触摸屏	红外触摸屏	表面声波式触摸屏
透光率	75%	85%	100%	90%
分辨率	优	良	差	良
输入介质	手或其他介质	手或其他导电体	可挡光的物体	不全反射的物体
是否支持多点触控	支持	支持	支持	不支持
是否适用于恶劣环境	是	否	是	否
成本	低	较高	高	高
寿命	500 万次	2 000 万次	红外管损坏概率大	5 000 万次

6.3　语音交互

自从计算机诞生以来，最先出现的人机交互设备是我们熟悉的鼠标、键盘，人们操控这些设备向机器发出指令。随后以苹果手机的触控屏为标志，触控手势成为风靡一时的操作方式。而现在，尽管这两种方式仍然不可取代，但语音交互技术这种新的互动模式越来越被人们接受，也带领我们逐步走向了人工智能的新时代。语音交互指的是人类与设备之间通过自然语言进行直接的信息交流，相对于传统的键盘输入和触控手势输入，语音输入在实时性和便捷性方面具有明显的优势。语音交互主要依赖于自然语言处理（Natural Language Processing，NLP）技术实现，让机器明白自然语言的含义并做出相应的反馈。

语音交互技术可以采用语音识别的方式获取指令，并根据使用者发出的意图返回最匹配的结果，不但更自然，而且使用者的办事效率被极大地提高，其中苹果公司的 Siri[7] 和微软公司的 Cortana[8] 是当下较为领先的语音技术代表。当下增强现实眼镜 Hololens 中整合了 Cortana 的基本语音识别技术，但现在对中文的识别还不够成熟。

6.3.1　语音交互概述

语音识别系统主要由前端处理、特征提取、声学模型、字典、语言模型和解码器几个环节构成[9]，图 6-6 所示为语音识别的基本框图。前端处理部分主要是对输入语音信号进行预加重，滤掉低频信号，从而提升语音信号的高频部分，之后将连续的语音信号分为便于处理的短序列。其中，特征提取环节是从预处理后的信号中提取出能代表信号本质特征的信息，对特征信息的要求是具有良好的区分性。声学模型以特征向量作为输入进行有监督的训练，构建观测序列和语音建模两者之间的联系。解码器的关键作用是运用搜索算法并结合声学模型、字典以及语言模型进行判断，确定出最大可能性的信号序列，即得到识别结果。

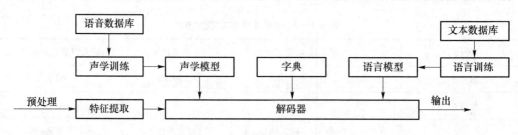

图 6-6　语音识别的基本框图

语音识别技术的进展大致经历了 3 个阶段，最开始实现的是特定人的孤立词识别，再随着研究的深入实现了小词汇量的连续语音识别，到现阶段已经能够实现大词汇量、非特定人的连续语音识别。

人类对语音识别的研究和探索始于 20 世纪 50 年代。1952 年，贝尔实验室的 Davis 等人利用模拟电子器件完成了最早的识别系统 Audrey，该系统基于特定人的孤立词识别提取发音中每个元音的共振峰信息，然后通过简单的模板匹配实现语音识别[10]，能够准确识别

10 个英文数字。到 20 世纪六七十年代,基于小词汇量、孤立词的识别才有了实质性的进展。动态规划(Dynamic Programming,DP)算法[11]和动态时间规整(Dynamic Time Warping,DTW)技术从时间上解决了在语音信号模型匹配时两个不同长度的信号段相似度度量的问题,获得了良好的识别性能。特征参数提取技术——线性预测编码(Linear Predictive Coding,LPC)算法的提出,有效地提升了模型特征参数的评估质量,给整个语音识别方面的研究探索带来了一种新的机制,具有深刻的指导意义。

从 20 世纪 80 年代开始,研究的热点由小词汇量的识别转为大词汇量的识别。由 Baum 等人提出的隐马尔可夫模型(Hidden Markov Model,HMM)在语音识别系统中得到应用,识别方式由简单的模型匹配转变为概率统计模型[12],成为当时研究的热潮,现如今仍被广泛应用。CMU 开发了 SPHINX,它是第一个基于统计学原理实现的非特定人、大词汇量的连续语音识别系统,可以识别 4 200 个连续语句,改进后的识别率可以达到 95.8%。该系统主要是运用高斯混合模型(Gaussian Mixture Model,GMM)对观测概率进行建模,并利用了 HMM 对语音状态的时序进行建模的方法。

进入 21 世纪以来,语音识别技术迎来了飞速发展。2011 年,微软研究院的俞栋和邓力等人把上下文相关(Context Dependent,CD)技术融入声学建模中,这是大词汇量的连续语音识别系统取得的重大突破[13]。2019 年,科大讯飞公司开发了记忆增强的多通道全端到端语音识别框架[14],将语音信号的前端处理过程完全深度学习化,随后采用基于深度卷积神经网络和后端识别混合模型进行训练,最后将得到的模型直接用于语音识别。目前,在通用语音任务上,科大讯飞公司开发的系统识别正确率已经达到了 98%。

6.3.2　语音交互原理

语音识别属于模式识别的范畴,其过程主要分为训练和识别两个阶段[15]。具体过程是先对采集到的语音信号进行 A/D 转换操作,接着实行预处理工作,这一过程主要有预加重、加窗分帧、端点检测等,随后进行提取特征,消除重复语音信号中的冗余信息,并保留关键数据;然后根据某一种确定的算法训练语音信号,对数据加以聚类,形成模板库;最后,进行模板匹配,将待识别的信号与训练生成的模板库里的样本信号进行匹配识别,根据相似性度量做出判决[16],并输出识别结果,如图 6-7 所示。

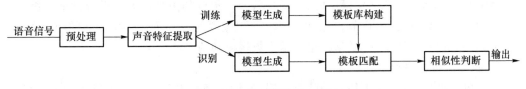

图 6-7　语音识别技术流程图

(1)预处理

语音信号是一种非线性的模拟信号,其幅度值随着时间的推移在不断变化,而系统所处理的是离散信号。所以在进行语音信号预加重之前,需要对其进行数字化处理,也就是 A/D 转换,这个过程主要包括语音的采样及量化。

采样即按照一定的频率,采集语音模拟信号的模拟量值,这个过程将模拟信号转换成时间上离散的信号。由奈奎斯特采样定理可得，只有采样频率为输入语音频率的两倍以上，才可以确保信号被完整地表示出来，并且可以用采样后的信号还原原始信号。经过上述操作得到的信号虽然在时间上是离散的，但是其幅度值仍然为连续的状态。为了进行数字处理，下一步要对信号进行量化，目的是使信号在幅度上呈离散的状态。将整个信号的幅度值划分成有限个区段，把处于共同区段的样本点归为一类，用相同的幅值表示，这一幅值被称为量化值。

此外，语音信号根据人体构造和发音特性的不同可以分为两部分——高频部分和低频部分，信号的大部分信息量都由高频信号来传达。在人体发音的过程中，会受到声门激励以及口鼻辐射的影响，在高于 800 Hz 的频段往往会不断衰减，损失很多有效的频谱。尤其是远距离传输时，设备所接收到的信息主要集中在低频，严重影响了后续的识别结果。因此，对 A/D 转换之后的语音信号进行预加重操作，以提升高频部分，减少低频噪声的干扰，与声音信号的声道模型更加匹配。

（2）提取声音特征

模拟的语音信号在进行采样得到波形数据之后，首先要送入特征提取模块，以提取出合适的声学特征参数供后续声学模型训练使用。好的声学特征应当考虑以下 3 个方面的因素。首先，应当具有较好的区分特性，以使声学模型中不同的建模单元可以方便准确地建模；其次，特征提取可以认为是语音信息的压缩编码过程，既需要将信道、说话人的因素消除，保留与内容相关的信息，又需要在不损失过多有用信息的情况下使用尽量低的参数维度，便于高效准确地进行模型训练；最后，需要考虑鲁棒性，即对环境、噪声的抗干扰能力。

当前，最常用的经典声学特征提取方法是基于倒谱分析的特征参数提取，如感知线性预测系数（Perceptual Linear Prediction，PLP）和梅尔域倒谱系数（Mel-Frequency Cepstral Coefficients，MFCC）[17]。除此以外，为了提高特征参数的区分性，研究者还提出用其他方法来实现特征变换和特征降维，包括主分量分析、线性判别分析、异方差线性判别分析等。

（3）训练声学模型

声学模型在语音识别系统中起着至关重要的作用，描述了声学基元产生特征序列的变换过程。给定一个声学特征矢量，依据声学模型来计算它属于每个声学基元的概率值，通过最大似然准则得出与特征序列对应的状态序列。

① 声学基元的选择

声学基元的选择是声学建模中的关键问题，合适粒度的声学基元对系统性能的提升有很大帮助。语音识别把词、音节、声韵母以及音素等作为常用基元。声学基元的选择和设计通常考虑的是语音学知识，声学基元也可基于数据驱动的方法产生。

② 隐马尔可夫模型

马尔可夫性质指出，对于任一个随机过程，如果已经获得了给定过程所取的值，就不需要用过去的信息来推测未来的变化行为。任意给定的一个马尔可夫链都可以认为是在时间和状态上离散的马尔可夫过程，可用转移概率完全表示。其定义为马尔可夫链是由一组随机变量 $q_1, q_2, q_3, \cdots$ 组成的，所有元素的几何称为状态空间。设在任意时刻 t 所处的状态为 q_t，在 $t+k$ 时刻所处的状态为 q_{t+k} 的概率只与前一时刻的状态 q_t 有关，与过去的状态无关，即

$$P(q_{t+k} | q_t, q_{t-1}, \cdots, q_1) = P(q_{t+k} | q_t) \tag{6-1}$$

隐马尔可夫模型是经典的声学模型是一种概率统计模型,现已应用到了各个领域。就语音信号来说,它不仅可以准确地表示非线性信号的短时统计特征,还能在每个短时平稳段跳转到下一段的过程中进行跟踪。HMM 的状态跳转模型很适合人类语音的短时平稳特性,可以对不断产生的观测值(语音信号)进行方便的统计建模,与 HMM 相伴而生的动态规划算法可以有效地实现对可变长度的时间序列进行分段和分类的功能。HMM 的应用范围广泛,只要选择不同的生成概率密度,离散分布和连续分布都可以使用 HMM 进行建模。HMM 以及与之相关的技术在语音识别系统中处于核心的地位。

③ 训练语言模型

语言模型主要用于刻画人类语言表达的方式习惯,着重描述了词与词在排列结构上的内在联系。在语音识别解码的过程中,在词内转移参考发声词典,在词间转移参考语言模型,好的语言模型不仅能够提高解码效率,还能在一定程度上提高识别率。N-gram 语言模型是当前统计语音识别框架下最常使用的语言模型,用来表示长度为 N 的词串的出现概率,其核心思想是用一个在各词之间进行跳转的 $N-1$ 阶马尔可夫过程来描述词串的生成过程,所以,词串出现的概率 $p(W)$ 可以表示为

$$p(W) = p(\omega_1^k) = \prod_{k=1}^{K} p(\omega_k \mid \omega_1^{k-1}) \approx \prod_{k=1}^{K} p(\omega_k \mid \omega_{\max(k-N+1,1)}^{k-1}) \tag{6-2}$$

其中 K 表示该词序列中包含的词个数。前词出现的概率仅仅取决于其前面 $N-1$ 个词的历史,这也是 N-gram 语言模型命名的缘由。

(4)解码

在声学特征提取完成和声学模型和语言模型训练完成以后,语音识别就是指结合声学模型和语言模型,利用相关搜索算法在解码器中找出最优词序列的过程。不难看出,如果不做任何限制,搜索空间相对于词表的大小和语音中可能出现的词数目是以指数级增长的。巨大的搜索空间带来的运算量是无法想象的,也是很多实时语音识别任务要尽量避免的。解码器搜索效率的高低直接关系到语音识别系统的实用程度。所以,必须通过一些有效的优化算法提高解码效率,把原来超大规模的搜索问题压缩到计算机可以有效处理的程度。

维特比算法是当前绝大部分主流解码器中使用的一种有效的压缩搜索空间的近似方法。维特比算法是时间同步的,需要在解码过程中进行同步的快速概率计算以及裁剪搜索空间的处理,包括快速计算输出概率的高斯选择算法、Beam 裁剪算法和语言模型等。除此之外,也有一些语音识别系统的解码器使用异步的堆栈解码算法,利用具有启发性的度量来指引搜索算法的完成。时间异步的搜索方法一般会使用简单的模型迅速地生成识别结果的备选空间,然后使用更加精细的模型对备选空间重新计算得分并生成最终的最优识别结果。识别结果的备选空间一般采用 N-best 列表表示或者使用包含更多信息的词图表示。

6.3.3 语音交互局限

虽然语音识别这一技术已经较为成熟,但是在实际使用操作过程中,仍然存在很多技术上的问题,需要更深入地解决这些问题,从而提高识别系统的鲁棒性,进一步获得更好的人机交互体验。目前存在的问题如下。

(1)噪声问题。现阶段语音识别系统的真实应用对环境的要求较高,在比较安静的条

件下具有较好的效果,但在实际增强现实应用场景存在不可避免的噪声(如在实际工业作业现场,通过增强现实进行手工装配引导),环境越嘈杂,噪声对识别的结果影响越大。如何使系统能够像人类一样可以自动过滤出有用的信息,避免噪声的干扰,是现阶段语音识别技术在应用中的关键问题。

(2) 非特定人问题。人与人之间,尤其是男女老少之间的音色差异性很大,说话时的风格也不相同,如存在众多地域性方言,这些都增加了识别的难度,成为语音识别技术的难点。

(3) 语音的模糊性问题。对中文而言,同样的字在不同的场景中的发音可能不同,在对话过程中存在不同的情感因素和众多的语气,对语音识别系统的自适应性提出了很大的考验。

6.4 手势交互

作为人与人沟通的两种主要形式,手势交流和语音交流一直是近年来增强现实中人机交互研究的热点。经过几十年的研究,语音识别取得了重大进展,目前已诞生了一些商业语音识别系统,生活中的语音应用也开始逐渐增加。与语音识别相比,手势识别虽已经取得了长足的进步,但离真正大规模商用还有一段距离。本节将会对增强现实中的手势交互技术进行介绍。

6.4.1 手势交互概述

手势交互是人类与外界沟通时很常用的一种方式,是一种很自然、很直观的非接触式交互方法。将手势作为信息媒介成为人与计算机沟通的方式,与人的习惯相符,可以极大地简化并且改善人与计算机交互过程中的操作体验。利用手势操作实现增强现实非常的直观、自然,符合以人为本的人机交互理念。

6.4.2 手势识别方法

手势是人们日常交互的手段之一。例如,通过手部动作,人们可以自然地表达选择、移动图片等语义信息。现有的手势交互技术主要依赖于手势识别,手势识别方法大致分为两种:一种是基于传感器的手势识别;另一种是基于图像的手势识别。基于传感器的手势识别需要用户佩戴可穿戴式设备,利用机器学习或深度学习方法对采集的肌电信号、压力信号、惯性信号和加速度信号等进行分类处理。但该方法要求用户佩戴额外的设备导致用户体验效果欠佳。基于图像的手势识别利用摄像头采集手势图像,经过手势分割、特征提取,分类等方法进行静态或动态的手势判定。这种方法用户体验较好,但容易受到复杂环境的影响而导致识别准确率下降。目前相对成熟手势识别设备包括 UltraLeap 公司的 Leap Motion[18] 以及微软公司的 Hololens 2 等。例如,在 Hololens 2 构建的增强现实环境中[19],通过摄像头对手指动作进行捕捉,从而识别手部所做出的动作,让用户远距离完成数据的操控,如图 6-8 所示。

图 6-8　增强现实中的手势交互

1. 基于传感器的手势识别

1983 年，AT&T 的研究人员格里姆斯开发了一种特殊的数据手套作为手势输入辅助，如图 6-9 所示。该数据手套使用将手指运动信号转换成电信号的传感器，然后提取抽象的手指特征信息，将该信息传送到计算机后用于人机交互的输入数据。1999 年，约翰等人将数据手套用于虚拟现实应用程序，并且定义了确定几种手势，如"胜利""食指"和"拳头"。使用数据手套作为输入装置，测量 18 个反应手指弯曲程度的特征，并将其输入神经网络，这样可以得到约 100% 的识别率[20]。

图 6-9　数据手套的手势识别

数据手套用于跟踪和计算手势动作时，可以实时采集精确度非常高的三维空间位置信息，因此不会干扰光线和背景环境，识别准确率非常高，但价格较为昂贵，且对人手的束缚非常大。因此，在实际消费级的增强现实应用中，目前多以基于视觉的手势识别方法为主。

2. 基于视觉的手势识别

在增强现实的自然交互中，手势可定义为人手或者手和手臂相结合所产生的各种姿态和动作，它分为静态手势（指姿态，单个手形）和动态手势（指动作，由一系列姿态组成），前者对应模型空间里的一个点，后者对应一条轨迹。无论是静态手势还是动态手势，其都需要先进行图像的获取、手的检测和分割、手势的分析,然后才能进行静态或动态的手势识别。下面简单介绍手势分割、手势分析及手势识别的技术流程。

(1) 手势分割

手势分割是手势识别过程中的关键一步,手势分割的效果直接影响到手势分析及最终的手势识别效果。目前最常用的手势分割法主要包括基于单目视觉的手势分割和基于立体视觉的手势分割。

基于单目视觉的手势分割是利用一个图像采集设备获得手势,得到手势的平面模型。常用的方法主要有如下两种。

① 基于徒手的表观特征识别方法(徒手的表观特征指手的肤色、纹理、轮廓、大小等),通常利用肤色信息在 YUV、HSV 或 YCbCr 等颜色空间下建模以对手势进行分割。

② 人为增加限制的方法,如使用黑色和白色的墙壁、深色的服装等简化背景或要求人手佩戴特殊的手套等强调前景,以简化手区域与背景区域的划分。

而基于立体视觉的手势多割是利用多个图像采集设备得到手势的不同图像,并将其转换成立体模型,主要方法有立体匹配和三维重建。基于立体视觉的手势分割需建立手势的三维模型,相比二维模型其所需设备较多,需要两个或两个以上的图像采集设备获得手势图像。立体匹配的方法与基于单目视觉的手势分割中的模板匹配方法类似,需要建立大量的手势库,而三维重建则需建立手势的三维模型,计算量将增加,但分割效果较好。

(2) 手势分析

手势分析是完成手势识别系统的关键技术之一。通过手势分析,可获得手势的形状特征或运动轨迹。手势的形状和运动轨迹是动态手势识别中的重要特征,与手势所表达的意义有直接的关系。手势分析的主要方法有以下几类:边缘轮廓提取法、多特征结合法以及指关节式跟踪法等。边缘轮廓提取法是手势分析常用的方法之一,手因其特有的外形而与其他物体区分;多特征结合法根据手的物理特性分析手势的姿势或轨迹;关节式跟踪法主要是先构建手的二维或三维模型,再根据人手关节点的位置变化来进行跟踪,其主要应用于动态轨迹跟踪。

(3) 手势识别

手势识别是将模型参数空间里的轨迹分类到该空间里某个子集的过程,包括静态手势识别和动态手势识别,动态手势识别最终可转化为静态手势识别。从手势识别的技术实现来看,常见手势识别方法主要有模板匹配法、神经网络法和隐马尔可夫模型法。

① 模板匹配法是将手势的动作看成一个由静态手势图像组成的序列,然后将待识别的手势模板序列与已知的手势模板序列进行比较,从而识别出手势。模板匹配法不仅包括相互对应的模板匹配算法,还包括对时间、空间进行规整后的模板匹配算法,如动态时空规整算法和动态规划算法。由于动作的快慢不同,图像序列中的每幅图像较难做到相互对应,因此进行时间上的规整是模板匹配的重要步骤。代表性的模板匹配法是动态时间规整(Dynamic Time Warping, DTW)。

② 神经网络法具有分类特性及抗干扰性,具有自组织及自学习能力、分布性特点,能有效抗噪声并处理不完整模式,还具备模式推广能力。然而由于其处理时间序列的能力不强,目前主要应用于静态手势的识别。

③ 隐马尔可夫模型法是一种统计模型,用隐马尔可夫模型建模的系统具有双重随机过

程,其包括状态转移和观察值输出的随机过程。其中状态转移的随机过程是隐性的,其通过观察序列的随机过程表现。

基于手势或姿势的交互利用人的自然手势与身体姿态作为交互输入通道,通过视觉中的目标跟踪方法获得人在物理空间的手势或姿势信息,并将其作为增强现实系统的输入,用于实现虚拟对象的选择与控制,如图 6-10 所示。下面将对现有部分典型的手势识别方法进行介绍。

图 6-10　增强现实手势识别

6.4.3　典型的手势识别方法

1. Leap Motion 手势控制器

Leap Motion 手势控制器是一种支持识别手和手指动作的硬件设备,构成部件包括两台红外相机、红外 LED 和光学传感器。其中两台红外相机可从不同角度拍摄获得红外图像,之后根据人的双目视觉立体成像原理识别出三维空间中的手势信息。Leap Motion 和 Kinect 相比,体积更小,价格更加低廉以及识别精度更高,是一种更专业化的手势识别设备。

Leap Motion 使用的是立体视觉原理,通过双目视察计算得到物体的距离信息,被称为三角测量法[21]。对于 Leap Motion,当两台红外相机同时捕获到手时,即可计算目标视差以获取目标的三维空间信息,如图 6-11 所示。因此,Leap Motion 的有效工作区域必须同时处在两个红外相机的公共视场中,其识别空间和控制器本身都是轴对称的。

Leap Motion 本身采用右手笛卡儿坐标系,其内部封装了几种重要的类:Frame 类、Hand 类、Finger 类和 Bone 类。通过调用这些类中的函数可以获取手部识别数据。

Frame 类:LeapMotion 通过摄像头采集每一帧的信息,其中包含单帧中的一组手和手指跟踪数据。LeapProvider 类是用于检索 Frame 数据的基本接口。

Hand 类:通过实例化 Frame 可访问当前帧中的手部数据。用于描述手部数据的性质有手的左右性、位置、方向、姿势和动作等,具体性质如下。

（1）isRight、isLeft——判断当前识别的手是左手还是右手。

（2）Palm Position——手掌的中心与 LeapMotion 控制器的距离。

（3）Palm Velocity——手掌的速度和移动方向。

图 6-11　Leap Motion 手势交互示例

（4）Palm Normal——垂直于手掌心所处的平面向量。

（5）Direction——从手掌中心指向手指的向量。

（6）GrabStrength、PinchStrength——描述手的姿势。

（7）MotionFactors——描述两帧之间的运动的相对缩放、旋转和平移因子。

Finger 类：通过 Hand.Fingers 可得到 finger 列表，由于每只手固定有 5 根手指，因此可顺次访问得到 5 根手指的信息。TipPosition 可获得当前手指的指尖位置。

Bone 类：通过 Finger.Bones 的实例化可以获得骨节数据，所有手指都含有 4 个骨节，可通过 BoneType 访问骨节类型，此外还可访问骨节的中心位置、方向、长度等数据，进而通过对相关 SDK 的调用实现手势交互控制。

2. 自然手势 MediaPipe

基于视觉的手部姿态估计研究已有多年，以前的大部分工作需要专门的硬件，如双目立体相机（Leap Motion）、深度传感器等。其解决方案不够轻量级，且目前只有较少移动设备配置上述硬件环境。为使得配置普通相机的移动平台都能进行可靠的手势交互，谷歌提出了一种新的解决方案 MediaPipe[22]，其只需要基于移动智能终端上自带的 RGB 相机，即可实时执行手势识别与交互功能。

MediaPipe 是一个高效的手部跟踪技术，在利用机器学习在开始的第一帧识别出手掌后，通过每一帧的手部跟踪来完成对视频流中的手势捕捉。在对整个图像进行手掌检测后，MediaPipe 可检测手部 21 个 3D 手部关键点的坐标（如图 6-12 所示），进而实现手势状态的识别。MediaPipe 学习一致的内部手势表征，即使对部分可见和自遮挡的手部也能表现出稳定性。

为获取实况数据，MeidaPipe 的开发人员手动标注了约 3 万张包含 21 个 3D 手部关键点坐标的真实图像，因此大大提高了手势识别的精确度，还在各种背景下渲染出手部的优质合成模型，并将其映射为相应的 3D 坐标，使该算法可以在各种各样的背景下成功识别到手势。基于 MediaPipe 软件包中的深度学习模型可设计一个手势识别流程，该流程包含 2 个深度学习模型与一个手势识别器。

（1）手掌检测模型：用于对整个图像进行操作并返回定向的手部边界框。

（2）手部关键点模型：在返回不会出现错误的 3D 手部关键点的同时，该模型还可用于对手掌检测模型所定义的裁剪图像区域进行操作。

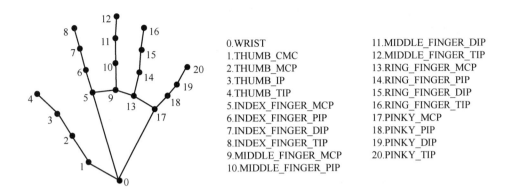

图 6-12　MediaPipe 手部 21 个 3D 手部关键点的模型图

（3）手势识别器：用于将先前计算出的关键点与算法中的手势形成映射。

借助于 MediaPipe，我们可以将这种感知数据流构建为模块化组件的有向图，而这些模块化组件也称为计算单元。MediaPipe 附带一组可扩展的计算单元，可用于解决各种设备和平台上的模型推理、媒体处理算法和数据转换等任务。

在完成手部骨架检测后，需进行手部关键点检测。之后根据手势识别器的算法，可以根据因手指关节弯曲程度不同而形成的不同状态来进行一一映射，将其设为预先设定好的手势。然后我们就可以用这种方法来进行手势的识别。例如，可以完成多种手势的识别（如图 6-13 所示），包括"剪刀""石头""布""OK""点赞""666""手枪""比心"等，并可得到对应手势的置信度。

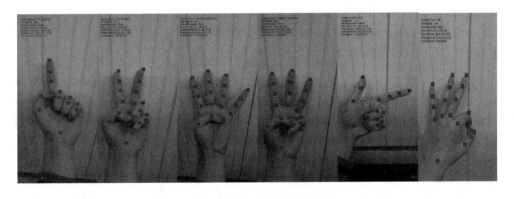

图 6-13　MediaPipe 手势识别示意图

6.4.4　手势交互总结

目前，在手势识别交互方面已取得了显著进展，越来越多的穿戴式增强现实设备开始集成手势交互功能，但在实际应用中其识别精度和交互鲁棒性还有待进一步提高，其主要体现在以下 3 个方面。

手势分割：对手势识别工作而言，快速而且精确地将手势图像从背景中分割出来是至关重要的。实际情况是，有一部分手势图像处于相对简单的背景环境中，同时还有一部分手势图像处于较为复杂的背景环境中，不同的背景复杂性对手势分割提出了挑战。光线的明暗变化也会降低手势分割的准确度，甚至容易导致手势跟踪失败。与此同时，其他方面（如人手皮肤的颜色不同和相机抖动等）的原因同样可能使手势难以分割。目前，如何准确分割手势仍然是手势识别实际应用中面临的一个问题。

手势跟踪：除了基于数据手套的手势识别方法外，设备传感器总是从一个方向捕捉人手的图像。但是，人们在做动态手势时，手指之间经常会发生彼此遮挡的现象。当将三维动态手势投影到二维平面上时，这种遮挡现象必定会导致手势局部信息丢失，造成手势跟踪失败。

手势差异：不同的人即使做相同的手势也会有很大的差异，包括角度、速度、幅度等因素。因此准确估计手的姿态比较难，大多数的识别算法都只能针对某几种具体情况有效，通用性普遍较低。

随着手势识别技术的快速发展，手势的采集方式更加多样化，手势识别方法的准确率在提高，识别速度也在逐渐加快。我们相信在不远的未来，在增强现实应用中使用手势进行虚实交互会变得不再困难。

6.5 眼动交互

6.5.1 眼动交互概述

眼球的运动显示出人的内心活动和注意力，是人的潜意识的反应。基于眼动交互技术计算机或其他设备可以"知道"使用者正在关注的地方，进而了解影响使用者情绪、行为和决策的因素[23]。眼动交互技术早期主要被应用于心理学研究、教育研究、临床医学研究、市场调研与消费者行为研究，现如今已作为增强现实的一种重要人机交互手段集成到相关的穿戴式增强现实眼镜中，如 Hololens 2。眼动交互主要是基于光线投射隐喻的目标指向技术，常用于快速选取物体，让其同步完成其他任务。通过眼动跟踪，交互界面能够获得用户所表达的导航方向和物体轮廓等语义信息。

1. 眼球运动方法

人眼的运动可分为自愿的眼球运动和非自愿的眼球运动两种。自愿的眼球运动有扫视和凝视两种，如图 6-14 所示。扫视是两个注视点之间的快速眼球运动，它们的持续时间取决于这些点之间的角距离。在运动过程中，眼球在短时间内获得较高的速度和加速度，此运动发生的时间在 30 ms 至 120 ms 之间。注视又叫凝视，是指眼睛凝视屏幕上特定点（即凝视点）的静止状态，是一种相对速度较低的运动，人眼在观察外界物体的过程中，如果对某一个对象关注视线停留的时间在 120 ms 以上，就可以称为注视。注视过程也是人眼获得主要信息来源的一种方式，因为大脑有足够的时间来进行视觉信息的加工和处理。

非自愿的眼球运动有 3 种类型：眼球震颤、漂移和微扫视。眼球震颤是一种高频小幅度的运动，左眼与右眼的震颤运动不相关。通常，人眼每秒钟就有 30～100 次的震颤运动，速度为 5～30 rad/s。漂移是一种低速运动，左、右眼的漂移运动不相关，漂移导致凝视点不固

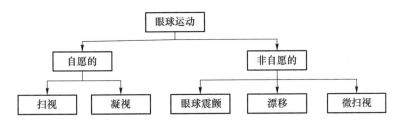

图 6-14　眼球运动方法分类

定,会在小范围内漂移,速度为 $1\sim8$ rad/s。微扫视在本质上与自愿扫视运动相同,只是幅度较小且不由人的意图控制。

　　总之,人类的眼睛在对一个目标物体进行处理的时候,眼球在大部分场景中不仅仅只有单一的运动形式,而是多种运动形式相结合,这些运动形式相互补充以帮助大脑及时处理视觉电脉冲,使得人眼能够获得清晰的成像。

2. 眼动追踪方法

　　从过去的研究文献来看,眼动追踪方法主要分为 3 类[24]:接触镜测量法、基于眼电图的测量法和基于视频图像分析的测量法。

　　(1)接触镜测量法是一种高精度的眼动追踪方法,具有侵入性。科研工作者们通过使用带镜子的隐形眼镜或者磁性巩膜线圈研究眼睛运动的生理学和动力学。这种侵入式眼动仪必须使使用者头部保持静止,因此并未得到广泛的应用。

　　(2)基于眼电图的测量方法通过在眼睛附近放置电极来测量眼睛前后的电位差,从而实现对眼球运动信息的追踪。由于视网膜上的神经密度很高,角膜和视网膜之间存在可测量的电位差,眼球的运动会引起周围电场的变化,这些变化可以通过放置在眼睛附近的电极来测量。这种方法的缺点是需要信号放大器,导致成本增高以及受试者脸上必须安装多个电极,如图 6-15 所示,因此也未得到广泛应用。

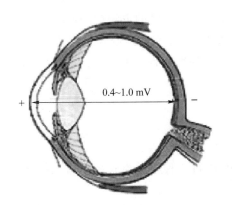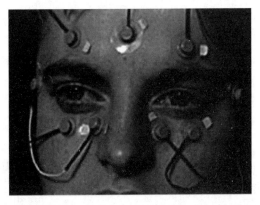

图 6-15　基于眼电图的测量方法[25]

　　(3)基于视频图像分析的测量方法使用图像处理方法来跟踪眼睛的位置。因为其是非侵入式的,所以是非临床环境中最常用的方法。大多数现代眼动追踪设备都是基于这种方法来实现的。其中根据图像算法的不同可以分为巩膜-虹膜边界探测法、瞳孔-角膜反射法、双普尔钦像法 3 类。

巩膜-虹膜边界探测法又被称为巩膜-虹膜反射法。该方法的原理是利用虹膜和巩膜的不同色差，以及对光的吸收和反射能力不同，当红外光线照射时，巩膜颜色较浅，对光的反射较多，而虹膜颜色较深，对光的反射较少。通过检测虹膜和巩膜之间边界处的反射光量变化对眼球的运动实现跟踪。

相较于巩膜-虹膜边界探测法，瞳孔-角膜反射法鲁棒性更好。瞳孔-角膜反射法是最常用的测量眼球移动的方法之一，该方法使用近红外光对人眼进行照射，红外光经过角膜反射会留下白色的亮点，当眼球处于不同的转动位置时，经角膜反射的光亮与瞳孔之间形成的向量不一样，因此可通过相机采集瞳孔和角膜反射点之间的向量来计算眼睛的注视方向。例如，tobiipro 眼动仪[26]（如图 6-17 所示）。使用近红外照明在对象的角膜和眼睛瞳孔上创建反射图案，并使用图像传感器捕获眼睛的图像和反射图案。

图 6-16   tobiipro 眼动仪示意图

双普尔钦像法是利用入射光在眼球不同结构处反射形成的普尔钦斑来提取眼动特征的方法。普尔钦斑是入射光从眼球不同部分反射所形成的光亮图像，通常可以看到 4 个普尔钦斑。第一个普尔钦斑来自角膜外表面的反射，瞳孔-角膜反射法是利用第一个普尔钦斑和瞳孔间的向量来捕捉眼球运动变化；第二个普尔钦斑是来自角膜内表面的反射；第三个普尔钦斑是来自晶状体外表面的反射；第四个普尔钦斑是由晶状体内表面反射并经过角膜和晶状体自身折射后形成的。

以上提到的眼动测量方法各有特点。涉及直接与眼睛接触的方法（如利用隐形眼镜或电磁巩膜线圈的方法）通常可提供较高的采样率和准确性，但它们是侵入式的。双普尔钦像法、瞳孔-角膜反射法通常可提供较高的采样率和良好的准确性。虹膜-巩膜边界检测法易于实施，但其准确性较低。

6.5.2   眼动交互的输入方式

在穿戴式增强现实应用中，通常将眨眼、注视和眼跳 3 种眼动模式用作输入信号，下面分别就 3 种输入交互方式进行简要介绍：

眨眼交互输入是快速且容易的，但是在现今有限的眼动识别技术约束下，尚未得到广泛使用。其局限性主要有两方面：一方面，身体的意识系统无法智能地识别无意识泛眼和有意识眨眼之间的差异；另一方面，眨眼动作本身会影响设备的眼球运动定位和跟踪功能。与眨眼行为有关的眼动指标：眨眼次数、眨眼持续时间等。

注视交互输入是目前流行的眼动交互输入方式。由于它对视线的稳定性和界面交互的时空特性有很高的要求,因此非常适合用于简单的界面[27]。但是,一旦界面任务变得复杂,用户的使用体验感就会成倍下降,包括绩效缓慢、容易误操作,犯错需要承担高昂的费用等。与注视行为有关的眼动指标:注视点坐标、注视时长等。

由于眼势基于序列且不需要精确的起点,因此对于"Midas 接触"问题,眼跳交互自然比眨眼交互和注视交互更有利。如果动作太烦琐,就会加大用户的记忆负担和认知负担,间接提高了用户的学习成本,这也违背了自然、高效交互的初衷。与眼跳交互有关的眼动指标:眼跳的速度、方向、幅度以及持续时间等。表 6-2 从眼动指标、交互效率、是否容易引起误操作、用户的认知负荷以及应用现状的角度归纳了 3 种眼动交互输入方式的特点。

表 6-2　3 种眼动交互输入方式的特点

特点	眨眼交互输入	注视交互输入	眼跳交互输入
眼动指标	眨眼时间、眨眼持续时间	注视点数量、注视时长	眼跳的速度、方向、幅度以及持续时间
交互效率	很快	缓慢	快
是否容易引起误操作	是	是	否
用户的认知负荷	低	低	高
应用现状	应用少	普遍应用	应用较少

6.5.3　眼动交互的眼动指标

进行眼动交互研究的重要原则是选择合适的眼动指标,计算眼动指标之前,必须定义待研究区域,即兴趣区域(Area of Interest,AOI),然后根据这些 AOI 计算不同的眼动指标[28]。人在观察研究对象时,如果用到的眼动参数不同,那么观察到的特征也不同。常用的眼动指标主要有以下 6 种。

(1) 注视总时间:指落在 AOI 内所有注视点的注视时间,在通常情况下,它反映人对该 AOI 的感兴趣度。但是在界面的设计合理性研究中,注视总时间用来衡量信息提取的难易程度。注视的持续时间越久,人获取相应信息花费的时间越多,往往说明人从目标中提取所需的信息比较困难。

(2) 注视总次数:指落在 AOI 内注视点的总数。在通常情况下,注视总次数可反映人完成任务的熟练度、难易度以及策略,注视总次数越少,则处理加工任务的认知负荷就越小,所需做的努力也越少。

(3) 第一次注视时间:指首次落在 AOI 内注视点的时间。它反映了人对观察的目标的感兴趣程度,一般来说,第一次注视时间越久,人对当前目标对象越感兴趣。

(4) 注视点平均注视时间:指注视总时间与注视总次数的比值。在通常情况下,注视点平均注视时间越久,表示人提取有用信息的难度越大。

(5) 注视时间:指 AOI 内第一个注视点出现到最后一个注视点消失的持续时间。注视时间反映人对信息加工的程度。

(6) 注视时间率:指注视总时间与任务完成时间的比值。它可以反映被试的搜索量以及对信息的接受程度,注视时间率越大,被试的搜索量越小,信息越难识别。

6.5.4 眼动仪

眼动仪是连接到屏幕或集成到一副眼镜中的复杂设备，可以跟踪和记录人们的视线以及注视的方式，常用的眼动追踪设备包括瑞典的 tobii 眼动仪[26]、德国的 SMI 眼动仪[29] 和 Pupil Labs 眼动仪[30]、加拿大的 EyeLink 眼动仪[31]，以及中国的七鑫易维眼动仪[32] 等。目前最常用的眼动记录方法是瞳孔-角膜反射技术[33]。

目前眼动仪主要有两大类型：基于屏幕的眼动仪和穿戴式眼动仪[34]。眼动仪内部包含照明器、摄像头以及某种映射算法。图 6-17 显示了基于屏幕的眼动仪的工作原理。当人坐在眼动仪前面时，眼动仪内部的照明器产生的近红外光会照射进入眼睛，在视网膜上出现近红外光形成的图案，然后眼动仪内部的摄像头拍摄人眼和近红外图案的高清图像，最终使用高级图像处理算法和眼睛的生理 3D 模型计算眼睛在显示器中的位置和凝视点。

图 6-17　基于屏幕的眼动仪的工作原理

采样点是眼动仪最先捕捉的数据，用来显示参与者当前正在观察的目标的位置。眼动仪的采样率与设备的质量有直接关系。目前，先进的眼动仪可以允许的频率是 $60\sim500$ Hz。也就是说，每秒可以记录 $60\sim500$ 个采样点。眼动仪记录的数据量太大，以至于用户无法直接使用。因此，在大多数情况下，需要将眼动仪收集到的原始数据重新处理，简化成可用的眼动数据。

6.6　脑机接口交互

脑机接口（Brain Computer Interface，BCI）即"脑"＋"机"＋"接口"，可以通过分析人类脑电信号得到其意图表达，进而去控制外部设备，开辟出一条连接人脑和外部设备之间信息交换的通路。该技术是多学科交叉的研究课题，涉及生物医学工程、通信工程、计算机科学与技术、软件工程等专业。

BCI 系统按照脑电信号采集方式的不同可以分为 3 种。

（1）侵入式 BCI 系统：电极植入大脑的皮质层表面，所获取的神经信号的质量比较高。但其缺点是容易引发免疫反应，进而导致信号质量的衰退甚至消失。

（2）部分侵入式 BCI 系统：电极在颅腔内，但位于灰质外。其空间分辨率不如侵入式 BCI 系统，但是优于非侵入式 BCI 系统。它主要基于皮层脑电图（ECoG）进行信息分析，其优点是不容易引发免疫反应和愈伤组织。

（3）基于非侵入式 BCI 系统：电极不插入大脑，只需让用户佩戴上，即可像戴帽子一样方便。但是应用这种方法时，颅骨会对信号有衰减作用，也会分散神经元发出的电磁波，以及电极与头皮的摩擦会导致记录的脑电信号的分辨率不高。对于通过该方法得到的信号，很难确定发出信号的脑区或神经元，但信号仍然能被检测到。

非侵入式 BCI 系统的技术有功能性近红外光谱技术（functional Near-Infrared Spectroscopy，fNIRS）、脑电信号、功能性核磁共振（functional Magnetic Resonance Imaging，fMRI）等[35]，由于其不需要通过手术来放置电极，因此应用更为广泛。fMRI 有较高的空间分辨率，但设备昂贵，移动性差。fNIRS 利用近红外信号良好的散射性，测量大脑活动时脱氧血红蛋白和氧合血红蛋白的变化，尽管设备的成本低、时间分辨率也在可接受范围，但是其在时间上的滞后性导致应用受限。而基于 EEG 的 BCI 系统因采集设备成本不高、采集过程较为简单和所采集的信号时间分辨率较高而得到了广泛应用。

由于脑电信号极其微弱，测量单位为 μV 级，很容易受到眼电、肌电以及电磁波等的干扰，因此信号需先经放大器放大后再记录保存或传输，然后进行滤波、去伪迹，最后进行特征提取。主要可以分为时域分析、频域分析、时频分析以及空域分析方法，从多个角度去尽可能地将微弱的原始脑电信号中的关键信息放大，进而提取出能反映个体思维活动的明显特征，这与最后的分类精度和外部设备的准确控制有着直接的关系。常用的特征提取方法有傅里叶变换、功率谱估计、排序熵、自回归模型、小波变换等。每种方法都有各自的优缺点，而且分类的类别越多，特征提取越难，对算法的要求越高。

在增强现实的脑机接口交互研究方面，2004 年，Navarro 等提出了增强现实和脑机接口的融合[36]，认为增强现实和蓝牙等技术的集成可推动 BCI 在入日常生活中的应用。2018 年，Abdul Saboor 等人[37]将视觉刺激显示在 Epson Moverio Bt-200 增强现实眼镜上，从而控制智能家居，如电梯和咖啡机等，平均正确率达到 85.7%；2020 年 Ke 等人研究开发出一个光学透视增强现实系统（如图 6-18 所示）[38]，用户可以通过 AR 眼镜看到 BCI 的用户界面，并可以同时控制设备，其平均最大信息传播速率为（65.5±9.86）bit/min。

6.7　多模态交互

上述主要从单一交互技术角度对现有增强现实的交互方式进行论述，而在实际使用过程中，往往需要结合特定的应用场景，采用多种交互方式协同融合，以多模态的形式实现更加友好、可靠的增强现实交互效果。模态是德国生理学家赫尔姆霍茨提出的一种生物学概念，即生物凭借感知器官与经验来接收信息的通道。例如，人类有视觉、听觉、触觉、味觉和嗅觉模态。多模态是指将多种感官进行融合，而多模态交互是指人通过声音、肢体语言、信

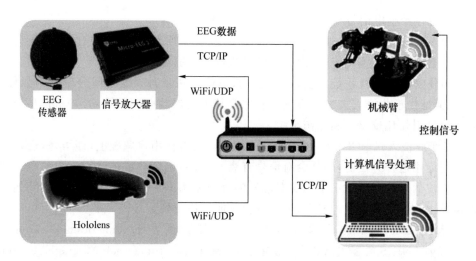

图 6-18　基于 AR-BCI 的机械臂控制流程[38]

息载体（文字、图片、音频、视频）、环境等多个通道与计算机进行交流，充分模拟人与人之间的自然交互方式。

多模态交互充分利用了人类不同的感官模态，人与机器间的信息交互采用多个模态并行、互补的方式，使得人机交互向人与人交互的形式靠拢，大幅度提高了增强现实中交互的自然性和高效性。自 1980 年 Bolt 发表了开创性的论文[39]以后，可用于计算机应用程序交互的多模态输入就成为人机交互研究中的一个活跃领域。这种不同形式的输入组合（如触摸、语音、手势、凝视等）被称为多模态交互模式，其目标是向用户提供与计算机进行交互的多种选择方式，以支持自然的用户选择，如图 6-19 所示。

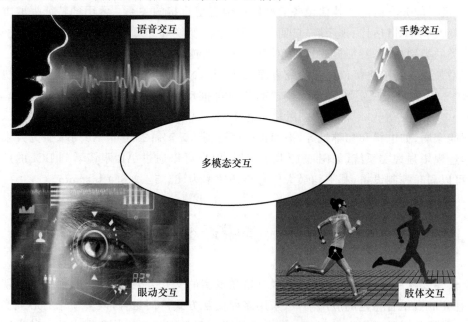

图 6-19　多模态交互示意图

相比于单一交互方式，增强现实中的多模态交互可以被定义为多个输入模态的组合，这些组合可以分为 6 种基本类型。

互补型：当两个或多个输入模态联合发布一个命令时，它们便会相得益彰。例如，为了实例化一个增强现实中的虚拟形象，用户做出指示手势，然后说话。语音命令和手势相得益彰，手势提供了在哪里放置对象的信息，而语音命令则提供了放置什么类型对象的信息。

重复型：当两个或多个输入模态同时向某个应用程序发送信息时，它们的输入模态是冗余的。通过让每个模态发出相同的命令，多重的信息可以帮助解决识别错误的问题，并加强系统需要执行的操作。用户可通过语音命令和手势来创建一个可视化工具。当提供多于一个的输入流时，该系统便有更好的机会来识别用户的预期行为。

等价型：当用户具有使用多个模态的选择时，两个或多个输入模态是等价的。例如，用户可以通过发出一个语音命令来创建一个虚拟对象，也可以通过在增强现实环境下的一个虚拟调色板中选择对象来创建一个虚拟对象。这两种模态呈现的交互是等效的，且得到的最终结果是相同的。用户也可以根据自己偏好或规避来选择使用的方式。

专业型：当某一个模态总是用于一个特定的任务时它就成了专业的模态，因为它是比较合适该任务的，或者说对该任务来说它是特别适合的。例如，假设用户希望在增强现实环境中创建和放置一个对象，对于这个特定的任务，做出一个指向的手势确定物体的位置是极具意义的，因为对于放置物体可能使用的语音命令范围太广，并且一个语音命令无法达到对象放置任务的特定性。

并发型：当两个或多个以上的输入模态在同一时间发出不同的命令时，它们是并发的。例如，用户在增强现实环境利用手势导航，与此同时，使用语音命令在该环境中询问关于对象的问题。并发型让用户可以发出命令并执行命令。

转化型：当两个输入模态分别从对方获取到信息时它们就会将信息转化，并使用此信息完成一个给定的任务。多模态交互转化的典型例子之一是在一键通话界面里，语音模态可从一个手势动作获得信息，告诉它应激活通话。

6.8 多用户协同交互

目前增强现实的应用研究普遍集中在实物交互应用、3D 交互应用、移动式交互应用和协作交互应用。前 3 种应用发展较早，且在商用市场中已经较为成熟，其中典型应用包括风靡全球的 AR 游戏 *Pokémon Go*。而对面向多用户的协作交互应用的研究较少，随着越来越多的用户开始接受增强现实这种新的交互技术，多用户的交互需求越来越多，人们希望通过不同的角色和分工来共同完成同一个交互任务，这涉及另外一个研究领域，即计算机支持的协同工作。此外，在增强现实环境下的交互过程中一般涉及不同的交互技术，如手势、身体姿态、语音、眼动以及脑电等不同交互方式，如何选取合适的交互方式和多用户交互场景，是设计者们需要考虑的问题。

6.8.1 多用户协同交互特征

协作类型可分为同地同步、同地异步、异地同步以及异地异步 4 种协作类型。由 Ens

等人于 2019 年提出的群件系统的综述表明[40]，近 20 多年来，研究者们针对增强现实的研究大多集中在远程协作（remote collaboration）的交互任务，即异地协作，而对同地协作（co-located collaboration）的研究及发表的论文数量还非常少。如何更好地组织同地多用户的交互成为一个亟待解决的问题。

增强现实协同交互近年来还应用于制造业和娱乐游戏等领域，Liu 等人[41]使用多台 Hololens 全息设备和 Vuforia 标记系统构建了一个多人 AR 船只装配系统 BoatAR。用户通过 Hololens 观察 Marker 标志物，可点击重新组装船只零部件，如图 6-20 所示。Bhattacharyya 等人设计了一款名为 Brick 的 AR 协作手机游戏。该游戏通过 Google 的 ARCore SDK 实现，其规则是两名玩家需使用散落在共享空间中的砖块，共同填满网格中的所有空槽，有些砖块必须个人收集，有些砖块必须由两名玩家共同收集，玩家必须在时间结束前填满所有的空槽。

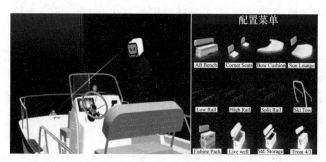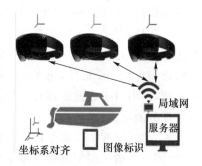

图 6-20　BoatAR 多用户协同交互系统

Billinghurst 提出，在 AR 环境下有 5 个多用户协同交互特征，包括虚拟性、增强性、合作性、独立性和个性化[42]。在 AR 环境下用户的交互操作特点除了虚拟性和增强性之外，一般还参照了真实世界的隐喻设计，具有直观自然性。对多用户的描述除了合作性、独立性和个性化之外，每个用户本身还存在一定的属性特点，多个用户之间的组织协调符合特定的协作机制。在此，通过整理交互操作特点、用户特点和用户组织特点，增加了 3 个多用户交互特征，包括直观自然性、对称性以及时序性[43]。以下列出了增强现实环境下多用户协同交互的 8 个交互特征，如图 6-21 所示。

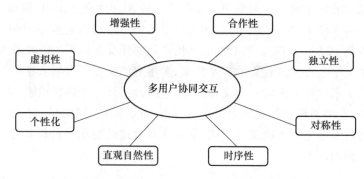

图 6-21　增强现实环境下多用户协同交互的特征

（1）虚拟性：可以查看和检查现实环境中不存在的或触摸不到的物体。

（2）增强性：可以通过虚拟注释来增强真实物体，即允许真实物体和虚拟物体之间的平滑融合。

（3）合作性：多个用户可以看到对方并以自然的方式进行设计或进行其他类型的协作工作。

（4）独立性：每个用户都可以选择独立于其他用户自由移动，每个用户可以自由控制自己的独立视角，而且还可以独立执行交互，不会中断其他用户执行的任何操作。

（5）个性化：用户之间通常共享模型和对象，这意味着所有用户都可以观察到相同的模型，并且在可见性方面保持一致。而根据应用程序的需求和个人选项的要求，每个用户的显示对象和数据可以不同。

（6）直观自然性：用户可以很自然地与共享的 AR 内容交互，就像与物理对象交互一样，AR 减少了任务空间和交流空间之间的分离，并且增强了自然的面对面通信提示。

（7）对称性：根据不同用户在协作任务中扮演的角色，可以分为两种交互模式。对称性交互：每个用户扮演同样的协作角色，并且拥有相同的交互能力与交互权限。非对称性交互：用户之间扮演不同的协同角色，各自的交互能力和交互权限随之发生变化。

（8）时序性：在多个用户之间进行协同操作的过程中，需要符合一定的时序特性，不同用户的交互命令在时序机制下完成响应操作。

6.8.2　共享空间协同交互设计

从以上的多用户协同交互特征和交互需求不难看出，这些特征虽然不尽相同，但都强调了对用户之间交互交流的支持，如图 6-22 所示。对于 AR 环境下的多用户协同交互，给出了以下设计原则。

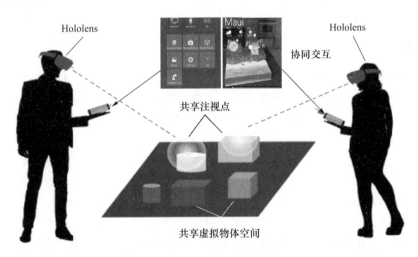

图 6-22　协同交互设计示意图

（1）实行多用户的组织管理

在增强现实环境中，多用户协作任务首先必须满足的功能是不同用户可从各自的视角观察共享空间以及对共享物体进行操作，并确保每个用户感知到的共享内容是一致的。对于个人私有空间的独立操作应当提供支持，在共享的空间中也能保存一定的私密性。此外，多用户进行协同交互时应当具有不同的角色，如指挥者、执行者、旁观者等。协同交互应用中应当根据协作者扮演的不同角色来分配相应的交互功能。

（2）共享冲突访问机制

在多人协同交互中，存在两种交互机制[44]。一种是串行顺次进行操作，用户需要等待其他用户完成交互操作之后再进行自身的操作。在这种交互机制下，用户之间的交互不会发生冲突，协作流程可以按次序完成。另一种是并行操作，当用户希望同时进行操作时，若多个用户在同一时刻操作不同物体，则他们可以互不干扰完成自己的交互。若多用户在同一时刻对同一物体发起交互命令，此时需要利用冲突访问机制来判断是否允许多用户同时操作，否则会造成交互命令的响应混乱。

（3）允许多模态交互方式

在增强现实环境中进行多人交互不同于传统的桌面式交互，增强现实兼具对三维空间真实性和虚拟性的感知，因此在增强现实中可以有效地结合多模态交互，充分调动多个感官通道进行协同交互，如语音、手势、眼动。对不同的交互方式设计合适的交互指令，当加入更多的感知通道（如触觉、嗅觉等）时，还可以对不同的模态进行组合设计，如眼动与手势组合、手势与触觉反馈组合等。针对不同的交互任务和交互场景，允许多模态的交互可以提供更加丰富的信息带宽，为协同用户带来更加丰富和真实的交互体验。

（4）充分表示界面信息

在增强现实环境中进行协同交互时，用户需要佩戴眼镜或头盔等显示设备，尽管用户依然可以通过设备看到外部环境，但是无法对其他同样佩戴外部设备的协作者进行有效的感知，尤其是协作者的眼神、面部表情等，而这些信息状态的感知是人们进行面对面交互交流时重要的暗示信息。当为用户提供其同伴的更多感知信息时，可以增强协作者的社交临场感等，从而提高协作效率和质量。此外，用户发起交互后，充分有效的实时信息显示对每位用户来说都至关重要，可帮助用户提高自身对协作系统中的感知，得到有效的交互反馈。

（5）选择合适的交互任务和协作场景

增强现实环境下的协同交互设计更适合用于产品设计，也可用于复杂产品协同装配、城市建筑规划、灾害应急处理、娱乐和教育等。增强现实环境中的协作类型基本分为两类：一类是同地协作；另一类是异地远程协作。设计者应根据协作目标和需求制订恰当的交互任务和协作场景。

本 章 小 结

本章主要对增强现实应用中典型的人机交互技术进行介绍，具体包括触控、语音、手势、眼动和脑机接口等交互方式，以实现虚实融合过程中的信息交流与反馈。例如，面向人类体验者的眼球追踪传感器可以带来更自然的操控模式，也可以实现注视点渲染等，甚至未来还可以融合心率、肌电图、脑电图等生物传感器。此外，在部分增强现实应用场景下，为克服单一交互方式的鲁棒性和环境适应性问题，本章构建了多模态的交互范式逻辑。最后，本章对多用户协同交互的特征和模型设计进行了描述，为读者在具体增强现实应用场景中对交互方式的选择提供参考。

市章参考文献

[1] Card，S，Moran T，Newell A. The psychology of human-computer interaction[M]. [S. l.]：Lawrence Erlbaum，1983.

[2] 张凤军，戴国忠，彭晓兰. 虚拟现实的人机交互综述[J]. 中国科学：信息科学，2016，46(12)：1711-1736.

[3] Erickson D，Lacheray H，Daly J. Multilateral haptics-based immersive teleoperation for improvisedexplosive device disposal [C]//Proceedings of the SPIE 8741, Unmanned Systems Technology XV. Baltimore：[s. n.]，2013：292-298.

[4] Johnson E A. Touch display——a novel input/output device for computers[J]. Electronics Letters，1965，1(8)：219-220.

[5] Chen Z，Su Y，Wang Y. MARVisT：authoring glyph-based visualization in mobile augmented reality[J]. IEEE Transactions on Visualization and Computer Graphics，2020，26(8)：2645-2658.

[6] 朱莉. 高可靠电阻式触摸屏的研究与实现[D]. 南京：东南大学，2015.

[7] Siri[EB/OL]. [2021-09-02]. https://www. apple. com. cn/siri/.

[8] Cortana[EB/OL]. [2021-09-02]. https://www. microsoft. com/en-us/cortana/.

[9] Povey D，Ghoshal A，Boulianne G，et al. The Kaldi speech recognition toolkit[J]. Idiap，2012，24(3)：226-241.

[10] Oson H，Belar H. Phonetic typewriter[J]. Acoust. 1956，28(6)：1072-1051

[11] Vintsyuk T. Speech discrimination by dynamic programming[J]. Cybernetics and Systems Analysis，1968，4(1)：52-57.

[12] Rabiner L. Atutorial on hidden markov models and selected applications in speech recognition[J]. Proceedings of the IEEE，1989，77(2)：257-286.

[13] 俞栋，邓立. 解析深度学习：语音识别实践[M]. 北京：电子工业出版社，2016.

[14] 科大讯飞[EB/OL]. [2021-09-02]. https://www. iflytek. com/index. html.

[15] 冯怡林. 基于 HMM 和 DNN 混合模型研究的语音识别技术[D]. 石家庄：河北科技大学，2020.

[16] 王智国. 嵌入式人机语音交互系统关键技术研究[D]. 北京：中国科学技术大学，2014.

[17] Yucesoy E，Nabiyev V V. Comparison of MFCC，LPCC and PLP features for the determination of a speaker′s gender[C]//Signal Processing and Communications Applications Conference (SIU). Trabzon：IEEE，2014：321-324.

[18] Leap Motion[EB/OL]. [2021-09-02]. https://www. ultraleap. com/.

[19] Hololens 2[EB/OL]. [2021-09-02]. https://www. microsoft. com/zh-cn/hololens/hardware.

[20] 蔡小龙. 增强现实中的手势交互系统研究与设计[D]. 重庆：重庆大学，2018.

[21] Hartley R，Zisserman A. Multiple view geometry in computer vision[M]，Cambridge

University Press，2004.

[22] Lugaresi C，Tang J，Nash H，et al. MediaPipe：a framework for building perception pipelines[EB/OL].［2021-09-08］. https：//arxiv. org/abs/1906. 08172.

[23] 闫国利，白学军. 眼动分析技术的基础与应用[M]. 北京：北京师范大学出版社，2008.

[24] Blascheck T，Kurzhals K，Raschke M，et al. State-of-the-art of visualization for eye tracking data ［C］//Proceedings of the Eurographics Conference on Visualization. Swansea：［s. n. ］，2014：1-20.

[25] Lupu R，Ungureanu F. A survey of eye tracking methods and applications[J]. Buletinul Institutului Politehnic din Iasi Tomul LVIII (LXII)，2013：71-86.

[26] tobii[EB/OL].［2021-09-08］. https：//gaming. tobii. com/.

[27] Shioiri S，Cavanagh P. Saccadic suppression of low-level motion[J]. Vision research，2019，29(8)：915-928.

[28] Tobii A B. Tobii studio user's manual[R]. Version 3. 4，2016.

[29] SMI 眼动仪[EB/OL].［2021-09-08］. https：//imotions. com/.

[30] Pupil Labs 眼动仪[EB/OL].［2021-09-08］. https：//pupil-labs. com/.

[31] EyeLink 眼动仪[EB/OL].［2021-09-08］. https：//www. sr-research. com/eyelink-1000-plus/.

[32] 七鑫易维眼动仪[EB/OL].［2021-09-08］. https：//www. 7invensun. com/xrydxl.

[33] Bhattacharyya P，Nath R，Jo Y，et al. Brick：toward a model for designing synchronous colocatedaugmented reality games[C]//Proceedings of the CHI Conference on Human Factors in Computing Systems. Glasgow，2019：1-9.

[34] Brusilovsky P. KnowledgeTree：a distributed architecture for adaptive e-learning ［C］//Proceedings of the International World Wide Web Conference on Alternate Track Papers and Posters. New York，2004：104-113.

[35] 乔敏. 基于增强现实的脑机接口系统的研究与实现[D]. 太原：太原理工大学，2020.

[36] Navarro K. Wearable，wireless brain computer interfaces in augmented reality environments ［C］//Proceedings of International Conference on Information Technology：Coding and Computing. Las Vegas：［s. n. ］，2004：643-647.

[37] Saboor A，Benda M，Rezeika A，et al. Mesh of SSVEP-based BCI and eye-tracker for use of higher frequency stimuli and lower number of EEG channels［C］// Proceedings of International Conference on Frontiers of Information Technology. Islamabad：［s. n. ］，2018：99-104.

[38] Ke Y，Liu P，An X，et al. An online SSVEP-BCI system in an optical see-through augmented reality environment ［J］. Journal of neural engineering，2020，17：016066.

[39] Bolt R. Put-that-there：Voice and gesture at the graphics interface[J]. ACM SIGGRAPH Computer Graphics，1980，14(3)：262-270.

［40］ Ens B，Lanir J，Tang A，et al. Revisiting collaboration through mixed reality：The evolution of groupware［J］. International Journal of Human-Computer Studies，2019，131：81-98.

［41］ Liu Y，Zhang Y，Zuo S，et al. BoatAR：a multi-user augmented-reality platform for boat［C］//Proceedings of the ACM Symposium on Virtual Reality Software and Technology. Tokyo：ACM，2018：1-2.

［42］ Billinghurst M，Kato H. Collaborative augmented reality［J］. Communications of the ACM，2002，45(7)：64-70.

［43］ 高蕾. 增强现实环境下多用户协同交互模型的研究及应用［D］. 西安:西安电子科技大学，2020.

［44］ Niu S，Mc Crickard D S，Harrison S. An observational study of simultaneous and sequential interactions in co-located collaboration［C］//Proceedings of IFIP Conference on Human-Computer Interaction. Mumbai：Springer，2017：163-183.

第7章

增强现实与工业制造

增强现实因其直观可视化的特点在工业 4.0 和智能制造领域一直受到广泛关注。自 20 世纪 90 年代初波音公司在飞机装配布线中引入增强现实技术以来，增强现实已逐步应用于航空航天工程、汽车工程、智能物流等应用场景。本章将对增强现实在工业制造领域的典型应用进行介绍，在让读者进一步了解增强现实技术的同时，为后续增强现实驱动智能制造的应用提供参考。

7.1　航空航天工程

航空航天产品具有结构复杂、技术度密集高的特点，其安装和维修过程对人员技术和工具设备都有极高的要求。受时间、条件和环境等因素的限制，手工作业的劳动强度高、技术难度大，是生产和维修差错等质量问题的敏感环节。因此，将可穿戴式辅助维修的基本理论和增强现实技术相结合，研究一种以作业人员为中心的人性化、智能化的维修方法是十分必要和迫切的，该方法可对作业人员进行培训和指导，降低作业难度、减少作业差错。下面将对国内外增强现实技术在航空航天领域的典型应用进行介绍。

国外相关机构对 AR 辅助维修技术的研究起步较早。作为世界上领先的飞机制造商，波音公司早在 20 世纪 90 年代初研制波音 777 宽体客机时就将增强现实技术引入飞机装配中，通过将 AR 技术应用于飞机制造中电力线缆的连接和接线器的装配，完成了世界上第一套实用化的 AR 系统[1]，如图 7-1(a)所示。这套系统使用光学透视式头盔作为显示设备，通过在工人的视野中叠加布线的路径和文字等提示信息，能够帮助工人完成飞机制造中电力线缆的连接和接线器的装配工作。近年来，波音公司基于现有可穿戴式增强现实眼镜，结合最新的语音和智能图像识别技术〔如图 7-1(b)所示〕，实现可视化装配指引。对于飞机手工布线任务，其相较于传统的基于纸质装配工艺文件的工作模式，能提高 25％的装配效率，同时可有效避免装配错误的发生[2]。

2001 年欧盟资助的 STARMATE 系统[3]将 AR 应用在复杂机电系统维修中，该项目由欧洲共同体资助，由隶属于法国、西班牙、意大利的 6 个公司和一个德国的研究所共同实现，主要实现两个功能：指导使用者完成设备组装和维修工作；对使用者进行操作培训。基于增强现实技术将航空发动机、装配维修工作流程指南按照工作进度准确地显示给用户，指导用

 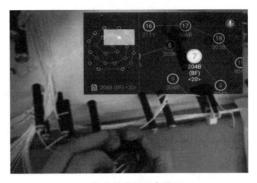

(a) 早期增强现实装配　　　　　　　　　　(b) 智能化增强现实装配

图 7-1　波音公司增强现实装配应用

户顺利地完成维修任务。在 STARMATE 系统中,通过头盔式显示器将多种辅助信息显示给用户,包括虚拟仪表的面板、被维修设备的内部结构、被维修设备的零件图等,对用户而言,这些附加的文字、图像较之厚厚的安装手册更加生动且易于理解。

 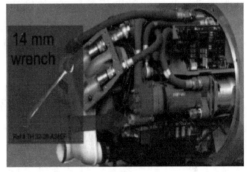

图 7-2　STARMATE 项目中发动机的维修

　　ARVIKA[4]是与 STARMATE 处于同一时期的项目,由德国教育研究部资助,主要针对飞机和汽车的装配维修。欧洲航空防务与航天公司利用 ARVIKA 系统有效解决了某型战斗机的布线问题,装配工人可以通过语音调用虚拟信息,轻松地按照每步的提示,在 1 m×6 m 的板上完成高密度的布线工作。

　　空客公司在 2010 年开发了 MOON 项目[5],该项目将 AR 技术应用于空客 A400M 运输机的辅助装配过程中。图 7-3(a)所示为 MOON 项目在空客 A400M 运输机上的使用,利用摄像头实时获取工作区域的图像,然后借助于增强现实技术将待装配零件模型叠加在实际工作现场。由此,工人可以直观了解待装配对象需要安装的准确位置,进而实现装配过程的可视化引导。实验证明,借助于增强现实的装配辅助技术较传统装配方法可降低 90% 的准备时间,极大地提升了手工装配效率。

　　MOON 项目使用平板电脑作为信息显示终端。在装备拆装过程使用平板电脑意味着维修人员的双手受到束缚,为了解决这个问题,空客 A330 飞机的研发团队开发了基于 Google Glass 的可穿戴式 AR 系统[6],通过引入 AR 技术辅助实现座椅及其他客舱装修的精确位置标定,如图 7-3(b)所示。

　　2016 年起,NASA 开始利用微软公司开发的头戴式混合现实装置 Hololens 开展"火星

(a) MOON增强现实装配   (b) Google Glass应用

图 7-3 空客公司增强现实的应用

虚拟漫步"等活动[7]，探索其在"火星 2020"巡视探测器设计中的应用潜力。此前 NASA 已针对太空探索和教育研发了多种全息眼镜应用。例如，NASA 喷气推进实验室的"原型太空"应用可将计算机仿真图像投射到工程师视场中，帮助工程师在"火星 2020"巡视器设计过程中评估各仪器组件的组装情况，并将其与真实硬件进行对比研究，有效解决巡视器组装维修过程中可能出现的潜在冲突。

美国航空航天制造商洛克希德马丁公司已经将 AR 技术运用在产品生产中[8]，借助于 AR 眼镜可让工作人员更为便捷地获取零部件编号及数据信息和操作流程指导，以助于装配工作快速且准确地开展。在安装起落架的部件过程中，工程师借助于 AR 设备可获取三维可视化的安装和操作指导手册，从而获取详细的线缆、螺栓等零部件的安装位置信息。据统计，借助于 AR 设备，工作人员的工作效率大大提升，装配速率可以提升 30%，准确率也提升至 96%。洛克希德马丁公司在"猎户座"航天器生产制造中使用了 AR 眼镜及其相关软件，极大提升了航天器零部件装配维修的效率，如图 7-4 所示。"猎户座"航天器钻孔、面板插入等组装过程所需时间由之前的大约 6 周缩短到大约 2 周，全新钻孔工艺所需的学习培训时间从原来的 8 小时缩短到 45 分钟。

图 7-4 AR 技术在"猎户座"航天器装配中的应用

在 AR 技术及其应用方面，国内研究开展较晚，开展的研究机构主要包括北京理工大学、北京航空航天大学、上海交通大学、浙江大学、华中科技大学、西北工业大学和北京邮电大学等。北京理工大学光电工程系先后成功研制了大视场彩色显示头盔[9]、超声波定位跟踪器、基于图像处理的光学数据手套等 VR 外设样机，并在基于图像处理的 AR 三维环境注册方面分别就彩色标志点、无标志点以及 AR 系统的光照模型等问题开展了一系列的研究工作。为解决航天产品设计复杂、工艺繁杂等问题，上海交通大学研发了航天领域的 AR 引导系统[10]，通过建立结构化引导信息模型整理、利用所提取的图像 SIFT 特征以及 SVM 对零件型号的分类识别，为航天产品的辅助装配提供了 AR 的工艺信息引导，如图 7-5（a）所示。

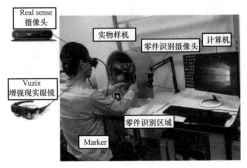

(a) AR辅助线缆敷设　　　　　　　　　　　(b) 联想晨星AR辅助飞机装配

图 7-5　AR 辅助作业示意图

上海飞机制造有限公司基于联想晨星 AR 眼镜开展了基于 AR 的智能化装配辅助技术研究，使得装配时间大幅度缩短，装配准确性也进一步提高，同时整个装配过程可通过视频自动记录在云端，方便后续查验。

增强现实在航空航天培训中也有着越来越广泛的应用。例如，飞行模拟器不论是对飞行员的上机前模拟训练，还是对航天员的飞行器空中模拟训练，都具有提高训练效率，节省费用，安全、方便、绿色等优点，因此受到广泛关注。飞行模拟器是典型的人在回路实时仿真系统，可通过增强现实模拟真实航空器在执行飞行任务中的各种状态，并可给飞行员和航天员提供在当时状态下相应的视觉、听觉、操作负荷、力反馈等感受。

7.2　汽　车　工　程

当前，伴随着生产制造水平的提高，更多的传感器、安全设施和计算机被嵌入汽车的框架系统中，使得其制造、维修过程变得更加复杂。为保证制造维修的精度并降低对工人技能的要求，宝马公司特意开发了一款增强现实眼镜，工人只需佩戴眼镜，即可借助于增强现实技术在视场中看到高亮显示的零件，实现安装和维修工序的可视化指引。

除了在汽车的制造维修应用外，增强现实技术也可广泛应用于其后续服务保养中。梅赛德斯-奔驰公司开发了辅助救援系统，如图 7-6（a）所示。通过利用增强现实技术，救援人员可以实时、全面地获取汽车信息。例如，当发生车祸时，救援人员可看到不同颜色标识的内部零件，包括在救助被困乘客时进行车辆切割的位置。此外，该系统还可以通过增强现实技术提供救援卡，即使在不联网的情况下也可以使用，确保救助的及时有效。此外，微软公司和沃尔沃公司进行合作，开发出了基于 Hololens 的自动选车系统[11]，如图 7-6（b）所示，用户只需佩戴增强现实眼镜 Hololens 就可通过自然的交互手段进行车辆配置的自主选择，如颜色、风格等，甚至能利用该系统直接观测汽车的内部结构，如气缸内部的运动情况。整个过程与实际选车场景高度一致，并且通过对虚拟模型的交互，增强了现实场景中的体验。

(a) 梅赛德斯-奔驰辅助救援系统   (b) 基于Hololens的自动选车系统

图 7-6　增强现实技术在汽车服务中的应用

随着增强现实技术的演进，越来越多的汽车生产商和研究人员都希望能够为使用者提供不一样的驾乘体验。基于增强现实的平视显示器 AR-HUD(AR Head-Up Display)的出现使驾驶员不用低头就可以看到相关信息，可以将更多的精力放到观察路面情况上。这样一方面可以将导航信息与实景信息匹配，使得导航信息更加直观、有效，减轻驾驶员大脑负担；另一方面可以有效防止驾驶员视线离开驾驶视野，使驾驶员只需要将注意力集中在道路上，确保驾驶活动的安全。

抬头显示(HUD)又叫平视显示，起初用于战斗机上，可以降低飞行员低头查看仪表盘的频率，避免飞行员驾驶注意力不集中。随后，由于 HUD 带来了一些便利性同时成本进一步下降，因此汽车也开始慢慢跟进安装。通过 HUD，用户可以观察到车速、限速指示、驾驶路线图等信息。而与 HUD 相比，AR-HUD 不仅可以显示驾驶信息，还改变了驾驶员观察信息的方式。

AR-HUD 主要由投影组件、反射镜组件和主机 3 个部分组成[12]。首先系统中的跟踪相机获取道路场景图像，计算分析虚拟图像和场景间的相对位置关系，得出虚投射虚拟图像位置，然后投影模块将要显示的信息投射到一个特殊设计的自由曲面反射镜，通过反射镜将信息反射到汽车前挡风玻璃上，同时校正挡风玻璃产生的图像畸变误差，使驾驶员在视线前方看到显示的图像，并将经过处理的导航等信息显示在前挡风玻璃上，其工作原理如图 7-7 所示。

2012 年，日本先锋株式会社研制出一款基于增强现实技术的抬头显示系统，这个系统主要采用增强现实技术显示，这主要由立于中控台的一个常规 LCD 显示屏来实现。而其抬头显示的部分位于视野上方。AR-HUD 可以让司机意识到潜在的危险，而不会分散注意力或妨碍他们的道路视野。如果司机的注意力开始分散，该系统还可以将其注意力重新转移到道路上。梅赛德斯-奔驰、通用、丰田等多家汽车生产商都已经展示过自己增强现实技术的雏形，提出了增强显示的概念。汽车挡风玻璃以及车窗显示便是一个非常具有前景的应用形式。其中，德国高端汽车品牌的梅赛德斯-奔驰 S 级汽车已于 2020 年搭载了 AR-HUD，可将限速标识、转向方位、路面信息等车辆行驶信息以更动态的画面投放到挡风玻璃上，如图 7-8 所示。

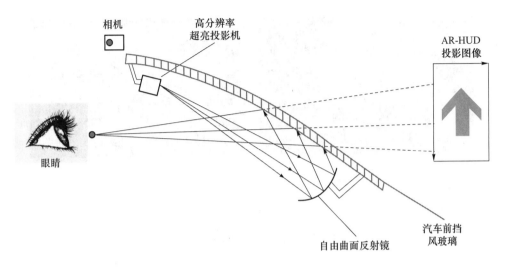

图 7-7　AR-HUD 工作原理

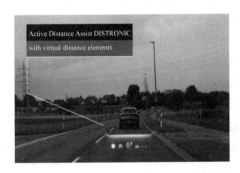

图 7-8　梅赛德斯-奔驰 S 级汽车的 AR-HUD 导航

近年来,各大汽车厂商已经提出了很多新颖的概念,展现了将增强现实应用于智能汽车的美好前景。在一个概念项目中,丰田欧洲公司和哥本哈根交互设计研究所将汽车车窗设想为触摸屏,允许乘客通过它与车外的风景进行互动。丰田称这一理念为"Window to the World"(通向世界的窗口),车窗玻璃就像一个画板,乘客可以追踪他们看到的外部风景进行绘图,还能够放大远处的风景,或者衡量其与汽车之间的距离。在夜间,这种车玻璃还可以定位天上的星星,显示天文知识。

宝马 Vision Next 100 概念车有两种不同的驾驶模式:Boost 和 Easy。Boost 模式为有趣的手动驾驶模式;Easy 模式为放松的自动驾驶模式。在 Boost 模式下,这款车会增强显示驾驶路线、车速和其他类似的运行数据。这些数据都能帮助驾驶员在驾驶兴致高的时候更自信、更安全地驾驶。在这个概念设计中设定了一种增强现实的模式,可以在挡风玻璃上直接投射其他车辆的信息,增进了车与车之间的交流,如图 7-9 所示。BMW i Vision Future Interaction 配有平视显示系统、带三维视图显示的组合仪表以及一个几乎扩展到整个前乘客侧的 21 英寸全景式显示器。车速、限速或导航信息等最重要的数据将投射到前挡风玻璃上,而组合仪表就布置在方向盘后面。在人工驾驶时,车辆的显示器会提供常规数据,而在高度自动驾驶模式下,这些显示器可以化身为娱乐、互联系统。

图 7-9　宝马 Vision Next 100 概念车

7.3　智慧物流工程

对物流行业来说，高效的仓储和配运体系是确保订单快速、准确交付客户的基本保障。多年来，为了确保领先的速运水平，各大物流公司争相投资新科技打造智能物流系统，其中增强现实智能眼镜被公认是具有前景的解决方案。

增强现实应用智能物流包括货物分拣、货物装载和货物运输，下面将以货物分拣为例，对基于增强现实的分拣方法进行简要介绍。货物分拣是工人根据分拣清单，从车间现场货架上查找目标货柜位置，并根据指定分拣数量将货物搬运至移动运输车的指定位置，进而运输至下一工序现场，实现货物在生产制造和物流运输过程中的流转，该过程是当前生产制造中的一个重要环节。近年来，虽然已有一些自动化分拣和仓储系统，但是在部分特定的生产环节，仍然大量依赖基于手工作业的订单式分拣流程。

在现有手工分拣过程中，工人主要以纸质分拣单的形式，按流程逻辑依次读取和理解文本描述信息，并执行相应的手工分拣任务。然而，反复高频率地读取并理解待分拣目标编码，在现场货架查找待分拣目标位置的过程，容易使工人疲劳并出现分拣错误，难以持续保证实际分拣操作和理论任务规划的一致性。尤其在工业生产现场，作为整个物料运输的关键环节，分拣流程的效率和准确性会极大制约整个产品的生产制造流程。为提高手工分拣效率并降低分拣过程中发生误拣的概率，研究用直观可视化的分拣表征方法代替传统使用纸质文本分拣单的方法，已经成为当前智能分拣的一个重要方向。

经过数年的试点和分阶段部署之后，物流巨头 DHL 正计划加大对增强现实可穿戴式设备的投资。DHL 旗下 DHL Supply Chain 宣布，他们将成为部署第二代 Google Glass 的客户之一[13]。为帮助提高分拣效率，DHL Supply Chain 将为仓库员工提供新版 Google Glass AR 智能眼镜，如图 7-10 所示。基于增强现实的视觉技术可允许仓库员工专注于分拣过程，直接通过视场中的数字指引来定位和分类货物，从而减少搜寻时间和对操作扫描设备的需求。Zebra Technologies 最近一份针对供应链的报道显示，55％的机构依然是通过纸和笔来管理物流业务的，可穿戴式设备的渗透率相对较低。通过 AR 智能眼镜实现的免手操作体验受到了 DHL 仓库员工的青睐，因为他们可以更快速地定位和分类产品。

在 AR 智慧物流的方面，菜鸟物流系统整合订单管理、仓内导航导视、数据管理以及先进的相关算法，并结合手势交互、语音交互，打造未来仓内管理的 MR 产品平台，如图 7-11

图 7-10　AR 在 DHL 物流中的应用

所示，目标是有效提升人处理复杂信息的效率以及对自动化设备的管理效率。通过不断打磨 AR 智慧物流系统，工作人员只要佩戴上 AR 眼镜，打开操作系统，就可基于待分拣任务订单信息，指导分拣人员按照最优路线行走，迅速找到货架上的商品并进行扫描等。即使是一个毫无经验的新手，也可以迅速学会操作流程，大大节省了培训时间，提升了操作效率和操作准确性[14]。

　　AR 智慧物流系统在提升效率的同时，也有效地缓解了工作人员的压力，提升了人对于复杂流程的快速学习能力。未来菜鸟网络将继续拓展 AR 技术在物流体系中的应用场景，帮助提升物流效率，解放工作人员的双手。

图 7-11　AR 在菜鸟智慧物流中的应用

　　为实现基于穿戴式增强现实的智能分拣，以将待增强的分拣任务直接标注在车间现场，作者采用图 7-12 所示的流程，实现了物流分拣现场的智能可视化指引[15]。其主要分为构建分拣现场地图和增强现实分拣指引两个阶段。

　　（1）分拣现场地图构建

　　在分拣现场和货架上布置相应的人工标识，用相机获取不同位置下分拣现场的图像，通过对现场图像中的人工标识进行提取-匹配-重建，可得到基于多个人工标识的分拣现场地图。同时，根据现有物料的纸质分拣单，在增强分拣系统中集成分拣任务逻辑，为后续可穿戴式智能分拣系统作业流程提供指导。

　　（2）增强现实分拣指引

　　首先，通过可穿戴增强现实系统加载分拣任务信息和离线构建的人工标识地图；其次，

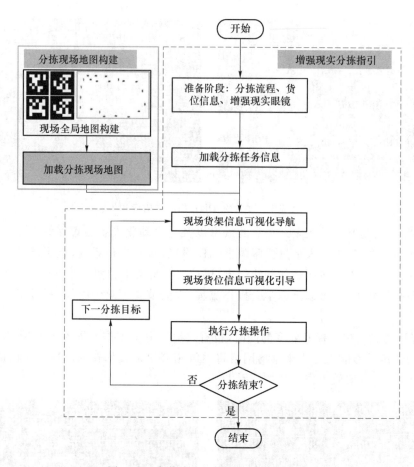

图 7-12　穿戴式 AR 智能分拣系统流程

当工人在现场执行分拣操作时，通过可穿戴式增强现实眼镜上固联的相机，实时获取当前分拣现场的图像，并提取和识别图像中的人工标识，结合已离线构建的人工标识地图，构建 3D-2D 间的对应关系，进而解算增强现实眼镜在车间现场的位姿；最后，根据手工分拣的任务流程，按照从整体到局部的检索形式，在工人佩戴的可穿戴式眼镜的视场中，将分拣目标货位"点亮"实现手工分拣过程中的智能可视化引导，如图 7-13 所示。

图 7-13　车间手工分拣过程中的智能可视化引导

7.4　其他工业领域

对工业企业而言,设备的维修维护、保障设备的稳定运行具有非常重要作用。然而,随着设备的集成度、复杂度越来越高,操作人员的经验缺乏使得设备的维修维护变得越来越困难。借助于增强现实技术帮助企业应对上述挑战,使复杂设备的维修、点检变得直观方便,从而转变原有的设备维修维护方式,提升效率,保障质量,如图 7-14 所示。

图 7-14　AR 巡检示意图

以富士通公司为例,为了改善工厂设备维修维护工作人员的现场作业环境,该公司已经将增强现实技术应用于自身的设备点检与服务运营中。采用增强现实之前,工作人员通常要在点检单上手动记录温度、压力等信息,然后将信息录入电脑。如今,工作人员可以在现场用触摸屏录入信息,创建电子表格并共享信息,增强现实可以快速显示作业手册数据、故障历史和库存等信息。

此外,在工程设计方面,再精确的图纸也会限制设计师设计理念的准确表达,影响和客户的沟通,而增强现实技术恰恰弥补了这个缺陷。设计师在设计阶段可以通过增强现实技术将设计师的创意快速、逼真的融合于现实场景中,使设计师能对最终产品有直观和切身的感受,有利于最终设计方案的完善。同时,通过增强现实技术,可以使设计出的虚拟模型与现实中的真实场景相互融合,从而在设计定型前可以更好地进行装配仿真、分析和评审产品模型等工作。

本 章 小 结

增强现实作为工业 4.0 的一项重要支撑技术,本章主要对增强现实在工业制造领域的应用进行介绍,尤其在航空航天、汽车和物流领域等典型行业,借助于增强现实技术可将传统纸质作业指令转化为直观可视化的信息指令,以更加生动形象地辅助工人进行作业指导,有效提高生产制造的效率和自动化水平。

本章参考文献

[1] Caudell T，Mizell D. Augmented reality：an application of heads-up display technology to manual manufacturing processes[C]//Proceedings of the Hawaii International Conference on System Sciences. Kauai：[s. n.]，1992：659-669.

[2] Skylight AR[EB/OL]. [2021-09-15]. https://upskill. io/landing/upskill-and-boeing/.

[3] Schwald B，Figue J，Chauvineau E. STARMATE：using augmented reality echnology for computer guided maintenance of complex mechanical elements[C]//Proceedings of e2001：e Business and eWork. Venice：[s. n.]，2001：17-19.

[4] Friedrich W. ARVIKA-augmented reality for development，production and service [C]//Proceedings. International Symposium on Mixed and Augmented Reality. Darmstadt：[s. n.]，2002：3-4.

[5] Servan J，Mas F，Menendez J，et al. Using augmented reality in AIRBUS A400M shop floor assembly work instructions[C]//AIP Conference Proceedings. Sevilla：[s. n.]，2012：633-640.

[6] 空客公司 AR[EB/OL]. [2021-09-15]. https://www. airbus. com/en/newsroom/news/2017-03-airbus-sees-the-future-through-the-vision-of-smart-glasses.

[7] NASA AR[EB/OL]. [2021-09-15]. https://news. microsoft. com/en-gb/2017/07/10/nasa-microsoft-hololens-is-helping-us-find-the-best-sites-for-bases-on-mars/.

[8] 洛克希德马丁公司 AR[EB/OL]. [2021-09-15]. https://news. microsoft. com/innovation-stories/hololens-2-nasa-orion-artemis/.

[9] 王士铭，程德文，黄一帆，等. 大视场高分辨率光学拼接头盔显示器的设计[J]. 激光与光电子学进展，2018，55(6)：370-375.

[10] 尹旭悦，范秀敏，王磊，等. 航天产品装配作业增强现实引导训练系统及应用[J]. 航空制造技术，2018，61(Z1)：48-53.

[11] 沃尔沃 AR 选车 [EB/OL]. [2021-09-15]. https://www. volvocars. com/zh-cn/about/our-company/brand-news/new-era-of-intelligent-interconnection.

[12] 安喆. 光学透射式平视显示系统关键技术研究[D]. 长春：长春理工大学，2019.

[13] DHL AR 分拣. [EB/OL]. [2021-9-18]. https://www. supplychaindive. com/news/dhl-vision-picking-program-google-glass-wearables/555636/.

[14] 菜鸟 AR 物流. [EB/OL]. [2021-9-18]. https://www. cainiao. com/.

[15] Fang W，Zheng S，Liu Z. A scalable and long-term wearable augmented reality system for order picking[C]//2019 IEEE International Symposium on Mixed and Augmented Reality Adjunct. [S. l.]：IEEE，2019，4-7.

第8章

增强现实在其他典型行业中的应用

近年来,增强现实技术快速发展,除了在工业制造的应用中变得更加友好外,在其他相关领域也开始显现出其固有优势。例如,在国防军事中,可以让士兵观测到"不可见"战场的态势,便于执行更优的作战计划。此外,在医疗健康、教育、生活导航、游戏娱乐、广告商务和文化旅游等场景,增强现实技术的出现极大促进了传统方式的变革,由于篇幅有限,本章主要对上述相关行业的典型应用进行介绍。未来,我们有理由相信,随着增强现实软/硬件系统的迭代升级,其必将进一步影响我们日常的生产和生活活动。

8.1 国 防 军 事

8.1.1 增强现实模拟演练

随着增强现实技术的发展,其可借助于真实物理场景构建虚实融合模型,突破虚拟现实模拟中纯仿真的局限,有效提高了轻量级飞行模拟器的体验效果。在基于增强现实的轻量级飞行模拟器中,飞行员通过头盔显示器配合场景中的相机,可以在佩戴头盔的情况下在由计算机计算生成的虚拟场景中看到自己在真实座舱中的各种操作视频图像,如飞行员在真实座舱中执行的推拉油门杆、旋动按钮、操作电控系统设备等。外部视景生成为"虚",飞行员操作真实座舱中的设备视频图像为"实",最后通过虚实融合的视频图像输入头盔显示器,实现飞行员与座舱的自然和谐交互。

将增强现实概念引入飞行模拟器领域的具有代表性的项目是美国军方的 ACATT (Aviation Combined Arms Tactical Trainer)项目[1],该项目中的头盔显示器是一个光学透射式头盔显示器,该头盔显示器与真实座舱以及精确头部位置跟踪器相结合,实现了对直升机的模拟驾驶,如图8-1所示。该系统占地小,具有很高的沉浸感。但是这种基于光学透射式头盔显示器系统存在的主要问题是显示设备的成本较高,不利于大量使用。对于使用增强现实技术的轻量级飞行模拟器系统,要想获得较好的沉浸感和虚实融合效果,头盔显示器、头部跟踪定位技术是需要解决的问题。

几十年来,许多行业领域一直使用模拟器进行专业训练,无论是在驾驶初学者交通规则

图 8-1　ACATT 战术训练系统

的学习中，还是在商业和军事飞行员的培训中，模拟器都起到了很重要的作用。

AR 模拟系统可以让受训者在模拟环境中看到真实设备并在设备上进行操作，同时受训者还能看到经过数字合成的 AR 场景，从而使训练过程更加真实。例如，Red 6 公司设计的增强现实系统机载战术增强现实系统（Airborne Tactical Augmented Reality System，ATARS)[2]（如图 8-2 所示）是一种基于头盔显示器的系统，在真实的驾驶舱中增加增强现实所需的显示和控制系统，可以在白天和动态情况下以数字方式生成虚拟目标，让虚拟目标融入真实世界，使飞行员可以目视观察并允许在实时飞行中与目标对抗。Red 6 公司的增强现实技术已经能够在户外和严苛的高速动态环境下工作，通过将虚拟和构造仿真资产引入真实世界，可实现在视距内对合成威胁进行对抗，充分发挥实况-虚拟-建设性训练的潜力。这项技术突破为空战训练提供了一种新的范式。当增强现实技术能够与战机驾驶舱外的环境无缝融合时，它可以为飞行员提供在真实环境中感知视距内合成威胁的能力。

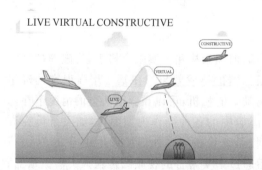

图 8-2　ATARS 机载战术增强现实系统

8.1.2　单兵作战态势感知

在最近美国陆军与微软团队的合作项目中，微软团队提供的 Hololens 使用了集成视觉增强系统（Integrated Visual Augmentation System，IVAS)[3]，其可让士兵透过烟雾和角落进行观察，并且可使用全息图像对士兵进行训练，士兵只需按一下按钮就能将 3D 地形图投影到视野中。

至 2021 年 2 月，微软团队已收集了近 8 万小时的士兵反馈，在进行测试的过程中，使用了 Microsoft Teams 进行开会和共享文档,并使用 Microsoft 的 Power BI 数据可视化工具来跟踪项目状态。IVAS 使用 Hololens 的混合现实技术以及热成像、传感器、GPS 技术和夜视功能来提高士兵的感知能力并为他们提供关键信息,以帮助他们制订计划、进行训练以及执行任务。这些设备通过将全息图像、3D 地形图和指南针投射到他们的视野中,使士兵能够看到他们所在的位置和周围的事物,如图 8-3 所示。

IVAS 的采用代表了陆军作战范式的转变,与用盒子、棍子、岩石和其他临时材料拼凑在一起的地形模型来规划任务相比,IVAS 让士兵能够使用 3D 地图描绘他们将要到达的地方。例如,士兵未来可使用 IVAS 将他们的视线转移到更有利的位置,他们可查看作战的另一方在不同方位、天气下的样子,并可查看建筑物的全息图像,确定如何以最好的方式进入或逃离该建筑物。由于 IVAS 会使用分布在战术网络上的人员位置信息,因此即使在黑暗或密集的环境中,士兵也能够看到其他成员的位置。热成像技术将使士兵能够看穿烟雾,并且该系统具有可改进的夜视能力。

图 8-3　IVAS 集成视觉增强系统

基于 Hololens 的 IVAS 集成了下一代态势感知工具和高分辨率仿真,可用于辅助士兵感知、决策、目标捕获和目标交战。这种设备为士兵提供了包含作战、演练和训练的一体化平台。美国陆军最初的重点是将所述技术应用于徒步士兵。接下来,科学家和工程师开始将 IVAS 应用到装甲车等地面军用载具中。

在飞往目标地点时,穿戴 IVAS 的士兵能够从直升机底部的摄像头接收到相关的实时视频信号。通过按头显按钮,士兵可以在不同屏幕之间切换,并且可以放大或缩小图像,从而实现对周遭环境的态势感知。

8.2　医疗健康

国内外已有不少机构开展了增强现实技术在医疗领域的应用研究。AR 技术主要运用于医疗领域的医学教育与手术培训、手术规划及手术导航等方面。AR 医学教育与手术培训使医学生对医学知识及手术过程有更好的学习与理解;AR 手术规划使手术规划更加直观且具有较好的交互性;而 AR 手术导航使外科手术创伤减少,手术时间缩短,手术质量提高。下面将对这些应用进行介绍。

8.2.1　医学教育和手术培训

传统的医疗模拟训练使用特制的人体模型，人体模型可以分解，内部装有模拟五脏、经络、血管等，加上传感器和辅助设备后，人体模型还可以发亮、发声。这种由飞行员仿真模拟培训技术引申而来的医学教育方法经过多年的发展已经成熟并已被证明非常有效。这种模拟实习培训的最大问题是模拟设备和维护费用高，而且培训时需要专业人员操作复杂的系统。这种状况限制了模拟系统的使用率，导致其经济效益较低，成为模拟医疗培训广泛使用的瓶颈。

解剖学是医学生的基础课程，传统的解剖学是对尸体的解剖，解剖课程实操的价值在于其提供了对包括触觉学习体验在内的人体解剖学的 3D 视图，可进一步阐述课堂和研究中学到的知识，并且可以提供解剖结构及其在整个生物体中相互关系的总体视角，然而这种教学形式的成本很高。将 AR 技术的可视化功能用于解剖教学中可以实时显示解剖时的 3D 渲染图像（如图 8-4 所示），也可以实现其他感官体验，如触觉反馈等。AR 系统可提供这些可视化的实时操作和学生的直接反馈，符合传统解剖课对技能训练的要求。相对于传统人体解剖教学，增强现实技术使用的材料（如相机、电视等）相对便宜，同时与教科书描述和解剖结构的独立图形呈现相比，提供了更逼真教学的环境。

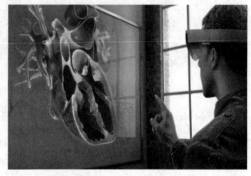

图 8-4　增强现实在医学教育培训中的应用

爱尔兰的 3D4Medical 将推出一款 AR 应用 Project Esper[4] 可实现这类效果，并为医学教育和手术培训带来前所未有的体验，如图 8-5 所示。3D4Medical 的设计主管 Irene Walsh 表示，Project Esper 将彻底改变解剖学的教学方式。在医疗培训中，它可为学生交互学习、研究人体创造一个增强的数据集，在医患交流上，通过更直观的术语解释疾病和治疗方法，可让病人觉得更可靠。

医学教育是 AR 在医学领域应用最为广泛的场景之一，主要应用在医学类图书、解剖教学、手术训练教学等方面，通过软件和硬件等多种形式，为学生提供具象化的教学场景和逼真化的练习环境，使学生对医学知识及手术过程有更好的学习与理解，可节省教学成本，提升教学效率。

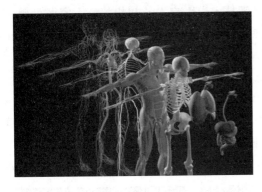

图 8-5 3D4Medical 增强现实解剖教学系统

8.2.2 手术规划

手术规划是一个手术成功的重要前提,其往往需要在最短的时间内,规划出一个视野相对较好的手术操作部位,使对病人的伤害变为最小。利用相关的手术规划步骤,记录患者具体的层析数据并进行分段,获得感兴趣解剖结构的 3D 模型。在此之后,医生可以针对虚拟病人进行规划,规划器官的哪些部分必须是手术器械可以触及的,哪些是手术器械不能触碰的,然后通过相关算法在后台自动进行最优布置,最终将最优结果显示给医生。

随着增强现实技术的不断发展,许多医院为了更好地服务病人,相继出现了基于增强现实的手前规划方法,它可以让医生提前了解病人的内部相关情况,运用虚拟模型结合相关增强现实显示设备为医生提供更加逼真的场景,医生在虚拟环境中进行手术模拟规划,并根据实际情况制订与病人吻合的手术规划,在虚拟环境中演练后,有助于医生在临床手术中操作更加精确。

在传统手术规划中,需医生根据患者二维影像数据判定病灶区及需要避开的重要解剖结构等,然后确定手术入口及手术路径。在该过程中医生需要先构建患者信息,然后在脑海中将二维坐标信息转换为三维坐标信息,从而确定手术入口及手术路径,其手术规划环境不够直观,且不利于医生之间的交流。

早在 2015 年,美国医院的医生开始采用 Google Glass,该眼镜可以帮助医生诊断分

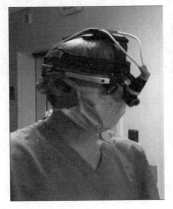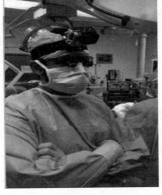

图 8-6 Google Glass 辅助手术规划

析[5]，如图 8-6 所示。通过应用先进的数字化医学技术为医疗人员和相关病人家属呈现 3D 可视化场景，可以使医生与病人家属更加直观明了地获得病人身体内部的病情状况，并做出相应的手术规划，医生在此基础上可快速为病人制订相关治疗措施。

　　德国医疗科技公司 Brainlab 与 Magic Leap 达成合作伙伴关系，共同打造了一套操作平台[6]，将 Brainlab 的数据管理、云计算、可视化和数据预处理软件与 Magic Leap 的空间计算和体验平台结合起来，如图 8-7 所示。该平台可以提高外科医生的医疗技能，让手术更加轻松。通过三维图像，医生可以去定位患者头部中的肿瘤位置，并对开颅手术中需要设计的皮肤、骨骼、硬脑膜以及大脑皮质等部位进行合理规划。

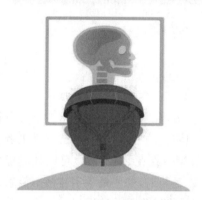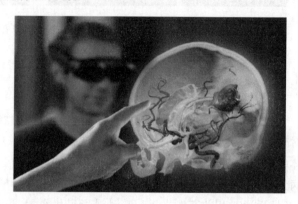

图 8-7　Brainlab 的增强现实手术规划

　　英国帝国理学院圣玛丽医院的医疗团队使用微软公司的 Hololens 眼镜成功地完成了患者下肢血管重建的外科手术，通过 Hololens 眼镜[7]，将腿部 CT 扫描图像中的骨骼和关键血管的位置准确地覆盖在病人的腿上，可以让医生在手术中能够透视手术部位，如图 8-8 所示。

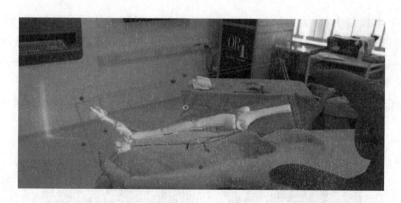

图 8-8　Hololens 下肢外科手术规划

　　使用 AR 技术将患者的关键信息注册到现实人体模型中，医生无须在脑海中构建患者信息并进行坐标转换即可很直观地确定手术入口及手术路径。位于美国纽约的 Medivis 公司专为外科医生开发了一套手术规划的医疗 AR 平台——SurgicalAR[8]（如图 8-9 所示），其特点就是将数据与 AR 可视化的特性结合，可让医生快速、精准完成术前规划。

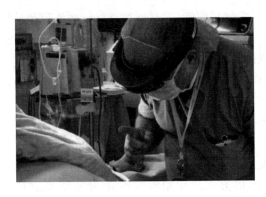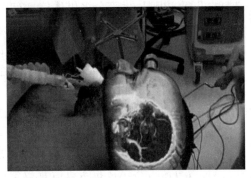

图 8-9 SurgicalAR 在手术规划中的应用

8.2.3 手术导航

目前已有大量研究者将 AR 技术应用于手术导航系统中,以探究更加精确、便捷的 AR 辅助手术导航系统。精确地将术前准备的虚拟影像注册叠加到目标手术视野范围内是 AR 辅助手术导航的重要前提。借助于 AR 技术将术前拍摄的患者 3D 模型数据注册叠加到患者病灶区,可更加直观地观察病灶区组织结构等信息(如图 8-10 所示),避免医生在导航屏幕与病灶区之间的视野转换,从而解决在基于导航系统的手术中手眼不协调的问题。

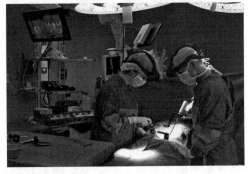

图 8-10 增强现实在手术导航中的应用

AR 手术导航的关键在于保证术前人体 3D 模型能够精确地叠加到患者病灶区,给医生提供准确的指导,但人体软组织变形、光学系统畸变、相机标定误差等因素均会引起较大的注册误差。另外,深度感知的不完整及较大的系统延时也会对导航效果产生影响,较大的注册误差和不完整的深度感知可能提供错误的导航信息,减小对医生的指导作用。

虽然国内外在 AR 手术导航技术方面有一些探索性的研究成果,但仍处于初步发展阶段,尚未有效解决显示设备的高效快速标定、虚实图像的精确配准、运算实时性等前沿问题。

8.3 教 育

在当前以信息技术为背景的现代教育教学中,学生的学习兴趣得到了提高,主体性得到了较大的发挥。但是，大部分多媒体信息存在一定的局限性，它只能按照时间的流程和计算机中程序设计的流向有限制地浏览。增强现实技术可以帮助个体了解背景、获取信息、扩充知识，能形象生动地表现教学内容，营造一个跟随技术发展的教学环境，真正使教学者更容易地表达自己的教学思想和内容，使学习者更直观、更容易理解教学者的教学思想和教学内容。可以预言，增强现实技术将是继多媒体、计算机网络之后，在教育领域内最具有应用前景的技术之一。增强现实在教育中的应用主要有以下 3 种形式。

（1）教育游戏软件

教育游戏软件利用游戏本身的趣味性解决儿童在接受教育过程中感觉学习生硬枯燥的问题。AR 教育游戏将 AR 技术以适宜教学内容的方式应用到游戏环节，通过扩增虚拟信息到现实世界中，拓展了游戏的活动形式，将科技性、知识性、互动性、游戏性结合在一起，具有知识严谨、寓教于乐的特点[9]，如图 8-11 所示。利用 AR 体感技术，结合儿童教育的内容和方式，提供新的游戏化教育互动模式，将平时无法直接感知、体验、实践的知识通过接近真实的三维场景呈现出来。例如，目前 AR 涂色、AR 拼图、AR 迷宫游戏、AR 数学游戏等都深受儿童的喜爱。

图 8-11　增强现实在教育游戏软件中的应用

（2）AR 图书

把 AR 技术应用在儿童读物上，将"神笔马良"这个神话故事变成了现实，只要通过智能手机、平板电脑的摄像头扫描 AR 图书指定的图片，即可引发交互效果，纸面上的形象、文字、故事情节等内容会逼真、生动起来，同时还可以点击屏幕进行互动，有助于儿童全方位地了解所观察的对象，甚至儿童可以与之发生对话、交互，令阅读体验超乎想象，如图 8-12 所示。因此，相比于传统纸质读物的阅读体验，AR 图书的应用是多维度的感官体验，包括视觉、听觉、触觉等，这将更有利于对知识的认知和记忆。AR 图书帮助儿童构建更加完整的认知体系，从而也培养了儿童探索观察的能力。

（3）教学软件

教学软件主要用于辅助课堂学习，帮助引导课堂教学。传统的多媒体教学缺乏情境渗透和多感官的视听效果，在教学中应用增强现实技术，可将抽象复杂的知识和原理通过三维立体模型或动画叠加在现实环境中，从学习情境、实物模型、视觉渲染等多维度对教学内容进行立体动态的演示，增添了学习的趣味性和沉浸性，有助于帮助儿童学习构建完整的知识体系。

图 8-12　增强现实在 AR 图书中的应用

8.4　生活导航

对于传统导航我们再熟悉不过,2D 导航在给我们提供便利的同时还存在着很多不尽如人意的地方,如在高架桥复杂、景区道路崎岖、商城店铺繁多时,很多人都有过因为没理解导航提示而错过路口、走错店铺的情况,而 AR 导航会凭借其沉浸式的导航体验、精准的定位以及人性化的智能语音播报,将这一窘境的发生概率降低。

传统导航在人们使用时需要一定的理解成本,尤其是对于一些复杂的岔路口,理解起来需要更长的时间。所以,哪怕只是几秒,在高速行驶过程中都有可能错过关键路口。增强现实作为一种创新交互方式,与传统导航不同的是,车载 AR 导航先是利用摄像头将前方道路的真实场景实时捕捉下来,再结合汽车当前定位、地图导航信息以及场景 AI 识别结果,生成虚拟的导航指引模型,并叠加到真实道路上,从而创建出更贴近驾驶者真实视野的导航画面,降低了用户对传统 2D 或 3D 电子地图的读图成本。

很多人在驾车时,即使开着地图导航,可能也会在立交桥上认错路口,在高速路上错过匝道,或者不知道在何时并线……对这些“看不懂”2D 电子地图的人来说,AR 导航的出现或许是一个福音。例如,高德地图车载 AR 导航系统能够对过往车辆、行人、车道线、红绿灯位置以及颜色、限速牌等周边环境进行智能的图像识别,从而为驾驶员提供跟车距离预警、压线预警、红绿灯监测与提醒、前车启动提醒、提前变道提醒等一系列驾驶安全辅助功能。

高德地图车载 AR 导航系统[10]借助于智能的图像识别技术以及专业的交通大数据和车道级导航引擎,可直接在拍摄的现实道路画面中,实时呈现直观的 3D 导航指引(如图 8-13 所示),大幅降低驾驶人对传统 2D 电子地图的读图成本,辅助用户在转向、岔路口、变换车道等多种关键场景下,更快更准确地做出决策。

当前,室外导航技术已经相对成熟,但是室内导航系统的发展还处于初步阶段,目前可以进行消费级商用的室内导航软件相对较少,而被用户接受的更是寥寥无几,原因是室外导航技术虽然已经成熟,但是它不能简单地向室内定位服务系统横向拓展,开发通用的室内AR 导航服务技术与方法还有待进一步研究。

苹果公司在 2013 年推出了一款基于低功耗蓝牙模块的 iBeacon 室内定位方案[11],iBeacon 定位方案的原理是蓝牙基站根据射频强度随着距离递减的模型计算出距离。

图 8-13　高德地图车载 AR 导航系统

iBeacon 定位方案一经推出便受到很多美国商场的喜爱，很多商场已经应用该定位方案为商场内的顾客进行导购。

为实现更低成本、更易普及的增强现实室内导航，商汤科技公司推出 SenseMARS[12]，其可支持限定场景下的三维数字化地图构建、跨平台和终端的空间感知计算、全场域厘米级的端云协同定位等空间定位和构建功能（如图 8-14 所示）。其支持 Android/iOS/Web/小程序等系统平台，以及手机、平板电脑、AR 眼镜等多种终端设备，从而实现室内、室外等不同场景的 AR 特效、导航和导览等功能。

图 8-14　SenseMARS 室内实景导航

8.5　游戏娱乐

游戏产业作为新兴的文化产业，与近年来呈爆发趋势的增强现实技术相结合，为游戏行业带来了可观的前景，也让整个游戏产业的生态发生了变革。消费者对此技术的高度接受加速了增强现实技术的革新，也让增强现实技术更快地走进我们的生活。

体验过 *Pokémon Go*（如图 8-15 所示）的游戏玩家会发现，增强现实已经改变了传统游戏的模式。它扩展了游戏体验者的想象力和视听感受，较于纯虚拟的 VR 游戏，AR 游戏更容易被消费者接受，也更接近真实生活。

图 8-15　Pokémon Go AR 游戏

8.6　广　告　商　务

通过支持 AR 显示的设备可将广告信息或产品信息显示在受众面前,为用户提供立体式、互动性的认知,从而达到向客户宣传产品信息的目的,并达到吸引新顾客、提高老顾客忠诚度的效果。

2016 年,支付宝推出的 AR 扫福活动[13],自 2016 年春节第一次举办以来,就收到了大量的关注,乐趣横生的 AR 效果与富含美好寓意的福字以及互相送福字的活动,都产生了巨大的宣传效益,使支付宝的品牌传入了千家万户,如图 8-16(a)所示。

(a) AR 扫福　　　　　　　　　　　　　　(b) AR"瑞雪见鹿"

图 8-16　增强现实在广告商务中的应用

2019 年 2 月,瑞幸咖啡与网易洞见就北京城的雪景热点事件推出营销计划——"瑞雪见鹿"[14],用户通过瑞幸咖啡软件扫描,可以看到小鹿漫步于故宫中的场景,如图 8-16(b)所示。

8.7　文　化　旅　游

新型冠状病毒肺炎疫情来袭后,大多数景区希望打破以门票收入作为主要甚至单一来源的情况，开发更多收入入口，如景区沉浸式互动体验，IP文创产品、旅游商品线上平台售卖，通过景区直播＋全景地图吸引线上粉丝流量等。

　　不少景区传统的文创产品层次单一，同质化严重，很难吸引年轻消费人群。使用增强现实技术的文创产品，可使在景区体验过的风景和在博物馆中观赏过的文物都能带回家中留有纪念。通过增强现实技术可实现场景重现，游客戴上增强现实眼镜即可看到几百年前的场景，甚至还原再现名画和文物古迹历史图片等人文信息，这在文旅和文创方面是个硬需求，很多游客想要看到这个地方原本是怎么样的，并且文物本身的人文价值属性都能通过AR文创展现还原。例如，易现先进科技有限公司通过虚实融合的方式将景区、街区、博物馆的人文历史、民俗风情、人物典故融入物理空间环境中，结合语音讲解的同步增强，将此时此地此景和用户深刻链接，提升了观览体验[14]，如图8-17所示。

图 8-17　增强现实在文旅中的应用

本 章 小 结

　　本章主要对增强现实在工业制造外的一些典型行业应用进行介绍，如在国防军事领域，借助于增强现实技术可实现战场的模拟演练和态势感知；在医疗健康领域，借助于增强现实技术有助于实现可视化的医疗培训、手术规划和手术导航；在教育、生活导航、游戏娱乐、广告商务和文化旅游等领域，基于增强现实技术可有效拓展其传统工作方式，提供更直观可视化的交互范式。

本 章 参 考 文 献

[1]　AVCATT[EB/OL]．[2021-09-15]．https://asc.army.mil/web/portfolio-item/peo-stri-aviation-combined-arms-tactical-trainer-avcatt/．

[2]　ATARS[EB/OL]．[2021-09-15]．https://red6ar.com/．

[3]　IVAS[EB/OL]．[2021-09-16]．https://en.wikipedia.org/wiki/Integrated_Visual_Augmentation_System.

[4]　Project esper[EB/OL]．[2021-09-16]．https://3d4medical.com/project-esper．

［5］ Sahyouni R，Moshtaghi O，Tran D，et al. Assessment of Google Glass as an adjunct in neurological surgery［J］. Surgical Neurology International，2017，8：68.

［6］ Brainlab and Magic Leap AR［EB/OL］. ［2021-09-18］. https：//www. brainlab. com/press-releases/brainlab-and-magic-leap-partner-in-digital-surgery/.

［7］ Hololen surgeons［EB/OL］. ［2021-09-19］. https：//news. microsoft. com/innovation-stories/hololens-project-enables-collaboration-among-surgeons-worldwide/.

［8］ SurgicalAR［EB/OL］. ［2021-09-20］. https：//www. medivis. com/surgicalar.

［9］ 迪士尼 AR 图书［EB/OL］. ［2021-09-21］. https：//dpep. disney. com/color-disney-app-now-available-mobile-devices/.

［10］ 高德 AR 导航［EB/OL］. ［2021-09-21］. https：//mobile. amap. com/.

［11］ 苹果 iBeacon 室内定位［EB/OL］. ［2021-09-21］. https：//developer. apple. com/ibeacon/.

［12］ SenseMARS［EB/OL］. ［2021-09-21］. https：//www. sensetime. com/en/product-business? categoryId＝33107.

［13］ 支付宝 AR 扫福［EB/OL］. ［2021-09-21］. https：//render. alipay. com/p/s/real/index.

［14］ 洞见 AR［EB/OL］. ［2021-09-22］. https：//ar. 163. com/dongjian.

第 9 章
典型增强现实软/硬件系统

在前面章节我们对增强现实的技术原理和其在典型行业中的应用进行了介绍。近年来，随着移动计算和显示技术的发展，通过图形和文本等形式对真实世界进行视觉增强的能力在提高，进而推动了增强现实领域相关软/硬件系统的发展。本章将介绍目前市场上一些典型的增强现实硬件，在此基础上概述现有的典型的增强现实软件开发平台，并简要给出典型开发例程，以让读者能进一步理解现有增强现实软/硬件系统的特点，并能结合实际场景需求合理选择相应的软/硬件平台进行增强现实的开发实践。

9.1 典型增强现实眼镜

目前市面上流行的光学透视式增强现实智能眼镜主要有以下 2 种类型。

（1）一体式增强现实眼镜。这类眼镜的计算单元、电源、显示单元都集成在一起，技术难度高，价格昂贵，如 Hololens 2。

（2）分体式增强现实眼镜。这类眼镜通常将电源和计算单元独立为一个类似手机的处理单元，但是将显示单元做成眼镜，实现了智能眼镜的小型化和轻量化。但显示模块因为没有供电，所以只能通过有线方式连接到处理单元上，对用户体验造成些许影响。

下面将对国内外典型的增强现实眼镜进行介绍，以帮助读者进一步了解现有增强现实眼镜的发展现状，也为增强现实的应用实践提供参考。

9.1.1 Google Glass

Google Glass[1]是由谷歌公司于 2012 年 4 月发布的一款增强现实眼镜，它具有和智能手机一样的功能，可以通过声音实现拍照、视频通话、辨明方向以及上网冲浪、处理文字信息和电子邮件等，如图 9-1 所示。其在眼镜前方悬置了一台摄像头，在镜框右侧安装了一个宽条状的电脑处理器装置，在镜片上配备了一个头戴式微型显示屏，可以将数据投射到用户右眼上方的小屏幕上，显示效果如同 2.4 m 外的 25 英寸高清屏幕。它还有一条可横置于鼻梁上方的平行鼻托和鼻垫感应器，鼻托可调整，以适应不同脸型。

Google Glass 虽然看起来很炫酷且拥有很多"探索者"，然而由于用户找不到这一产品

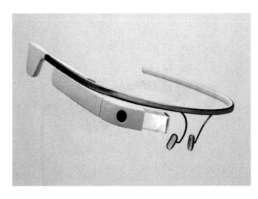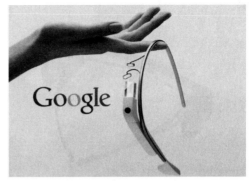

图 9-1 Google Glass 眼镜示意图

合适的使用场景等原因,在 2015 年 1 月 19 日,谷歌公司停止了 Google Glass 项目。虽然在消费电子市场失败了,但 2017 年,Google Glass 以企业版本 Glass Enterprise Edition 再度回归,主要面向企业客户,涉及农业机械、制造业、医疗以和物流等领域。谷歌公司于 2019 年发布的面向企业的第二代智能眼镜产品 Glass Enterprise Edition 2,其规格参数如表 9-1 所示。

表 9-1 Glass Enterprise Edition 2 的规格参数

特性	规格
视觉方式	单眼式
显示分辨率	640×360
摄像头	800 万像素
触控	多点触控手势触控板
处理器	高通四核,1.7 GHz
内存/存储	3 GB/32 GB
通信	WiFi-02.11ac,双频,单天线
IMU	9 轴 IMU(加速/陀螺仪/磁力计)
操作系统	安卓
重量	46 g

9.1.2 Epson Moverio

Epson 是商用头戴式增强现实眼镜市场早期的竞争主体之一,其 Moverio 系列[2]的 BT-100 于 2011 年投放市场。这是第一款独立式、可穿戴式、基于安卓系统和反射性光波导技术的增强现实眼镜。后续推出的 BT-200、BT-300 和 BT-350 等系列产品经过持续的版本迭代和技术更新后,性能稳定,价格较为实惠,在工业应用及消费者端均具有较好的认可度。

Epson Moverio 系列智能眼镜从 2011 年推出第一代,至今已推出第四代。其最新的 Moverio BT-40 增强现实眼镜(如图 9-2 所示)搭载独家第四代光学引擎技术与全新升级的 Si-OLED 面板,相比于之前系列的产品,分辨率与对比度皆大幅提升,具体规格参数见表 9-2

所示。

图 9-2　Epson BT-40 增强现实眼镜

表 9-2　Epson Moverio BT-40 的规格参数

特性	规格
视觉方式	双眼双视觉通道式
显示方式	硅晶 OLED（硅晶有机发光二极管）
显示分辨率	1 920×1 080
视场角（对角线）	约 34°
虚拟画面尺寸	相当于 120 寸（视听范围 5 m 范围时）
传感器	9 轴 IMU(加速/陀螺仪/磁力计)
处理器	Snapdragon XR1
内存	64 GB
操作系统	安卓
重量	95 g

9.1.3　Vuzix M4000

Vuzix 创建于 1997 年[3]，是增强现实领域最老牌的公司之一，最初名为 Interactive Imaging Systems,2005 年更名为 Icuiti,并推出首款类似于现代 VR 头显的产品 V920。同年，其获得了第一份军事研发订单，开发用于查看战术地图和视频的高分辨率单眼显示设备，也就是后来用于美军 F35 隐形战斗机的 Tac-Eye 显示系统。2010 年，Vuzix 推出首个量产 AR 眼镜 STAR2100,2013 年推出智能眼镜 M100〔如图 9-3(a)所示〕，也开启了 Vuzix 截止到目前最具影响力的 M 系列产品线。Vuzix M100 包含带有集成摄像头和强大处理引擎的虚拟显示器，是一款基于安卓系统的穿戴式单眼显示装置。经过 20 多年的发展，Vuzix 掌握着世界领先的波导技术，专精于可穿戴式显示技术和 AR/VR 行业，目前不仅有多款自主生产的 AR 眼镜，同时能够提供适用于军事、物流、制造、医疗等各个领域的解决方案。

后续 Vuzix 陆续推出 M200、M300 和 M400 等系列产品。在 2020 年国际消费类电子产品展览会 CES(International Consumer Electronics Show)上，Vuzix 推出一款可与普通

(a) M100增强现实眼镜

(b) M4000增强现实眼镜

图 9-3　Vuzix M 系列增强现实眼镜

泳镜搭配使用的消费者级 AR 运动眼镜 M4000〔如图 9-3(b)所示〕。与前一代的 M400 相比,M4000 采用一体化设计,在光学上得到升级,采用了高透明度光波导的光学模组。光学改为光波导的好处是 FOV 从 16.8°提升到 28°,分辨率提升至 854×480,其规格参数见表 9-3。

表 9-3　Vuzix M4000 的规格参数

特性	规格
视觉方式	单眼式
显示分辨率	854×480
视场角(对角线)	约 28°
处理器	Qualcomm XR1
摄像头	1 300 万像素(照片) 4K/30 fps(视频)
传感器	9 轴 IMU(加速/陀螺仪/磁力计)
通信	WiFi 2.4/5Ghz 802.11 a/b/g/n/ac Bluetooth 5.0 BR/EDR/LE USB-C
处理器	Snapdragon XR1
内存/存储器	6 GB/64 GB
操作系统	安卓
重量	100 g

9.1.4　Hololens

2015 年微软公司推出 Hololens 1 头戴式增强现实设备[4],其可以完全独立使用,无须线缆连接,也无须同步电脑或智能手机,被微软公司称为“下一代的计算设备”。Hololens 1 是微软公司首个不受线缆限制的全息计算机设备,能够让用户与数字内容交互,并与周围真实环境中的全息影像互动。具体而言,Hololens 1 采用先进的传感器、高清晰度 3D 光学头置式全角度透镜显示器以及环绕音效。它允许用户在增强现实中与用户界面透过眼神、语音和手势互相交流。

与 Hololens 1 相比,2019 年微软公司推出的 Hololens 2〔如图 9-4(b)所示〕的穿戴更加舒适、具有更大视野，并且能够更好地检测识别环境中的真实物体。Hololens 2 采用了新的组件，如 Azure Kinect 传感器、ARM 处理器、眼动追踪传感器和全新的显示系统，同时配备了多个扬声器。Hololens 2 还提供了完整的手部追踪，可以比以前更精准地看到用户的手部动作。

(a) Hololens 1   (b) Hololens 2

图 9-4　微软 Hololens 眼镜系列产品

此外，Hololens 2 还新加入眼球追踪功能，支持实时眼球追踪和注视点渲染。其可用于实时与虚拟物体的交互，而且还具备虹膜扫描功能，直接与 Windows Hello 结合可实现开机登录和个人账户登录等功能，具体规格参数见表 9-4。

表 9-4　Hololens 系列的规格参数

特性	Hololens 1	Hololens 2
视觉方式	双眼双视觉通道式	双眼双视觉通道式
显示分辨率	720P 16:9 光引擎 全息密度＞2.5k 辐射点	2K 3:2 光引擎 全息密度＞2.5k 辐射点
视场角（对角线）	35°	52°
显示装置的视觉系统	透视型全息波导	透视型全息波导
传感器	4 个可见光相机 1 个深度相机 1 个 200 万像素高清视频相机 1 个 9 轴 IMU 传感器	4 个可见光相机 1 个深度相机 1 个 800 万像素高清视频相机 1 个 9 轴 IMU 传感器 2 个红外相机（眼动追踪）
音频与语音	4 个麦克风	5 声道麦克风阵列 内置空间音响
人机交互能力	手势：具有简单手势识别能力。 语音：具有语音识别功能	手势：具有丰富手势识别能力。 语音：具有语音识别功能。 眼动：实时追踪
环境理解	6DoF 位置追踪 空间映射	6DoF 位置追踪 空间映射
主处理器	Intel Atom x5-Z8100 1.04 GHz 定制全息处理单元（HPU）	高通骁龙 850 平台 第 2 代定制全息处理单元（HPU）
内存/存储	2 GB/64 GB	4 GB/64 GB

续 表

特性	Hololens 1	Hololens 2
通信	WiFi 802.11ac Micro USB 2.0 蓝牙 4.1 LE	WiFi 802.11ac USB-C 蓝牙 5.0
开发环境	Window 10	Window 10
重量	579 g	566 g

9.1.5 Magic Leap One

2017 年 12 月 20 日,作为迄今全球最受投资者青睐的增强现实公司之一,Magic Leap 正式发布了其首款 MR 眼镜 Magic Leap One[5]。这款眼镜的设计大胆抛弃了当下的极简设计风格,采用了蒸汽朋克风格,可谓独树一帜,如图 9-5 所示。其中,镜片采用了圆形设计,环形头箍向上弯曲,解决了不借用头顶来固定头部的问题,比 Hololens 的折叠方式节省了体量感,此外其头箍部分还是可以打开的。该产品包含了头显、便携主机和控制器。由于 Magic Leap One 不像 Hololens 一样把处理单元集成在头显里,因此头显部分比较轻盈舒适,并对头型、眼距、鼻部可进行调整,Magic Leap One 产品的具体规格参数见表 9-5。

图 9-5 Magic Leap One 眼镜

表 9-5 Magic Leap One 的规格参数

特性	规格
视觉方式	双眼双视觉通道式
显示分辨率	1280×960(单眼)
视场角(对角线)	50°
主处理器	CPU:2 个 Denver 2.0 64 位内核 4 个 ARM Cortex A57 64 位内核 GPU:英伟达 Pascal256 个 CUDA 内核
人机交互能力	手势:具有丰富手势识别能力 语音:具有语音识别功能 眼动:实时追踪

特性	规格
环境理解	6DoF 位置追踪
内存/存储	8 GB/128 GB
通信	WiFi 802.11ac/b/g/n USB-C 蓝牙 4.2
操作系统	Lumin OS
重量	316 g

我国增强现实产业起步较晚，21 世纪才逐渐开始相关技术的研究。2014 年社交网络巨头 Facebook（现更名为 Meta）斥资 20 多亿美元收购 Oculus 公司，从此国内增强现实领域进入一段高速发展期。在经历了 2016 年的火爆元年和 2018 年的遇冷期后，增强现实产业呈现稳步务实的特点。随着政策的不断加码、资本的不断投入、应用场景需求的不断增长，以及 5G、人工智能、超高清视频、云计算和大数据等技术的不断突破，近年来我国增强现实产业持续高速发展，涌现出晨星 DaystAR、Nreal Light、影创 Hong Hu、亮风台 AR G200 等产品，其设计大多将处理中心与眼镜显示端分离，以保证处理中心的数据处理能力、续航能力和散热能力，并减轻眼镜端的重量。下面将对国内部分典型的增强现实眼镜产品进行介绍。

9.1.6 晨星 DaystAR

在 2017 年 7 月 20 日，联想公司正式发布了 AR 一体机——晨星 AR G1（DaystAR G1），作为国内早期的 AR 一体机产品〔如图 9-6(a)所示〕，其采用大视场角自由曲面光学技术，FOV 达到 43°，内置独立的计算机视觉处理单元。其定制的深度摄像头配合 IMU 多传感器阵列能够支持自然手势交互、高精度实时 SLAM 和三维物体识别，已经研发的行业应用解决方案涵盖工业维修、医疗、数字文博等领域。目前，联想公司在第一代产品 DaystAR G1 的基础上，又逐步推出了 DaystAR G2〔如图 9-6(b)所示〕和 DaystAR New G2 系列轻量化 AR 设备[6]，其在结构上采用分体式设计，有效提高了操作人员的佩戴舒适性，其中 DaystAR New G2 的规格参数如表 9-6 所示。

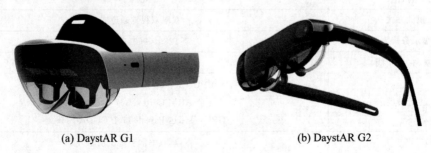

(a) DaystAR G1　　　　　　　　　　　　　(b) DaystAR G2

图 9-6　联想晨星系列增强现实眼镜

表 9-6　DaystAR New G2 的规格参数

特性	规格
视觉方式	双眼双视觉通道式
显示分辨率	1 080P(单眼)
视场角(对角线)	43°
摄像头	800 万像素(照片) 1 080P/30fps(视频)
主处理器	高通骁龙 845 平台
传感器	9 轴 IMU(加速/陀螺仪/磁力计)
环境理解	6DoF 位置追踪
内存/存储	6 GB/64 GB
通信	WiFi 802.11a/b/g/n/ac USB-C 蓝牙 5.0BLE
操作系统	安卓
重量	120 g

9.1.7　Nreal Light

Nreal Light 是 Nreal 公司的一款轻巧舒适的增强现实眼镜[7],采用领先的视觉成像技术,结合先进的空间计算算法,打造身临其境的视觉体验,如图 9-7 所示。值得一提的是,Nreal Light 有消费者和开发者两个版本。消费者版本的重量为 88 g,于 2020 年上市,眼镜自身支持折叠,可以通过 USB-C 线连接到使用高通骁龙 855 芯片的部分 5G 智能手机上,支持实时沉浸式内容。该智能眼镜的特点包括 52°视场角,3D 显示最高分辨率为 1 080P,延迟低,并搭配体感反馈手柄,其规格参数如表 9-7 所示。

图 9-7　Nreal Light 增强现实眼镜

表 9-7 Nreal Light 规格参数

特性	规格
视觉方式	双眼双视觉通道式
显示分辨率	1 080P(单眼)
视场角(对角线)	52°
视频摄像头	500 万像素
主处理器	高通骁龙 845 平台
传感器	9 轴 IMU(加速/陀螺仪/磁力计)
环境理解	6DoF 位置追踪
内存/存储	6 GB/64 GB
通信	WiFi 802.11ac USB-C 蓝牙 5.0
操作系统	安卓
重量	88 g

9.1.8　影创 Hong Hu

2020 年,继 Action One、JIMO 等增强现实眼镜之后,影创科技公司发布了其首款头手 6DoF 增强现实眼镜 Hong Hu[8](鸿鹄),其搭载高通骁龙 XR2 平台,采用全自由度手势操作,为用户创造更"真实"的交互体验,如图 9-8 所示。该眼镜是全球首款基于高通骁龙 XR2 移动平台的增强现实设备,搭载全自由度手势操作,具体规格参数如表 9-8 所示。

图 9-8　Hong Hu 增强现实眼镜

表 9-8 Hong Hu 的规格参数

特性	规格
视觉方式	双眼双视觉通道式
显示分辨率	1 920×1 080
视场角(对角线)	52°
视频摄像头	800 万像素
主处理器	高通骁龙 XR2 平台
传感器	9 轴 IMU(加速/陀螺仪/磁力计)
环境理解	6DoF 位置追踪
内存/存储	8 GB/128 GB
通信	WiFi 802.11ac USB-C 蓝牙 5.0
操作系统	安卓
重量	85 g

9.2 移动增强现实软件开发平台

近年来,增强现实产品除了在硬件产品上取得了快速进步外,在软件方面也涌现出越来越多优秀的软件开发平台,以帮助读者快速建立自己的 AR 应用。在增强现实应用开发中,AR 系统运作流程中的三维跟踪注册主要依靠各类增强现实软件开发工具(AR SDK)与硬件设备建立联系,调用设备各项功能,获取环境信息,进而展示虚拟的增强现实内容。增强现实场景的编辑、交互设计、以及用户交互界面的设计需要场景编辑引擎的帮助。

随着 AR 技术的发展,市场上有越来越多的增强现实软件开发工具包(AR SDK)和各类增强现实应用程序接口(AR API),它们将跟踪注册算法、图像识别算法和人机交互方式等增强技术所需的功能封装起来,降低了增强现实应用功能的开发门槛,方便开发者对增强现实应用的开发。表 9-9 将当下常见的几种增强现实软件开发工具包在许可类型、应用平台、关键特征 3 个方面进行了比较,其中包括应用广泛的软件 Vuforia[9],以及增强现实开发软件 EasyAR[10]和百度公司的 DuMix AR[11]、苹果公司的 ARKit[12]和谷歌公司的 ARCore[13],用户可结合具体平台和拟开发功能进行选择。下面将对其中部分典型的 AR SDK 进行较为详细介绍。

表 9-9 部分常用 AR SDK

产品名称	许可类型	应用平台	关键特征
Vuforia	免费版、商业版	Android、iOS、UWP	模型识别、平面检测、图像识别、物体识别、多目标识别、云识别等
EasyAR	个人版、专业版、经典版、企业版	Android、iOS	平面图像跟踪、3D 物体跟踪、表面跟踪、多目标识别与跟踪、云识别等

续 表

产品名称	许可类型	应用平台	关键特征
DuMix AR	基础版、特效互动版、标准产品版	Android、iOS	3D 识别与跟踪、人脸互动与特效、肢体互动与特效、环境特效等
ARKit	免费版	iOS、iPadOS	场景建模、增强现实、动作捕捉等
ARCore	免费版	Andorid	运动跟踪、环境理解、光估测等

9.2.1 ARKit

ARKit 是苹果公司在 2017 年 WWDC 推出的 AR 开发平台[12]。开发人员可以使用这套工具为 iPhone 和 iPad 创建增强现实应用程序，如图 9-9 所示。自 ARKit 1.0 诞生以来，其相关功能和交互方式在不断发展，主要有 3 层核心技术。

（1）追踪

追踪是 ARKit 的核心功能，借助于视觉惯性里程计（Visual-Inertial Odometry，VIO）可以提供设备所在位置的精确视图以及设备朝向，视觉惯性里程计使用了相机图像和设备的运动数据。

（2）场景理解

追踪上面一层是场景理解，即确定设备周围环境的属性或特征。它会提供平面检测等功能，平面检测能够确定物理环境中的表面或平面，如地板或桌子。为了放置虚拟物体，ARKit 还提供了命中测试功能，此功能可获得与真实世界拓扑的相交点，以便在物理世界中放置虚拟物体。最后，场景理解可以进行光线估算，根据实际光照情况赋予虚拟模型相应的明暗信息，进而将虚拟内容无缝融合到物理环境中。

（3）渲染

基于 ARKit 可以轻易地整合任意渲染程序，其提供的持续相机图像流、追踪信息以及场景理解都可以被导入任意渲染程序中。对于使用 SceneKit 或 SpriteKit 的人，ARKit 提供了自定义 AR view，替你完成了大部分的渲染。同时对于做自定义渲染的人，通过 Xcode 提供的 Metal 模板，可以把 ARKit 整合进你的自定义渲染器。

图 9-9 苹果公司的 ARKit

在推出 ARKit 1.0 后,苹果公司对该平台进行了持续的优化升级,如在 ARKit 2.0 引入 ARObjectAnchor,它可以检测扫描的对象。ARKit 3.0 中引入人体跟踪或运动捕捉功能,通过 ARBodyAnchor 可以与基于摄影机视图中人的身体位置的 AR 体验进行交互。

此外,通过在最新的 iPad Pro 或者 iPhone 12 pro 中引入 LiDAR 扫描仪,Apple 提供了带有 ARKit 3.5 的场景重建功能。这使设备能够创建环境的 3D 网格,如图 9-10 所示,并向每个顶点(如地板、天花板等)添加语义分类。这是创建更沉浸式、更有创意的 AR 体验的重要功能之一,因为你可以正确启用遮挡,并使虚拟对象能够与真实对象(以球为例)互动,如虚拟的球会像真实的球一样从房间中的物体上反弹。为持续提高 ARKit 的友好交互能力,该软件平台还在持续更新迭代中,具体实践流程读者可参阅其官方开发文档。

图 9-10　ARKit 三维场景扫描

9.2.2　ARCore

ARCore[13] 是 Google 构建增强现实体验的平台,专为未配备任何特殊传感器的 Android 设备而设计。通过使用不同的 API,ARCore 使您的手机能够感知其环境,了解世界并与信息进行交互。与 ARKit 类似,ARCore 也是使用 3 种关键功能将虚拟内容与现实世界集成在一起,就像通过手机的摄像头看到的那样,如图 9-11 所示。

图 9-11　基于 ARCore 的增强现实示意图

对于 ARCore,官方确定了使用此平台可解决的 3 个核心问题,其官方文档上也有详细的介绍。

（1）运动跟踪

ARCore 的运动跟踪技术使用手机的摄像头来识别特征点，并跟踪这些点随时间的移动方式。结合这些点的移动和手机惯性传感器的读数，ARCore 可以确定手机在空间中移动时的位置和方向。

（2）环境理解

ARCore 可以寻找位于常见水平或垂直表面（如表格或墙壁）上的特征点群集，还可以确定每个平面的边界，并将这些信息提供给应用程序，实现用户周围环境的理解。

（3）光线估计

ARCore 使用手机摄像头检测场景的平均光照条件。它提供有关给定场景的平均光强度和颜色校正的信息，然后开发者可以使用此照明信息来照亮虚拟 AR 对象。它可以检测有关其环境照明的信息，并为开发者提供给定相机图像的平均光强度和颜色校正。

9.2.3　Vuforia

1. Vuforia 介绍

Vuforia 是一个用于创建增强现实应用程序的常用软件开发平台。开发人员可以轻松地为任何应用程序添加先进的计算机视觉功能，使其能够识别图像和对象或重建现实世界中的环境。无论是用于构建企业应用程序以便提供详细步骤的说明和培训，还是用于创建交互式的营销活动或产品可视化以及实现购物体验，Vuforia 都具有满足这些需求的所有功能和性能。

Vuforia 是领先的 AR 平台，提供了一流的计算机视觉体验，可以确保在各种环境中的可靠体验。Vuforia 被认为是全球最广泛使用的 AR 平台之一，得到了全球生态系统的支持，现拥有 325 000 多名注册开发人员，目前市面上基于 Vuforia 开发的应用程序已经有 400 多款。通过使用 Vuforia 平台，应用程序可以选择各种各样的东西，如对象、图像、圆柱体、文本、盒子以及 VuMark（用于定制和设计品牌意识），其 Smart Terrain 功能可为实时重建地形的智能手机和平板电脑创建环境的 3D 几何图。

使用 Vuforia SDK 可为移动设备和智能眼镜构建 Android、iOS 和 UWP 应用程序。Vuforia 应用程序可以使用 Android Studio、XCode、Visual Studio 和 Unity 等构建。Vuforia SDK 目前的最新版本为 6.2 版，支持微软的 Hololens、Windows 10 设备，也支持来自 Google 的 Tango 传感器设备以及 Vuzix M300 企业智能眼镜等。Vuforia SDK 是作为一款跨平台的 AR SDK，本书将结合一个简单的示例，对其开发过程进行介绍。

2. Vuforia AR 的开发流程

（1）创建 Unity 3D 项目

首先需要创建一个新的 Unity 3D 项目。可通过 Unity Hub 创建新项目，该项目的名称为 AR_Learn，如图 9-12(a)所示，进入后的界面如图 9-12(b)所示，这样即表示创建成功。（注：Unity 的工作界面可通过个人需求进行编辑，所以界面布局可能有所不同，但功能栏基本一致）。

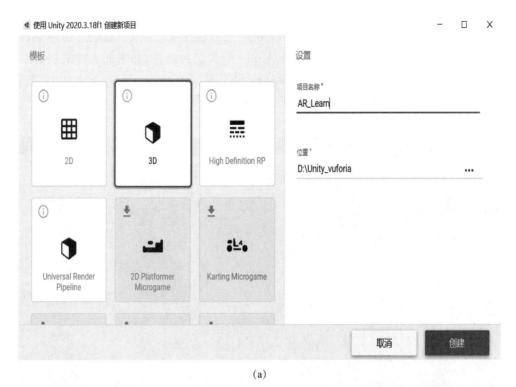

(a)

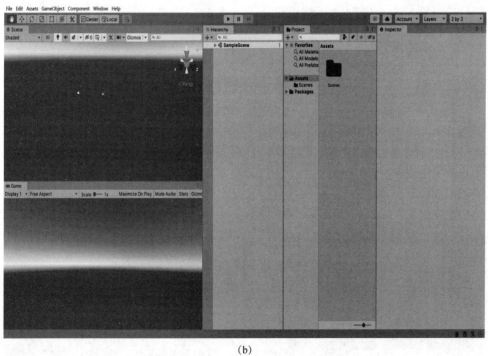

(b)

图 9-12 创建 Unity AR_Learn 项目

（2）创建 ARCamera

我们需要创建新的 ARcamera 以取代原先的 Main Camera，同时在 Vuforia 官网上获取

License Key。首先删除原本位于 Hierarchy 栏中的 Main Camera〔如图 9-13(a)所示〕，然后单击"GameObject→Vuforia Engine→AR Gamera"，即添加成功 AR Camera，如图 9-13(b)所示。注意：Vuforia Engine 是 Vuforia 在 Unity 中实现的插件，如果此选项缺失，则可在 Vuforia 官网上寻找相关包进行下载。此外，我们需要在 Vuforia 官网上生成并获取 License Key，并将其添加到 AR Camera 中，具体执行步骤如下。

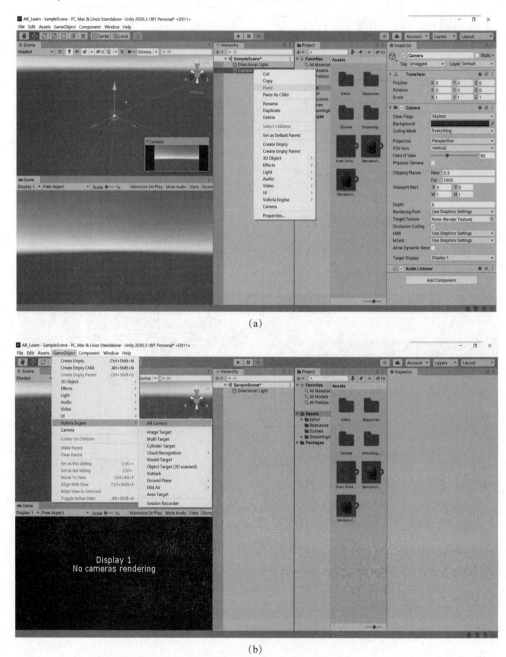

图 9-13　创建 AR camera

① 找到添加的 ARCamera 并单击，此时会跳出其属性的 Inspector 栏，在 Inspector 栏

目中对其进行设置。然后我们找到栏目最下方的"Open Vuforia Engine configuration"按钮并单击，如图 9-14 所示。

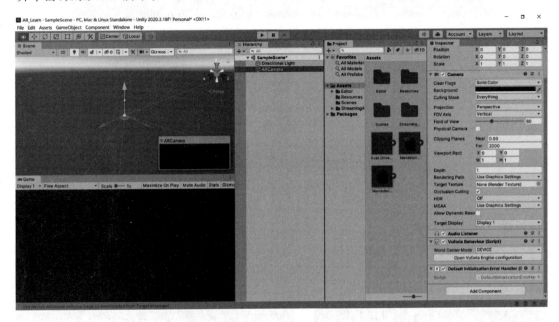

图 9-14　Vuforia Engine 配置

② 在 Global 栏目中设置 App License Key，如图 9-15(a)所示，单击"Add License"按钮后会自动跳转至 Vuforia Engine 官网，如图 9-15(b)所示。

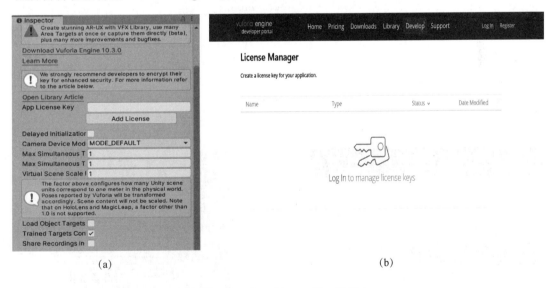

(a)　　　　　　　　　　　　　　(b)

图 9-15　App License Key 设置

③ 进行注册/登录。页面有 License Manager 和 Target Manager 两个选项，我们要在这里分别设置 License Manager 和 Target Manager，如图 9-16 所示，具体设置如下。

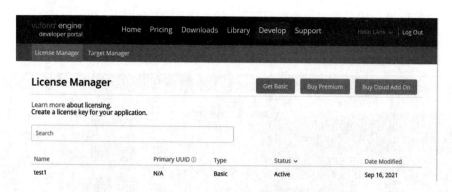

图 9-16　License Manager 和 Target Manager 设置

a. 获取 License Key，单击"Get Development Key"，到达图 9-17(a)所示的页面。

b. 输入 License Name：这里为 AR_Learn。勾选"check"，单击"Confirm"按钮完成获取，如图 9-17(b)所示。

c. 进入获取的 License Key(AR_Learn)，并复制 License Key，如图 9-17(c)所示。

d. 将复制的 License Key 贴至 Unity 中的 App License Key 框中，如图 9-17(d)所示。至此，就完成了 AR Camera 的设置。

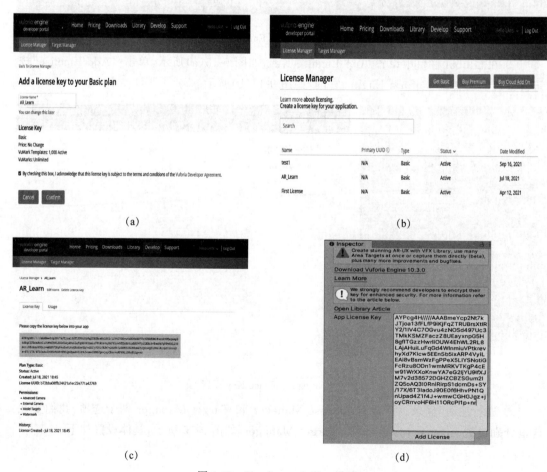

图 9-17　Developmerit Key 设置

（3）引用 Image Target

单击"GameObject→Vuforia Engine→Image Tarage"，即创建成功 Image Target，如图 9-18（a）所示。回到 Vuforia Engine，单击"Target Manager"，再单击"Add Datebase"按钮进行 target 数据库的创建。此处创建名为 AR_learn 的数据库，如图 9-18（b）所示。然后单击"Add Target"按钮进行 target 创建，大小默认为 1，勾选所需的 Target，再单击 Download Database 进行下载，勾选 Unity Editor。完成下载后，返回 Unity，单击"Assets →Import Package →Custom Package"对上一步下载的 Target 数据包进行引用。单击创建过的 Image Target，如图 9-19 所示。单击"Inspector"勾选"Image Target Behaviour（Script）"，在 Type 中选择"Form Database"，将其中的 Database 与 Image Target 换选为自己下载的数据库与 Target 的名字，看到所选 Target 图片进入 Game 窗口即表示添加成功。

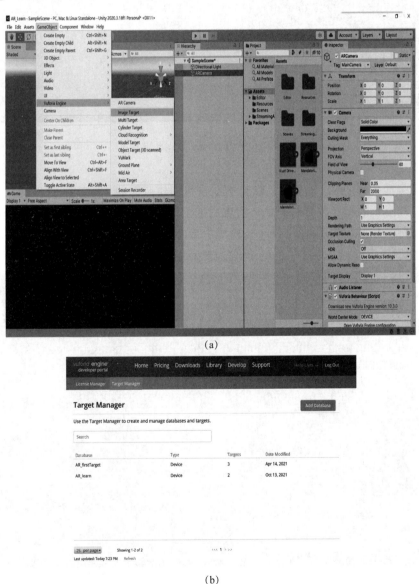

（a）

（b）

图 9-18　设置 Image Target

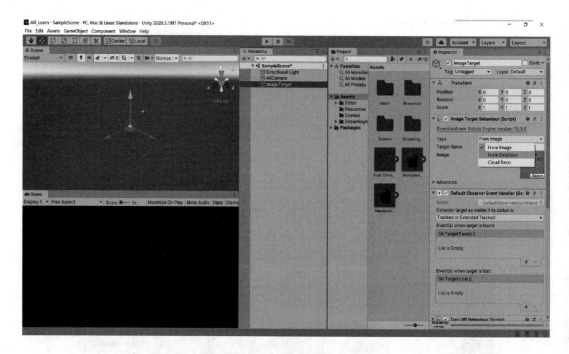

图 9-19　引用 Image Target 设置

（4）匹配 AR 模型

此时可将准备好的 3D 模型插入项目中或自行创建所需的 3D 模型，这里插入一个头盔模型，其与 Target 的相对位置就是 AR 实现后显示的相对位置（如图 9-20 所示），进而可将所需的模型拖入相对应的 Image Target 模块中与之匹配，实现 AR 显示效果。

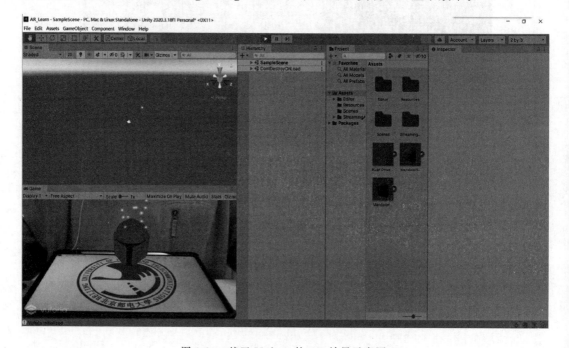

图 9-20　基于 Vuforia 的 AR 效果示意图

本 章 小 结

　　本章对当前国内外典型的增强现实眼镜进行了介绍,主要从显示方式、视场角、人机交互能力等方面进行对比,从中我们可以发现现有的主流增强现实眼镜既有分体式,也有一体式等结构形式。受限于计算能力、显示方式和价格等,当前增强现实眼镜主要面向企业客户,而真正受大众所接受的消费级增强现实眼镜还有待进一步突破和发展。此外,本章对现有典型的增强现实软件开发平台进行了介绍,并以 Vuforia 为基础,描述了增强现实应用的开发实践流程。由于本书篇幅有限,对市面上现有的其他优秀软/硬件系统没法一一介绍,感兴趣的读者可进一步查阅市面上已有的相关书籍。

本章参考文献

[1]　Google Glass[EB/OL].[2021-09-28].https://www.google.com/glass.

[2]　Epson Moverio[EB/OL].[2021-09-28].https://moverio.epson.com/.

[3]　Vuzix[EB/OL].[2021-09-28].https://www.vuzix.com/.

[4]　Hololens[EB/OL].[2021-10-01].https://www.microsoft.com/zh-cn/hololens.

[5]　Magic Leap[EB/OL].[2021-10-01].https://www.magicleap.com/en-us.

[6]　DaystAR[EB/OL].[2021-10-05].https://daystar.lenovo.com/home/#/.

[7]　Nreal Light AR[EB/OL].[2021-10-06].https://www.nreal.ai/.

[8]　影创 Hong Hu[EB/OL].[2021-10-06].https://www.shadowcreator.com/honghu/honghu.html.

[9]　Vuforia[EB/OL].[2021-10-08].https://developer.vuforia.com/.

[10]　EasyAR[EB/OL].[2021-10-08].https://www.easyar.cn/.

[11]　DuMix AR[EB/OL].[2021-10-08].https://dumix.baidu.com/#/.

[12]　ARKit[EB/OL].[2021-10-08].https://developer.apple.com/cn/augmented-reality/arkit/.

[13]　ARCore[EB/OL].[2021-10-08].https://developers.google.com/ar/.

第 10 章

增强现实的趋势与未来

比起当下成熟的智能手机市场,AR 仍然处于早期阶段。对 AR 了解得越深入,越能感受到 AR 具备的极大潜力,这种潜力有助于开拓更多应用场景,同时对产品形态优化、产品体验提升都有着至关重要的作用。从获取信息的角度来看,AR 是贴近人类自然习惯的信息获取方式,它能沉浸式地显示图文、视频,甚至一个三维模型,虚拟物体可以融入现实环境中,身临其境的氛围和交互逻辑与智能手机完全不同。本章主要对增强现实的未来进行展望,以探究 AR 的发展趋势。

10.1 硬件平台的未来

10.1.1 传感器

自 2010 年微软公司成功推出 Kinect 之后,在增强现实应用研究领域中出现了基于结构光或飞行时间原理的小型深度传感器开发浪潮。英特尔公司的 RealSense 等商用传感器已随移动设备提供,此外苹果公司也于 2017 年发布了具有深度传感器的手机设备 iPhone X。通过直接获取真实环境的三维信息可以避免移动设备上的大量计算,同时减少资源消耗。更重要的是,依赖于深度传感器的增强现实系统可避免传统计算机视觉对光照和弱纹理等条件的影响,进而鲁棒获取增强现实环境下的三维场景信息。随着主流手机厂商在旗舰机型上预制深度相机,激光雷达传感器大幅降价、产业链供应变得越发成熟,使得以低成本、高速率生成高质量 3D 模型成为可能,也让设备可轻松感知周围环境和深度,这对 AR 遮挡处理来说极为重要。因此,可预见在未来增强现实应用中,深度传感器将会越来越普及。

红外传感器技术(用于夜视和热传感)已取得了显著改善,小型化技术和低廉的价格正在使得这种传感器与消费设备变得很有意义,其将会有效拓展低照明环境中增强现实的应用(如用于导航和协同)。

此外,位置和方向传感器性能的提高也会促进增强现实的发展,低成本的 RTK GPS 技术和激光陀螺仪将会为更大范围内移动增强现实中的位姿感知提供新的解决方案。近年来,不同于传统 RGB 相机,受仿生启发而出现的事件相机具有低延时和高动态范围等优点,可用于物体跟踪识别、手势控制、三维重建以及 SLAM 等,有助于实现不同高动态增强现实场景下的实时交互和位姿解算。

10.1.2　显示设备

如果你仔细观察,会发现近几年 AR 应用最明显的变化在于显示效果和交互方式,它们提供了沉浸式、身临其境的体验,而这都是围绕视觉与感知的升级,因此光学设计一直都是业内关注的焦点。当前已出现了更多、更好的光学透视式显示设备,但是还没有出现每个人所期望的设备,最近的研究显示了这一领域可能的发展方向。

第一个可以显著改善增强现实体验的方面是提高宽视场显示器的视场角。Oculus 和 HTC/Valve 等非透视显示器能提供大于 90°的视场角。相比之下,商用的光学透视式显示设备的视场角一般小于 30°。在这样狭窄的视场中,用户必须反复移动他们头部来精确地聚焦于单个感兴趣的物体。这不能很好地支持用于"监督"的增强现实体验设计,同时没有使用大规模增强技术来扩大用户的视域。

当前阻碍头戴式显示器广泛应用的因素之一是其体积过于庞大,因此小型化是需要改进的第二个方面。其中增强现实隐形眼镜的想法似乎很有吸引力,但受限于光学元件的尺寸、电源以及健康等因素,这一愿景还有很多的障碍。但是近眼和光场显示技术的最新进展至少给更加小型轻量的目视镜研究带来了希望,该目视镜有可能与传统的隐形眼镜相结合提供聚焦和滤光功能。

第三个对于增强现实体验具有很重要价值的改进是变焦。在常规设计中,显示器是固定焦距的,仿真对象距离和显示器距离之间的差异使得正确感知立体图像变得困难。即使是经过训练,在观看这种显示设备时也会产生疲劳。

在显示领域,快速响应液晶与硅基 OLED 作为主流的显示技术已处于实质规模量产阶段,微型发光二极管(Micro-LED)有望迅速发展,其将会成为继 LCD 和 OLED 后业界很期待的下一代显示技术,广阔的市场前景使诸多行业巨头加速战略布局。

Mojo Vision 公司[1]于 2015 年率先提出了"隐形计算"的概念,希望借用隐形眼镜的产品形态,打造一个视网膜之上的、不可见的智能计算中心。其开发了首款不需要眼镜配合使用的 AR 隐形眼镜,并在 2020 年消费电子展上宣布并展示了这款隐形眼镜——Mojo Lens,如图 10-1(a)所示。Mojo Vision 公司将微型显示器、专为计算视觉打造的超低功耗图像传感器、高带宽的无线传输技术、用于眼球跟踪和图像稳定的运动传感器、电源等微型元器件集成在隐形眼镜中,让它具备(甚至超越)了 AR 框架眼镜的计算和成像能力。Mojo Lens 集成了高密度的微型动态显示器中。直径只有 0.48 mm 的 Micro-LED 微型显示器能将文本、图像、视频等信息叠加到视网膜的视野范围内。在 Mojo Vision 公司的路线图里,描绘着 2020 年要攻关的技术,如 Micro-LED 的高清显示、数据快速传输、电池供电和眼球跟踪等,产品有望在 21 世纪的第三个十年内实现量产。

无独有偶,与 Mojo Lens 类似的产品形态——InWith 的电子隐形眼镜[2],于 CES 2021 首次亮相,如图 10-1(b)所示。InWith 率先将增强视觉显示的电路集成到水凝胶材料的隐形眼镜中,从而进一步提高了生产制造隐形 AR 眼镜的可行性。

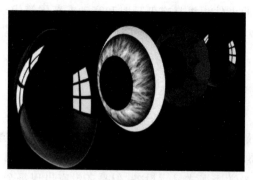 

(a) Mojo Lens   (b) InWith的电子隐形眼镜

图 10-1 增强现实隐形显示器

基于此，InWith 是一家公开展示将显示电路集成到软性隐形眼镜材料中的公司，借助于材料在正常制造过程中的膨胀和收缩，将固体成分和电子电路集成到水凝胶材料中，再基于隐形眼镜的眼内透镜，创建 AR 显示器应用和眼科改进应用程序。InWith 公司认为，相较于框架式的 AR 眼镜，软性隐形眼镜以其佩戴的美观度将成为 AR 眼镜的终极形态。

综合来看，未来 AR 基础硬件的迭代方向有以下几点：高清化，进一步提升视觉显示能力；小型化，目标是轻量级、支持全天候佩戴；感知融合，加入更多传感器，提供接近人类习惯的使用体验等。

10.2 AR 与 AI

通过借助于人工智能算法，可提高增强现实的应用与周围物理环境的交互能力，现有人工智能算法（如机器学习和深度学习）拓展了增强现实技术的智能化应用场景。在 AR 应用过程中相机始终处于开启状态，且 AR 运行环境往往依赖于多个传感器（如设备的陀螺仪、传感器、加速度计和 GPS），这为 AI 算法的训练数据集的获取提供了先天条件。现有典型的由 AI 驱动 AR 的应用如下。

（1）物体标记和识别

物体标记利用机器学习分类模型。当一图像帧通过模型运行时，它会将图像与用户分类库中的预定义标签进行匹配，标签覆盖 AR 环境中的物理对象。对象检测和识别利用卷积神经网络（Convolutional Neural Network，CNN）等算法来估计场景中对象的位置和范围。检测到物体后，AR 软件可以根据虚实物体间的空间位置，渲染数字模型以将虚拟物体叠加到真实的物理场景中并调解两者之间的交互，图 10-2 是通过深度学习进行遮挡判断的 AR 抓取[3]。

（2）文本、语音识别

文本识别和翻译将光学字符识别（Optical Character Recognition，OCR）技术与 AI 等文本翻译引擎相结合。视觉跟踪器跟踪单词并允许翻译覆盖 AR 环境。自动语音识别使用神经网络视听语音识别。特定词会触发库中标记为适合词描述的图像，并将图像投影到 AR 空间。

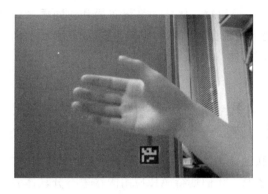

图 10-2　AI 驱动的 AR 遮挡处理

（3）AI 驱动的实时渲染

当前，业界日益聚焦深度学习渲染这一领域，以针对多样化的业务场景，平衡质量、速度、能耗、带宽和成本等多维渲染指标间的技术定式。在渲染质量方面，持续优化深度学习算法，从而进一步提升体验分辨率与帧率的表现。在渲染效能方面，结合深度学习与人眼注视点特性，积极探索在不影响画质感知的情况下进一步优化渲染效能的技术路径。

借助于 AI 技术拥有更强大的感知和识别能力。通过 AI 技术的赋能，AR 将对场景环境、物体、人物等实现更加精准的感知与识别，尤其是 AI 与三维重建技术的融合创新使二维到三维图像的转化以及三维场景的理解成为可能，进一步实现虚拟信息与现实世界的完美融合和无缝连接，体验真实感、内容的数量和应用范围都将随之获得爆炸式提升。

10.3　AR 与 5G

一般来讲，构建 AR 场景需要在物理世界、数字世界、数据、通信和内容等 5 个层面进行叠加，这样才能保障用户的基础体验。而 5G 时代的到来带给了增强现实新的机会[4]，想要支持起这 5 个层面，开发的过程中就需要满足尺度的准确性、位置的重要性、信息的密集性、互动与趣味性。如果满足了这些条件，则在理想的虚拟化模式下，AR 的应用场景将增加，不但能够提升办公效率，而且在购物、玩乐、学习和个人表达等诸多方面都可以应用落地。为了满足用户良好的沉浸和交互体验，关键的端到端能力要求主要包括如下方面。

高算力：端、边（边缘云）、云（中心云）需要提供强大的算力，以满足宏大复杂场景、光影和纹理的构建以及渲染运算需求。

低时延：为了实现画面对用户动作响应的无延迟感，不但需要端、边、云算力充足，还需要边、云提供可靠的调度算法。根据终端的地理位置和所需的算力规模，选择兼顾时延和算力的最优路径提供服务，同时网络还需要具备确定性的数据传输能力。

随着 5G 时代的到来，网络大带宽和低延时的特性给增强现实产业的纵深发展带来巨大的契机。5G 将推动 IoT 设备的全面发展，特别是可穿戴式设备，而增强现实将成为这些设备基础的交互界面。从手机到眼镜乃至更多样的硬件平台，展现出强大的跨平台属性。特别是 AR 眼镜，相较于手机其能够带来更具包围感的沉浸式体验，被认为是更加理想的增强现实设备。

　　基于 5G 大宽带、低延时的优势,结合网、边、云和端一体化的系统布局和协同质量保障体系,在不影响原有 AR 体验(如延迟)的前提下实现服务内容和服务体验(如画面质量和场景内容等)的升级,将会进一步推进 AR 的应用落地。

10.4　AR 云

　　"一个 AR 应用,如果没有通过 AR 云互联的能力,就和一个单机版的《贪食蛇》没有本质区别",Erin Pangilinan 在其著作中如此描述[5]。我们期待 AR 应用能够进行分享体验或者在任何地点都能够良好运行,如果没有 AR 云,现有 AR 应用几乎无法具备上述能力。一个 AR 系统的一部分需要运行在设备的操作系统上;另一部分需要运行在云端。网络与云数据服务对 AR 应用的重要性将不亚于网络对智能手机的重要性。

　　2017 年,Erin Pangilinan 与 Ori Inbar 在一次交谈中提出 AR 云这一概念[5],它是连接物理空间与虚拟世界的基础设施,是增强现实大规模应用的关键。其可分为上下两层,如图10-3 所示:上一层是辅助性服务部分,通常与应用和内容有关,可使得应用更加易于构建和管理,具体包括资源/内容的管理,带有地址位置标签的数据对象等,没有这些服务 AR 应用依然可以运行,但这些服务能帮助增强现实应用改善体验;下一层为必要性服务部分,包括机器可读的三维空间结构数据、语义数据,实时设备姿态,网格数据流等,没有这些服务增强现实将无法运行。因此,一个 AR 云系统应该包括如下方面:

　　(1) 拥有一个与真实世界坐标相一致的持久点云——一个共享世界的软拷贝;

　　(2) 从任何地方和多设备上立即实现本地化(使世界的软拷贝与世界同步)的能力;

　　(3) 将虚拟内容放入世界软拷贝的能力,并能够实时同步以及在设备和远程操作中进行交互。

图 10-3　AR 云架构示意图

　　对 AR 云业务而言,其主要场景是多人交互协作,这不但需要网络传输的低时延,而且还需要传输时延稳定,这样才能保证 AR 交互协作的沉浸式效果。AR 和 VR 的不同之处在于 AR 需要以较大的上行带宽和较低的同步时延作为保障,高清的上行视频和瞬时的协同为云识别和云渲染提供了基础素材来源,通过 AI 识别和 AR 渲染,给最终用户提供了极致的虚实融合和无缝同步体验。

　　AR 云业务对客户的价值在于通过引入大带宽、低延迟网络传输,结合网、边、云和端一体化的系统布局和协同质量保障体系,在不影响原有体验(如延迟)的前提下实现服务内容和服务体验(如画面质量和场景内容等)的升级。AR 云需具备以下两个方面的能力。

（1）时间维度的持久化

持久化的能力能解决 AR 体验的不可连续性,用户使用智能设备创作的信息被点云以地图的形式保存起来,当用户的智能设备再次扫描到相同的特征点时,通过重定位技术可以再次开启以往的创作内容,并且保留原内容的坐标、方向信息,这极大扩大了增强现实的应用场景,也使众包世界地图信息成为可能,是一种能自激发自生长的能力。

（2）空间维度的多人共享

所有参与 AR 体验的用户都会获得同一世界坐标,即所有参与者可以从不同角度观察同一虚实物体。改变的 AR 玩法一直被特定用户"独享"的局面,让社交、互动可以融入增强现实中,为增强现实行业注入新的血液。

AR 云将具备更丰富的多人交互能力,恰似一个脱离固有屏幕束缚、可以任意创作的数字化空间。借助于更加灵活自由的设备与设备之间的连接,多人之间的协作将迸发出更多创造力。统一的 AR 云平台将实现空间内的多人共享,打造一个全新的信息化世界。我们有理由相信,从未来回望今天,我们会把现有基于 ARKit/ARCore 开发的 AR 应用仅仅看作能够离线玩《贪吃蛇》的 2G 功能手机,只有基于 AR 云平台,才可能进入 AR 应用的智能手机时代。

10.5 多人 AR

可以预见,在 AR 能够让人们以一种前所未有的新颖方式进行自然交流和分享之前,AR 不会对我们日常生活的方方面面产生真正的影响,因为这种交流需要支持实时多人在线。虽然多人 AR 已经存在多年,但是多人间协同定位等问题阻碍了多人 AR 应用的推广。虽然现在已有一些典型的基于人工标识的多人 AR〔如图 10-4(a)所示〕和基于无标识的多人 AR[6]〔如图 10-4(b)所示〕,但其体验效果和环境适应性还有待进一步提高。类似于 AR 功能,多人 AR 也需要深入了解计算机视觉技术,此外还需要低延迟的网络、维护一致的世界模型、音频共享以及规范的交互协作。

用一种简单方案实现多人 AR 并不难,但这会导致使用者的体验大打折扣,要实现消费级的用户体验是一个棘手的技术问题,其需要具备以下条件。

（1）设备需要知道彼此的相对位姿。从技术上讲,就是设备之间需要共享一个全局世界坐标系,并且在后续跟踪过程中,每一帧都知道彼此坐标系的位姿。这个共享的全局坐标系可以是世界坐标系,也可以约定为使用第一个设备初始化时所构建的坐标系。

（2）对多人 AR 而言,每个设备需要将自己的姿态广播给所有其他设备。这就需要某种类型的网络连接,要么通过点对点网络,要么通过云服务,其通常还需要引入一些姿态预测,以降低一些由于网络问题而引起的抖动。

（3）每个设备对世界的所有 3D 理解都能够与其他设备共享。也就是说,各设备之间的信息流包括姿态数据、网格数据和语义信息。例如,当一个设备捕获了包含一个房间物理信息和遮挡信息的 3D 模型且有新设备加入时,新设备应该能够使用自己已捕获的数据,并且

(a) 基于人工标识的多人AR　　　　　　　　　　　　(b) 基于无标识的多人AR

图 10-4　多人 AR 应用

随时间的推进,已有数据模型能够在设备之间不断地更新。

(4) 实时多人 AR 应用需要具备良好的资源管理能力,这包括用户权限管理、用户实时状态管理以及共有资源管理,无论是对于 AR 应用还是对于非 AR 应用,这些技术能力都是相同的。

因此,如何支持多人通过 AR 共享体验(即通过手持式或者可穿戴式设备让同一地点(或者不同地点)的多位用户在同一时刻看到虚拟对象)? 其需要前述介绍过的相关基础技术做支撑,如稳定健壮的定位、实时姿态估计流和系统状态流等技术,此外还有面临一些应用级的挑战,如访问权限、身份验证等。

10.6　AR 与数字孪生

数字孪生(Digital Twin, DT)或称数字双胞胎,可以直观地认为是物理世界中虚拟的镜像对象。虚拟孪生体可以配对物理世界中的一个设备、产品和生产线等显示存在的实体对象,也可以映射物理世界中的作业序列、流程和组织结构等隐式对象。数字孪生模型是由美国密西根大学的 Grieves 教授于 2002 年提出的[7],其主要包括 3 个部分:真实空间中的物理实体、虚拟空间中的虚拟模型、连接虚实空间的数据和信息。直到 2011 年,NASA 和美国空军研究实验室将数字孪生技术应用到航天飞行器健康维护和寿命预测中,数字孪生技术才逐渐引起了国内外学术界和工业界的广泛关注。德勤公司的数字孪生模型呈现了从物理世界到数字世界,再从数字世界回到物理世界的过程,如图 10-5(a)所示,这一"物理—数字—物理"循环构成了德勤工业 4.0 的研究基础。

增强现实借助于显示技术、交互技术、传感技术和计算机图形与多媒体技术,将计算机生成的虚拟环境与用户周围的现实环境融为一体,使用户从感官效果上确信虚拟环境是其周围真实环境的组成部分。AR 与数字孪生集成能够进一步提升数据可视化能力,在现实物理对象的基础上直接叠加三维孪生模型的图像。2020 年 11 月,AR/MR 软件供应商 Arvizio XR 宣布对数字孪生技术进行了更新改进[8],引入 AR 技术的支持,帮助用户无缝整合 AR 和数字孪生内容,通过其 XR 平台可与云或本地 IoT 数据中心接口,从而能够将实时 IoT 数据与 3D 模型中的对象进行集成和关联,创建可操作的 AR 数字孪生〔如图 10-5(b)所

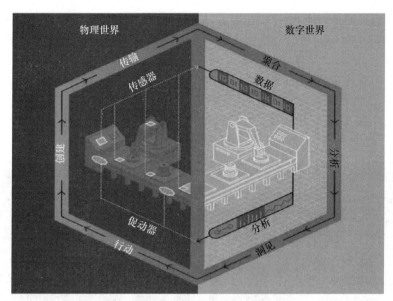

(a) 德勤公司的数字孪生模型

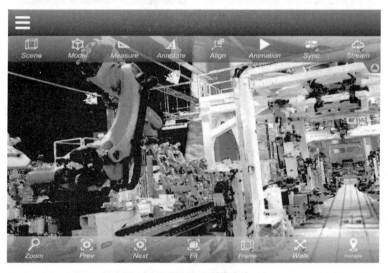

(b) Arvizio公司的AR数字孪生

图 10-5　AR 与数字孪生模型

示了,进一步推动了数字孪生在智能制造、智慧城市等方面的应用。

10.7　AR 空间计算

现在说 AR/VR 要取代智能手机还为时尚早,这两者绝对是完全不同的两种体验。在智能手机上,我们获取信息只能通过 2D 屏幕显示,信息碎片化、孤岛化严重,而在增强现实中,我们将处于 3D 沉浸式的空间中,所有应用将以 3D 方式呈现,你可以像在现实中一样处理各种信息,这也就是所谓的空间计算概念。

几乎可以明确的是，AR 和 VR 在融合 AI、5G 等技术的趋势上越来越深入，这一点在 2021 年 3 月份的举行的一场混合现实 Demo Day 上能看到更多例证。该活动是由德国电信旗下孵化器 Hubraum 与高通、Nreal、Unity 等公司联合举办的，主题围绕空间计算展开，目的就是让人们看到"互联网的未来"。

简单来讲，空间计算就是未来我们工作和生活中一种虚实融合场景的集合，未来我们可以看到其中几个主要的应用场景：沉浸式的电商购物场景、沉浸式观看话剧的场景等。图 10-6 所示是 Eyecandylab 体育赛事 AR 增强效果。

(a) 当前实景　　　　　　　　　　　　　　(b) AR 沉浸式场景

图 10-6　Eyecandylab 的 AR 空间计算

与之前的桌面计算和移动计算不同，空间计算并不局限于屏幕的矩形框，而是可以自由地在我们周围的世界中流动。换句话说，空间计算使用我们周围的空间作为数字画布。空间计算可让数字交互变得更加人性，人们可以使用语音、视觉、触摸、手势和其他自然的输入方式进行交互。

空间计算综合了传感器、渲染、人工智能与机器学习、3D 捕获与显示等技术间的相互作用，可通过 AR 提供的新场景将让其变得无处不在，如它会出现在我们的手腕、眼镜和耳朵上，厨房的柜台和会议室的桌子上，还会出现在我们的客厅、办公室和我们喜欢的交通工具上。这就是空间计算所期望的转变，可将传统仅能在屏幕上表征的信息转变为能在我们周围环境中自由流动的 AR 世界。

现在我们只能通过语音、文字等进行交流，而借助于 AR 与空间计算，我们将能分享更为丰富的内心世界。因此我们有理由相信，当消费级 AR 眼镜出现且硬件条件、感官数据和 AI 系统通过空间协作共同释放人类创造力时，基于 AR 的空间计算服务会实现。

2021 年 7 月 Facebook 公司宣布将构建一套新的互联的社交应用软/硬件系统，实现具有最大限度的、相互连接的体验的新世界——一个被称为元宇宙（metaverse）的世界。2021 年 10 月，Facebook 公司宣布改名为 Meta（为在时间上保持一致，本书在相关描述中仍保持使用 Facebook 这一名称），这个词是尼尔·斯蒂芬森在 1992 年的科幻小说《雪崩》（*Snow Crash*）中提出的，指的是物理、增强和虚拟现实在一个共享的在线空间中的交汇，该理念与空间计算相比具有很多共同之处。

本 章 小 结

本章首先对与 AR 相关的硬件平台进行了展望。虽然人们已经认识到 AI、5G 等信息技术对赋能 AR 的重要性,但是目前距 AR 大规模的商用还有较长的路要走。未来,基于 AR 云、数字孪生和空间计算等的新技术将会进一步推动 AR 应用走入大众视野。我们有理由相信,随着 AR 与不同行业、技术的深度融合,协同构建具有"元宇宙"愿景的虚实共生环境是值得期待的事情。

本 章 参 考 文 献

[1] Mojo Vision[EB/OL]. [2021-10-13]. https://www.mojo.vision/.

[2] Inwith[EB/OL]. [2021-10-13]. https://inwithcorp.com/

[3] Tang X, Hu X W, Fu C W, et al. GrabAR: occlusion-aware grabbing virtual objects in AR[C]//Proceedings of the Annual ACM Symposium on User Interface Software and Technology. [S. l.]: ACM, 2020: 697-708.

[4] 唐宏,武娟,刘晓军,等. 5G XR 技术与应用[M]. 北京:人民邮电出版社,2021.

[5] Pangilinan E, Lukas S, Mohan V. 下一代空间计算:AR 与 VR 创新理论与实践[M]. 柯灵杰,赵桢阳,戴威,等译. 北京:电子工业出版社,2020.

[6] AR-together[EB/OL]. [2021-10-15]. https://labs.adobe.com/projects/ar-together/.

[7] Grieves M. Digital twin: manufacturing excellence through virtual factory replication [R]. 2015.

[8] Arvizio XR[EB/OL]. [2021-10-15]. https://www.arvizio.io/.